机械零件要素位置数字模型的设计与计算

尹开甲　尹飞凰　著

天津大学出版社
TIANJIN UNIVERSITY PRESS

内容提要

相关标准发布后，方向、位置、跳动要求的提出说明，人们认识到机械产品要素在旋转自由度上位置的重要性。凭经验如何设计出要素位置精确的产品和工艺，并制造出符合要求的产品？本书采用数学方法计算机械产品要素空间位置，为行业人员提供了理论依据，成为几何公差标准真正贯彻执行的保证。

本书补充了《产品几何技术规范（GPS）几何公差 形状、方向、位置和跳动公差标注》（GB/T 1182—2018）中补充标准矩阵“A1. 有关机加工公差的标准链”的内容，使计算机辅助设计（CAD）、计算机辅助制造（CAM）成为可能，并填补了此项理论空白。

本书适合机械业的技术人员、制造者、检验人员、高校师生、研究生使用。

图书在版编目（CIP）数据

机械零件要素位置数字模型的设计与计算 / 尹开甲，尹飞凰著. -- 天津 ： 天津大学出版社，2024. 8.
ISBN 978-7-5618-7815-6

Ⅰ. TH13-39

中国国家版本馆CIP数据核字第2024Y010A5号

出版发行	天津大学出版社
地　　址	天津市卫津路92号天津大学内（邮编：300072）
电　　话	发行部：022-27403647
网　　址	www.tjupress.com.cn
印　　刷	北京虎彩文化传播有限公司
经　　销	全国各地新华书店
开　　本	787mm×1092mm　1/16
印　　张	12.5
字　　数	328千
版　　次	2024年8月第1版
印　　次	2024年8月第1次
定　　价	48.00元

作者简介

尹开甲，机械制造工艺高级工程师，1962年毕业于天津大学机械系机械制造工艺专业。从事柴油机工艺工作31年，做过现场工艺设计与服务，也在“721工人大学”教过机械制造工艺学。业余时间主要从事“几何公差”加工工艺保证探索，发表过机械制造工艺学方面的论文14篇。其中，一篇被评为“河南省自然科学优秀学术论文”；一篇被评为原《机械工艺师》杂志“开拓者征文优秀学术论文”，郑州市科委组织天津大学、西安交通大学、北京工业大学、郑州工学院、郑州机械研究所、《机械工艺师》杂志等单位的八名教授、高工参加对该项研究的技术鉴定会，结论是“对机械制造工艺学的补充和发展，具有一定的学术水平和理论价值”。2010—2012年在某单位进行“几何公差”加工工艺保证实验研究，并获得良好效果，2012年被评为“做精做优”项目一等奖。20世纪90年代曾采用本书原理、利用电感测微技术自行设计、制造一台几何误差测量仪。如果同行朋友有兴趣，可以通过邮箱yinkaijia2009@163.com与作者讨论。

序

本书内容是从工序尺寸链的方法延伸过来的，数学计算无误、推理准确、解决方法新颖，并找到为保证机械零件的方向、位置、跳动要求用数学计算设计机加工工艺的方法，有终止凭经验设计的可能。

目前，国际上和我国正在用新一代《产品几何技术规范（GPS）》逐步更新和替代老一代的尺寸公差、几何公差和表面结构等标准，其目的在于统一概念、统一模式，用数学、计量学替代传统的以几何学为基础的标准内涵，以便和计算机辅助设计（CAD）、计算机辅助制造（CAM）等接轨。作者采用数学解析计算方法设计工艺，为完成CAD、CAM提供了可能；又根据解析计算发现了误差传递规律，获得了工艺设计简单、易行的图解计算方法，为工艺人员现场服务，操作者尽快掌握工艺、生产出高质量的产品创造了条件，并填补了机械工艺设计理论的空白。

作者在绪论中重点谈到的旋转与平移自由度误差的差别，应该说是贯穿全书的重要内容。为了保证产品要素的方向、位置、跳动精度要求，若在产品寿命的各个阶段（设计、加工、检验、装配、使用、维修等）忽略这些差别，就容易误入长期养成的习惯，即以保证尺寸精度的方法保证方向、位置、跳动精度的误区。

赵卓贤

2022年6月6日于成都

自　序

想当年"行检"时，对一个大型零件的方向、位置、跳动要求，检查组花了一天半的时间，而且检查了两遍都不合格，影响了产品质量、企业评级，直接责任由操作者承担。工人师傅愁眉苦脸、心事重重、满脸疑云、欲言又止的表情，现在仍历历在目，每每想起，为之惋惜。按本书的讨论，造成不合格可能是因为工序几何公差、角向误差确定失当，而且又没有合适的检验量具供操作者使用。责任由操作者承担似有不妥。那么，这一责任该由工艺人员承担吗？工艺人员根据什么理论设计出合适的工艺呢？满足方向、位置、跳动要求的量具该如何设计？如果提出，依据又在哪里？目前行业规则均如此，即领导决定，产品由操作者直接加工，责任就由操作者承担……但多少年来，一想到工人师傅的痛苦表情，便更加坚定了我探索方向、位置、跳动公差工艺保证的决心。

"韧"是我的性格，乃先人赋予。从走出校门到第一篇论文面世，集二十三年之所思，才有那点点心得。直至这垂垂暮年，仍为片片文章，无系统的阐述，岂能不耿耿于怀！年逾七旬，又受企业邀请从事这一课题的实验研究，探索似更深入一步，并证实该方法在目前技术发展迅速情况下仍然可行。于是整理成书，奉献于行业。

书完成了，总算完成了该做的一切。从大学毕业就压在心头的石头，可以轻轻地放在地上，就作为上马石阶，在后来人驰骋战场时上战马之用吧！倘能如此，我愿站立于石阶之畔，扶战友们一把……或者，由此引出美玉岂不更好？到那时，这块砖头弃之荒野又何足惜！

书之完成，当感谢众人相帮。尤其，1986年郑州市科委在我工作的单位不能提供分文资助的情况下，组织了我国知名大学、机械研究院、工艺刊物的八名教授、高工参加对该课题的技术鉴定，对我真是莫大的鼓励。但实践中遇到的问题可能更多，为了使该理论能全覆盖生产中遇到的所有问题，仍需努力。在新设备、新技术大量投入生产的今天，赵景申先生的帮助，使我能在设备优良的现场再次验证本书的理论，而且效果良好；还有赵卓贤老师、王纯之先生等的大力帮助，也令我受益匪浅，在此深表感谢。

我是机械制造工艺人员，为解决机械制造工艺设计难题而不断摸索，并完成此书。机械产品的设计、加工、检验、装配、使用、维修等各个阶段，若需要知道要素准确的空间位置，如产品设计时几何公差的确定，本书提供了可靠方法，也可使增材加工后零件要素的空间位置更加准确。同时，本书所述或可作为《几何公差》（原《形状和位置公差》）标准向生产迈进路上的铺路石！本书可以使设计人员依靠数学的帮助设计机械加工工艺并绝对可靠地保证形位公差要求，这在行业中尚属首例。

尹开甲
2023年10月18日于郑州

前　言

近年来,国际标准化机构正以《产品几何技术规范(GPS)》逐步更新和替代老一代的尺寸公差、几何公差和表面结构等标准,并列出了GPS标准矩阵模型(框架)。本书主要讨论GPS补充标准矩阵"A1.有关机加工公差的标准链"部分内容。仔细想想,若车辆的几个轮子间都不平行岂能疾速奔跑?这也是高速发展的当今社会,国际标准化机构如此看重方向、位置、跳动公差的原因。

任何一种机械产品,必然要求几个零件的各要素间位置准确,保证其上安装的零件、部件、组件间的相互位置,使机械产品能快速、平稳、正常运行。而这些零部件该如何设计才能满足产品需要?如何设计加工工艺,只要操作者按其生产,就能达到图纸的设计要求?到目前为止,行业中尚没有保证方向、位置、跳动公差要求的理论予以指导。因此,机械产品设计、机加工工艺设计只能凭经验进行,也就是零件的空间位置只能定性地凭经验制造出来,采用这类零件装配的产品质量只能通过调试获得,既浪费了精力,又耗费了时间。计算机辅助设计(CAD)、计算机辅助制造(CAM)如何靠经验编制运行程序?科技高速发展的今天,开展此项理论研究、摆脱困境是刻不容缓的。

本书采用数学解析计算找到了定量计算出产品要素在空间准确位置的设计方法,可确保产品性能达到设计要求,进而使计算机辅助设计(CAD)、计算机辅助制造(CAM)成为可能。尤其是现在智能化的提出,也需要科学的计算方法。作为一生从事机械工艺研究的工作者,这也是为机械行业的发展做了该做的事。

目　　录

绪论

数千年的机械史，是人们利用尺寸与几何公差的历史。作为尺寸要求的《公差配合》标准已在工业革命之后首先形成，于是设备、工具、操作、检验、管理等在保证尺寸精度方面的实践与理论都已十分丰富、健全，并形成了保证尺寸公差的方法、习惯与经验。恰于此时《形状和位置公差》作为我国国家标准发布，机械行业因此需要同时保证平移（尺寸）、旋转（方向、位置、跳动）两种自由度上的精度要求，就必须克服已经形成的以保证尺寸要求为主的惯性与阻力。首先需要认清平移、旋转两种要求的差别，正视它、利用它，并将其贯穿于工作的始终。

尺寸公差只能准确限定零件要素在三个平移自由度上的位置，而零件要素在三个旋转自由度上的位置需要用方向、位置、跳动要求限定。旋转与平移自由度的精度保证之间的重要区别在本书的各章节中都有体现，必须足够重视、牢记心中，稍有疏忽旋转自由度精度保证就可能受到平移自由度精度保证方法的干扰，从而影响方向、位置、跳动要求的实现。

为便于讨论，在此首先明确所讨论的要素为垂直或平行于坐标平面的平面或直线。一般位置的、形状各异的要素在机械产品上使用较少，即使遇到，也可采用所述方法结合具体问题做出处理。

0.1 平移、旋转自由度

零件的几何要求包括形状、方向、位置、跳动、尺寸以及表面粗糙度等。两个相关联要素在空间的位置关系包括尺寸、方向、位置、跳动四种。其中，方向要求包括垂直、平行、倾斜、轮廓度；位置要求包括位置、同轴、对称、轮廓度；跳动要求包括圆跳动、全跳动。

如图 0-1 所示，尺寸 255 mm 表示平面 N 以平面 A 为基准，沿 x 轴正向平移 255 mm 获得，也就是以平面 A 为基准，平面 N 上的任意一点到平面 A 的垂直距离不超过 255 mm 的未注公差就是合格品，也可以看作平面 A 以平面 N 为基准，沿 x 轴负向平移 255 mm 获得；尺寸 160 mm 表示平面 M 以平面 B 为基准，沿 y 轴正向平移 160 mm 获得。由此可见，尺寸要求可以限定被测要素在平移自由度上的位置，并且尺寸要求的两端要素未明确哪一个是基准、哪一个是被测要素，所以一般可以认为是互为基准。而方向、位置、跳动要求的基准与被测要素却十分明确，不能相互更改。如图 0-1 所示，平面 P 对平面 A 的垂直度，表示以平面 A 为基准，平面 P 可以绕 z 轴旋转至两虚线位置，而不能认为是以平面 P 为基准，平面 A 绕 z 轴旋转的结果（后面会详细介绍原因）；平面 M 对平面 B 的平行度，表示以平面 B 为基准，平面 M 可以绕 z 轴旋转至两虚线位置，也可以绕 x 轴旋转，两个方向旋转的量的合成不大于 0.05 mm 即为合格；孔轴线 L 分别以平面 D、A、C 为第 1、2、3 基准，其位置度要求为 ϕ0.03 mm，表示平面 D 为第 1 定位基准，可以在绕 x、z 轴旋转自由度上限定被测要素孔轴线 L 的位置，如图 0-2 的主视图所示，孔轴线 L 可以绕 z 轴旋转，也可以绕 x 轴旋转至双点画线位置；孔轴线 L 又可以以平面 A、C 为第 2、3 基准，分别沿 x、z 轴平移至如图 0-2 的主视图所示的点画线位置，即俯视图上的 a 点；最后，孔的实际轴线按几个方向运动后不超出 ϕ0.03 mm，圆柱就是合格品。同样，对其余各种方向、位置、跳动要求进行分析，都允许被测要素出现旋转误差或旋转与平移误差的综合，说明方向、位置、跳动要求对于被测要素在旋转自由度上的位置具有控制作用。

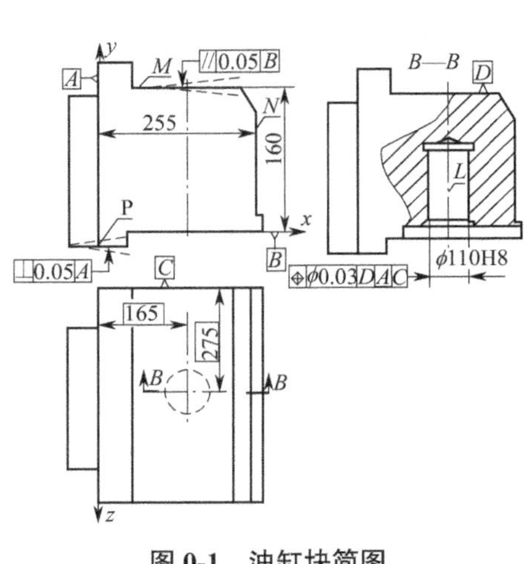

图 0-1 油缸块简图

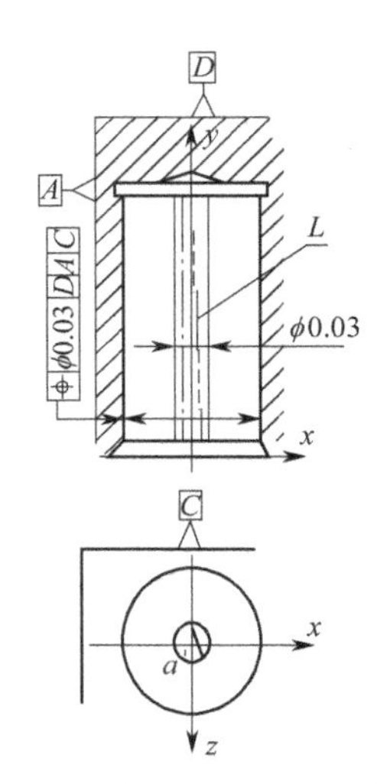

图 0-2 轴线位置度公差含义

0.2 旋转与平移自由度误差的差别

0.2.1 基准体系及其作用

几何公差要求伴随着机械行业而产生与发展。在古代，人们为满足需要而制造器械，要制造器械就离不开几何公差，随之诞生基准体系。在绘制机械产品图时，就是将产品放在三维坐标系（假想的）中，将产品各要素在坐标平面上的图像绘制出来。例如图 0-1 中的 160 mm 及 255 mm 两个尺寸，分别说明了平面 B、M 间及平面 A、N 间的距离。其好像与基准体系丝毫无关，实际上是将坐标系隐藏起来了。平面 B、A 间在平移自由度上不存在任何关系，但两者在旋转自由度上相互垂直，可用形位公差联系起来，又显得与基准体系密切相关，平面 B、M 与平面 A、N 也都如此。在加工中的六点定位也是应用坐标系的实例。所以，多少年来，在机械制造的生产过程中为满足三个平移方向的要求，所用的设备、工具等都充分考虑了在三维坐标系平移方向上的调整能力，以确保各个尺寸合格。《形状和位置公差》标准规定了零件上各要素在旋转自由度上的关系，如形位公差中的垂直度、平行度、位置度、同轴度等，并且必须使用坐标系才能准确表达。例如，平行度要求就要说明被测要素和哪一个要素（基准）平行，而且两个要素平行不是一个点可以清楚告知的，且误差也存在方向问题，较尺寸要求要复杂许多。因此，《形状和位置公差》标准发布时不得不引入了基准体系概念，进行产品设计、工艺设计时就需要认真考虑如何确定坐标系。加工中所用设备、工具以及操作等必须具备旋转自由度上的调整能力，以确保产品旋转自由度上的精度要求。退一步说，该标准发布之初，不可能一切都准备妥当，暂用尺寸误差的保障方法生产吧！该标准发布 40 多年，这些工作做了多少？能不能满足产品的需要？现在看来差距还是很大的。旋转自由度上的精度要求提出后，技术工作者努力探讨解决措施、迎头赶上，生产才可能往前发展，技术才能进步，而坐标系的使用仅是其中之一。那么，相关标准中对坐标系究竟有什么规定呢？

《产品几何技术规范（GPS）几何公差 基准和基准体系》（GB/T 17851—2010）中规定，当一个基准体系由两个或三个要素建立时，它们的基准代号字母应按各基准的优先顺序在公差框格的第三格到第五格中依次标出等。

当在三基面体系中需要用基准目标时，应遵守以下规定。

（1）第一基准：3 个基准目标（点或局部区域）。

（2）第二基准：2 个基准目标（点或局部区域）。

（3）第三基准：1 个基准目标（点或局部区域）。

可见，在形状和位置公差中使用的基准体系是严格的，标准中仅以三基面体系为例做了说明。可以看出，在基准体系中定位点数多的要素排序靠前，定位点数少的要素排序靠后。例如，采用锥度芯轴（属于四点定位）定位时，该轴线必然是第一定位基准。如果采用长菱形销定位，最多只有两点，能不能作为第一定位基准要具体分析。所以，产品设计师在应用形位公差时，应根据某定位基准在基准体系中的作用具体分析界定。例如，每一个基准定位点数的多少，在哪一个平移自由度上定位将影响尺寸精度，在哪一个旋转自由度上定位将影响形位精度等。另外，尺寸要求的两端要素在没有特别说明的情况下可以互为基准。而形位公差的基准是明确规定的，如希望变更一定要慎重。基准体系中的基准都是产品上的存在误差的实际要素，不是数学意义上的理想基准。在产品设计、工艺设计、加工操作、检验、使用维修以及生产管理等各个阶段都要注意。

0.2.2 零件要素间旋转比平移自由度关系更加复杂、普遍

理想要素在空间保持特征不变的可位移数称为理想几何要素的恒定度，也就是要素在恒定度方向上位移（误差）不改变要素的特征，即不改变该要素相对于坐标系的关系，所以在这个方向上没有必要严格控制其位移。但要素在非恒定度方向上位移（误差）一定会改变要素相对于坐标系的关系，如果该要素在这个方向上的位移控制不严格，将会影响产品的性能。

由于所讨论的要素为垂直或平行于坐标平面的平面或直线，在三基面体系中所形成的最简单的几何形体便是如图 0-3 所示的六面体。若在其上再加工一个孔，每一个要素都可以在三个平移自由度上运动，但在平移方向上平面要素有一个、轴线要素有两个非恒定度方向，必须严格控制位移。所以，轴线 MN 的非恒定度方向为沿 x、y 轴平移；前、后平面的非恒定度方向为沿 y 轴平移；左、右平面的非恒定度方向为沿 x 轴平移；上、下平面的非恒定度方向为沿 z 轴平移。即前、后平面与轴线 MN 在沿 y 轴平移方向上，左、右平面与轴线 MN 在沿 x 轴平移方向上；上、下平面在沿 z 轴平移方向上，必须以尺寸关系控制其位移。每一个要素也都可以在三个旋转自由度上运动，其非恒定度方向各有两个，即上、下平面与轴线

MN 的非恒定度方向是绕 *x*、*y* 轴旋转；前、后平面的非恒定度方向是绕 *x*、*z* 轴旋转；左、右平面的非恒定度方向是绕 *y*、*z* 轴旋转。可见，绕 *x* 轴旋转自由度上必须控制其位置的要素有上、下、前、后平面与轴线 *MN*；绕 *y* 轴旋转自由度上必须控制其位置的要素有上、下、左、右平面与轴线 *MN*；绕 *z* 轴旋转自由度上必须控制其位置的要素有前、后、左、右平面。

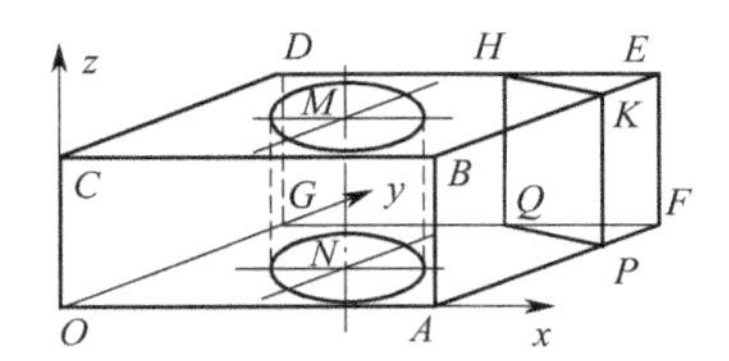

图 0-3　六面体要素间的关系

ABCO—前面；*DEFG*—后面；*CDGO*—左面；*ABEF*—右面；*AFGO*—下面；*BCDE*—上面；*HKPQ*—斜面；*MN*—孔轴线

根据上述讨论可归纳得到表 0-1。

表 0-1　图 0-3 所示零件各要素的自由度分析统计

自由度统计	平移自由度方向			旋转自由度方向		
	沿 *x* 轴	沿 *y* 轴	沿 *z* 轴	绕 *x* 轴	绕 *y* 轴	绕 *z* 轴
同一方向上的要素数	3	3	2	5	5	4
同一方向可标几何要求数	2	2	1	4	4	3

在标注几何要求时，每一个自由度方向上必须且只需有一个要素作为基准，其他要素都必须和这个要素或已经决定了位置的要素间标注一条且只能标注一条几何要求，以避免重复标注与漏标。如表 0-1 所示，沿 *x* 轴平移自由度方向上有 3 个要素，可标的尺寸要求数为 2（除去 1 个基准要素）；在绕 *x* 轴旋转自由度方向上有 5 个要素，可标的方向、位置、跳动要求数为 4。同样，可以看出沿 *y*、*z* 轴平移与绕 *y*、*z* 轴旋转的要素数，以及可标注尺寸要求数和可标注方向、位置、跳动要求数。可得结论如下：在每一个旋转自由度方向上必须控制其位置的要素数量都多于平移自由度方向上必须控制的要素数量。也就是需要标注方向、位置、跳动要求的条数多于需要标注尺寸要求的条数，所以方向、位置、跳动要求标注更复杂、普遍。

由上述讨论可见，同一个零件上的任何一个要素，必如图 0-3 所示的前面 *ABCO*，在旋转自由度上与其他各要素都相关，都可标注相应的方向、位置、跳动要求，如与后面需要控制绕 *x*、*z* 轴旋转方向上的平行度；与左、右面需要控制绕 *z* 轴旋转方向上的垂直度；与上、下面需要控制绕 *x* 轴旋转方向上的垂直度；与轴线 *MN* 需要控制绕 *x* 轴旋转方向上的平行度。可见零件上某一要素与零件上的其他要素间在旋转自由度上都是相关的；而在平移自由度上，前面只与后面、轴线 *MN* 相关，存在尺寸关系，与其他各面无尺寸关系。

两相关联要素间的方向、位置、跳动关系可能限定两相关联要素在两个旋转自由度上的位置。如图 0-3 所示，前面对后面的平行度，限定被测要素绕 *x*、*z* 轴旋转；轴线 *MN* 对下面的垂直度，限定被测要素绕 *x*、*y* 轴旋转。也可能限定一个旋转自由度上的位置。如图 0-3

所示，前面对右面的垂直度，限定被测要素绕 z 轴旋转；轴线 MN 对右面的平行度，限定被测要素绕 y 轴旋转。而一条尺寸关系只能限定两相关联要素在一个平移自由度上的位置。对于一般位置的要素，如图 0-3 所示用粗实线标示的斜面，因其不垂直于坐标平面 xOz、yOz，必存在倾斜度关系；而与坐标平面 xOy 存在垂直度关系。三条几何要求分别限定斜面绕 x、y、z 轴的旋转。斜面与坐标平面 xOy 垂直，在沿 z 轴平移方向上不存在尺寸关系。但其沿 x、y 轴平移可能改变其空间位置，当然需要控制。在旋转自由度上需要控制的方向数仍多于平移自由度需要控制的方向数。在产品设计时应注意避免重复标注与漏标。

正因为要素在旋转自由度上位置关系的复杂性，对机械产品寿命周期各个阶段都会产生影响。例如，加工中心、镗铣床的投入提高了生产效率与零件的加工精度，但在工艺设计时就必须注意，针对旋转自由度精度保证的适应性变化。零件一次安装后可以加工多个方向的多个要素，由于尺寸精度测量方便、基准明确，一个自由度上的要素加工完成之后，可以快速、适时地测量发出机床调整信息，直至零件合格。但是，形位精度却不行，首先旋转自由度精度方面的量具很难做到适时测量并及时发出调整信息；其次，如图 0-3 所示，若以底面为第一定位基准，通过工作台旋转加工前面 $ABCO$，若不但需要保证其对底面的垂直度（因为底面为第一定位基准，可以保证无误），还需要保证对左面 $CDGO$ 的垂直度，而左面又是刚刚加工完成旋转过去的，不能实现真正的第二定位基准的作用，仅相信设备精度就足够了吗？如果零件要求高于或接近设备精度怎么办？必须有相应的工艺措施，这就是由旋转自由度特殊性所决定的。

对于整个产品上多个要素在旋转自由度上的相互关系，必然要把三个旋转自由度全部联系在一起做整体研究。而平移自由度的尺寸关系多在单一平移自由度方向上，或单一的尺寸标注方向上讨论。由此可见，要素在旋转自由度上的关系较平移自由度更复杂、普遍。

0.2.3 旋转与平移自由度关系评价的差别

尺寸关系描述了被测要素上的一点到基准要素的垂直距离；尺寸公差表明这个垂直距离允许变化的范围。所以，目前的尺寸测量方法多是尺寸的基准要素必须和量具的一个测量头全面、良好贴合，量具的另一个活动的测量头可以缓慢地，按照垂直于基准要素的方向向被测要素运动，直至接触观察读数，测出该点到基准要素的距离，用测量绝对值对尺寸合格与否做出评价。

方向、位置、跳动要求评价则不同，基准要素与被测要素都必须全要素参与。所谓“全要素”，有两种情况必须说明。

（1）不能仅用要素上的某一点或区间替代该要素来评价方向、位置、跳动关系。例如，在评定如图 0-4 所示平面 A 对平面 B 的平行度时，其测量过程中基准要素平面 B 和量具的基准平面理想贴合（可视为平面 B 全要素参与）后，按现状是量具的活动测头只能在平面 A 上一点、一点地测量，任意实测多个点（模拟全要素）计算出平行度。这样测出的数据不能代表平面 A 在装配过程中的实际作用，因为最能代表平面 A 的点是机械产品装配好之后，平面 A 和相邻零件相邻要素接触的点。如图 0-4 所示，实际的装配过程中拟合组成要素 C 代表平面 A 起作用，也就是接触点 1、2 起到平面 A 的作用。对于具体的装配，因零件的变化，点 1、2 也是变化的；但对于同一个零件又可能相对固定。但目前测量过程中随意选定的点，很难恰好选定点1、2。所以，用目前的测量方法判断零件在产品中能不能起到预想的作用，效果并不理想。

（2）对于大型零件的大面积平面，采用目前的量具测量时很难达到要素的中心部位测量其具体的误差值，更增加了对被测平面评价的困难。用此评价几何关系带有一定的盲目性。这说明目前采用尺寸测量方法测量旋转自由度上的方向、位置、跳动要求，所得值并不能真正代表要素的实际情况。

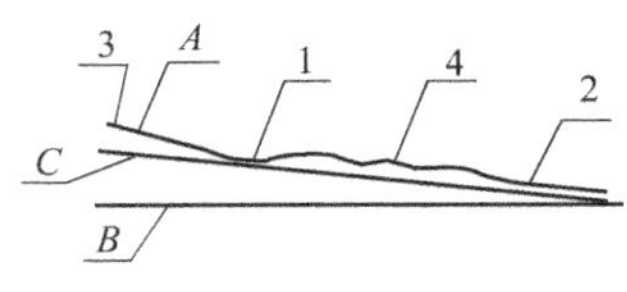

图0-4　几何关系评定

0.2.4　公差带分析

每一个垂直或平行于坐标平面的平面与轴线，都需要在两个旋转自由度上才能将其空间位置准确限定。而要素间的方向、位置、跳动要求可能限定被测要素在一、两个旋转自由度上的位置，决定了要素的方向、位置、跳动要求的公差带的复杂性。

在尺寸公差中，上、下极限偏差之间的区间为公差带。公差带是尺寸允许出现的范围。

对于旋转自由度上的方向、位置、跳动要求的公差带，应将整个要素包含其中。按标准规定，除非有进一步限制的要求，被测要素在公差带内可以具有任何形状、方向和位置。标明主要公差带的形状有7种之多，每一种都有其生成规则，其应用也应按规则使用。

0.2.4.1　方向、位置、跳动公差带（主要针对平面、轴线）生成规则

（1）第一定位基准（不管是平面还是轴线）能在两个旋转自由度方向上决定被测要素的位置时，易生成相关公差带；被测要素需要第一、二定位基准分别控制其在两个旋转自由度方向上的位置时，因两个基准相互独立，易形成相互独立的公差带。

（2）加工过程中被加工要素在两个旋转自由度方向上的误差随机生成，无人为的强加措施，才能生成相关公差带。

（3）被测要素是轴线时，生成的相关公差带是标准中规定的“ϕ”公差带；轴线在两个旋转自由度方向上相互独立的公差带为“四棱柱形公差带”；被测要素是平面时生成的相关公差带、相互独立的公差带都是两平行平面间的距离。

0.2.4.2　公差带生成

如图0-5所示，以外圆轴线A定位车小外圆B。因为外圆轴线A可以在绕y、z轴两个旋转自由度上决定小外圆轴线B的位置。根据上述公差带生成规则知，可以方便地生成ϕ公差带。如果设计要求在绕y、z轴两个旋转自由度上生成相互独立的公差带，就必须采取特殊的方法。如图0-6所示，图纸要求轴线E的位置度是以底面C为第一定位基准，底面C可以限定轴线E在绕x、y轴两个旋转自由度上的位置，被测要素是直线，形成相关（ϕ）公差带的可能性最大。如图0-7所示，图纸要求孔轴线（E）的位置度是采用以平面A、B、C组成的基准体系评价的。因为平面A只能在绕x轴旋转自由度上定位，绕y轴旋转是第一定

位基准平面 A 的恒定度方向，不能起定位作用，只能选择第二定位基准平面 B 控制。因为平面 A、B 是相互独立的两个要素，每一个要素的定位能力不同，能方便地形成四棱柱形公差带，生成相关公差带的可能性很小。

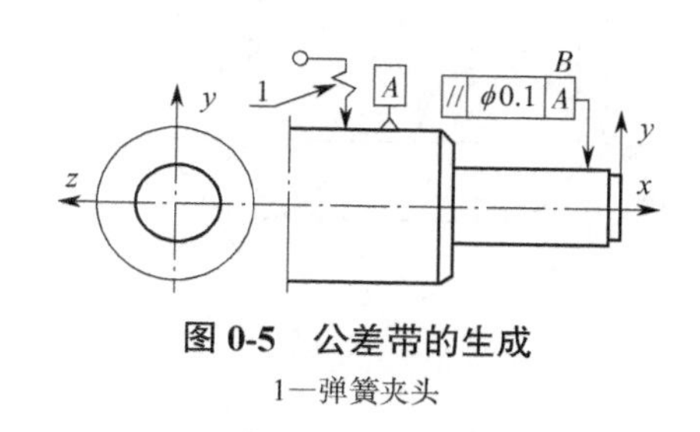

图 0-5　公差带的生成

1—弹簧夹头

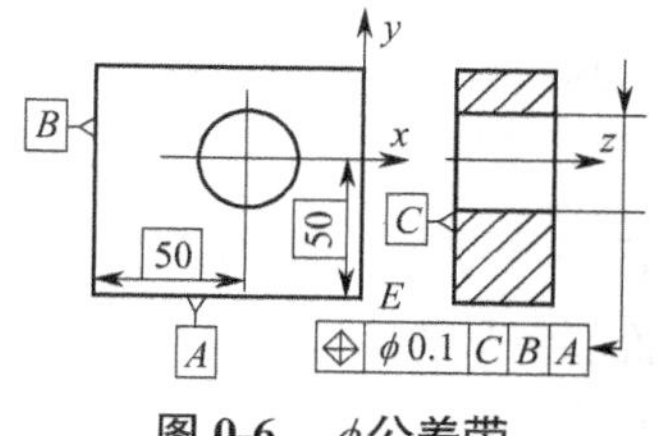

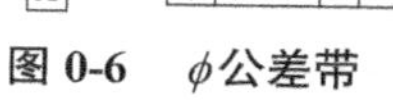

图 0-6　ϕ公差带

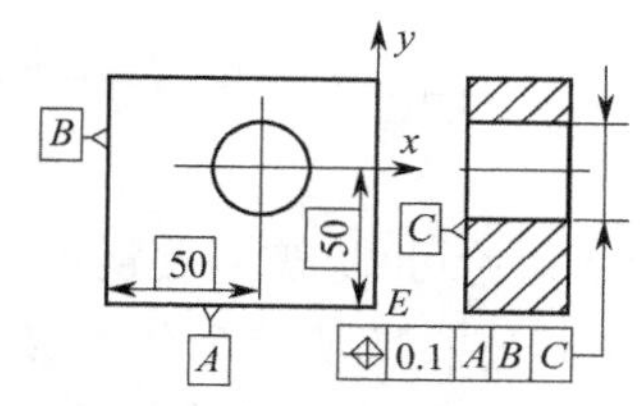

图 0-7　四棱柱形公差带

如图 0-8 所示，第一定位基准平面 A，在绕 x、z 轴两个旋转自由度上对被测要素 B 实施定位，形成相关公差带。因为被测要素是平面，公差带的形状为两平行平面间距离为 0.1 mm 的区间，不能生成 ϕ公差带。但如图 0-9 所示，第一定位基准平面 A 只能在绕 z 轴旋转自由度上定位，绕 y 轴旋转是平面 A 的恒定度方向，不能定位，必须用其他要素为第二定位基准才能控制被测要素 B 绕 y 轴的旋转，两个基准相互独立，所以只能生成相互独立公差带，其公差带仍然是两平行平面间距离为 0.1 mm 的区间。以上所说均是零件在加工中根据定位基准直接生成的被加工要素所形成的公差带。若机械产品的性能是由多个零件的多个几何精度要求组成多环链共同控制该性能的实现，或加工过程中经多道工序加工后才能获得被测要素与设计基准间的位置关系，使之符合设计要求，且被测要素为轴线时，其公差带的形成将更复杂。如图 0-10 所示为轴线形成综合公差带的情况，在多环链中有的组成环形成四棱柱形公差带（$ABDC$）、部分组成环形成相关公差带（ ϕ公差带 $\delta_{N\phi}$ ），两部分组合形成综合公差带。可见，综合公差带的形成与机械产品设计、工艺设计密切相关。

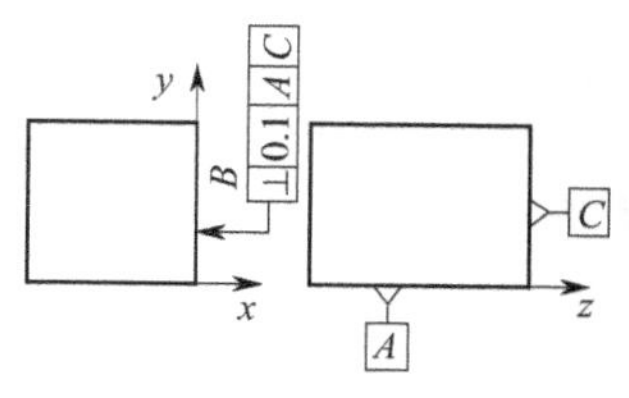

图 0-8　相关公差带

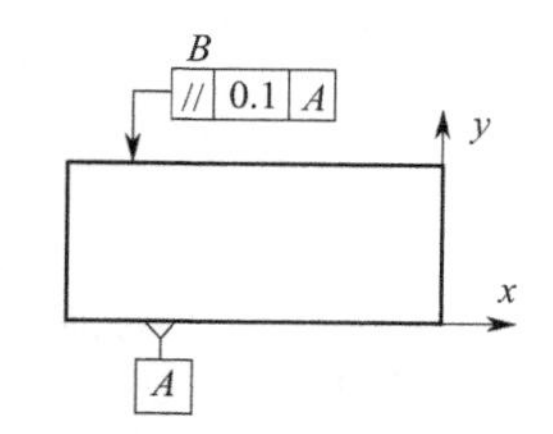

图 0-9　相互独立公差带

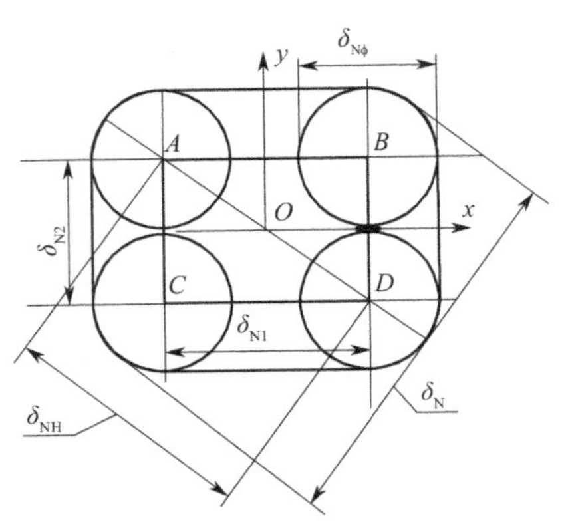

图 0-10 综合公差带

$\delta_{N\phi}$——两个旋转自由度上误差相关的组成环公差之和；

δ_{N1}、δ_{N2}——两个旋转自由度上误差相互独立的组成环分别在两个方向的公差之和；

δ_{NH}——δ_{N1}、δ_{N2}的矢量合成；δ_N——封闭环的设计要求

由上述讨论可见，被测要素不同，公差带的形状也有多种变化。如轴线可能产生 ϕ公差带、四棱柱形公差带及综合公差带。若被测要素是平面，不管两个方向上的误差是相互独立，还是相互关联，公差带的形状都是两平行平面间距离的区间。

0.2.4.3 公差带与工艺设计

如图 0-11 所示，若按工艺安排生成被测要素所使用的基准体系，被测要素能方便地生成四棱柱形公差带（见图中四边形 *MNPQ*）。假如产品设计要求形成 ϕ公差带（见图 0-11 中的圆 *O*），图 0-11（a）中灰色部分内的零件虽满足设计要求，但生产中出现因不符合工艺要求而被判为不合格品，也就是设计公差被压缩了；图 0-11（b）中工艺设计采用的四棱柱形公差带是设计要求的 ϕ公差带的外切四边形时，又会造成灰色部分内的零件生产被判为合格而放行，而在设计要求区间之外应判为不合格品，也就是设计要求可能被放大了。可见，产品设计与工艺设计使用的基准体系不同与形成的公差带形状密切相关。

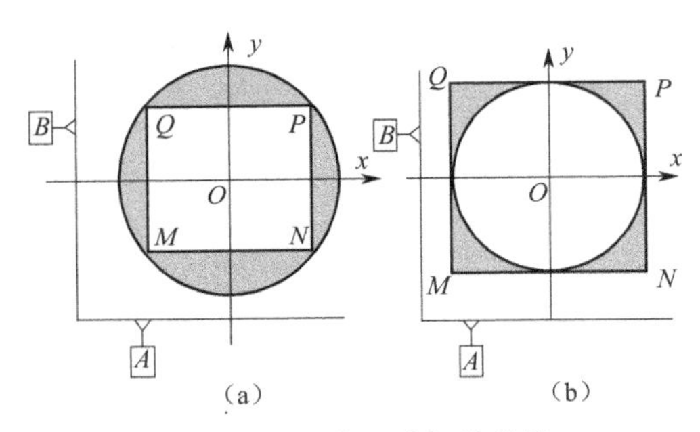

图 0-11 工艺设计与公差带

（a）灰色部分设计公差被压缩 （b）灰色部分设计公差被放大

注：1. 圆 *O* 为设计时要求形成的公差带形状；2. *MNPQ* 为工艺安排易生成的公差带形状。

产品设计时图面上很少使用如图 0-10 所示的综合公差带。但是，产品性能受多个零件影响时，工艺为了保证设计要求需要多道工序加工之后才能保证，公差被压缩或放大的可能不容忽视。

由此可见，为了能在生产中充分利用方向、位置、跳动要求，减少发生公差被压缩或放大的可能，应该做到：

（1）产品设计、工艺设计时应尽量尊重、利用公差带生成规则；

（2）尽量减少几何误差链的环数。

0.2.5 行业习惯

在《形状和位置公差》标准发布之前，机械行业已开始使用方向、位置、跳动公差。因缺乏相应的理论指导与规定，如何将产品的方向、位置、跳动要求合理地分配到各组成环上，以及如何标注、需不需要避免重复标注、何为重复标注等问题，只能根据设计师各自的理解进行，而且工艺、工艺装备设计，甚至原金切设备、现场操作、产品检验、现场管理等也没有健全的保证方向、位置、跳动公差要求的理论方法，一切都仅凭经验是难以达到图纸要求的。但标准发布了，图纸要求标明了，生产就不能停下来。只能沿用多少年来形成的尺寸要求保证方法，加工保证方向、位置、跳动公差要求。由于其几十年来已成为行业的"根深蒂固"的习惯，再加上测量手段不健全，操作者难以及时跟随生产实际实施测量。能否保证产品件件合格，只能待产品交付使用后判断。通过对旋转误差的特殊性与平移误差（尺寸要求）的差别研究，必然发现采用尺寸要求保证方法，加工保证方向、位置、跳动公差要求存在的不足。对原产品设计、工艺设计、现场操作、产品检验、现场管理等各个方面做适应性改变，才是正确、可靠的保证产品质量的方法。当然，首先应进行理论研究，以获得相应指导。

0.2.6 关于设备、工具的思考

如图 0-12 所示，在原通用的机械加工设备上加工工件时，不管是磨、铣、车、刨，以平面 B 定位加工平面 A（或平面 C、D）时，若尺寸不合格，大部分都可以在不拆卸（保持定位）的情况下，测量、调整设备以达到合格。假如方向、位置、跳动公差超差，如平面 A 对平面 B 的平行度超差，一般难以通过调整机床工作台绕 x、z 轴旋转达到要求。有些原通用设备可以在绕 y 轴旋转自由度上调整，但需注意其精度是否足够。目前，镗铣床在绕 y 轴旋转自由度上调整能力被加强，精度也相当高。但因测量不能及时配合，操作仍沿用老的习惯，以及机床工作台绕 x、z 轴旋转的调整能力也不高，致使工序中采用调整方法使被加工零件合格有一定困难。目前，三维坐标测量仪解决了方向、位置、跳动（旋转误差）公差的测量困难，但仍难以像尺寸测量那样方便，即随着工序的进行，在工件不拆卸（保持定位）的情况下适时测量。

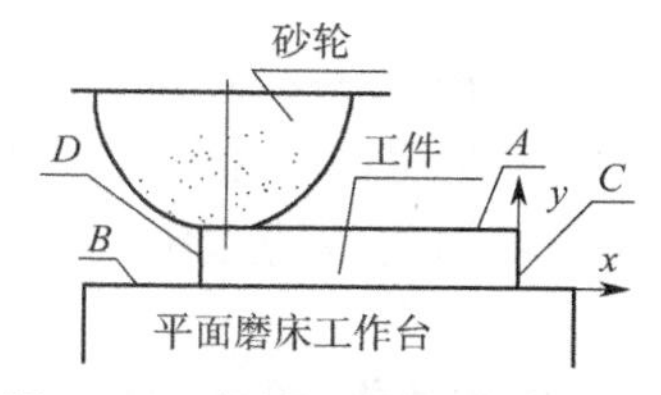

图 0-12 原金切设备的调整能力

总之，在漫长的机械发展历史中，对尺寸要求关注较多，且手段健全，但对保证旋转自由

度上精度要求关注略少。让《形状和位置公差》标准真正在实际产品上得到确保，才是应该努力的方向。

0.2.7　方向、位置、跳动关系的测量手段健全

前面讨论了方向、位置、跳动要求的测量必须是基准与被测要素全要素参与，而目前大多数的单位方向、位置、跳动的测量仍采用尺寸测量方法，即采用测量点到基准的垂直距离，基准似乎还能保证全要素参与，被测要素却是用多点代表。由于这些测量点不一定能代表全要素参与装配，所以用它评价要素的几何位置与装配的实际体现可能不同，工序实施后也很难马上通过测量评价被加工要素在旋转自由度上的位置是否合格，并进而决定是否调整机床等。

这里仅就旋转与平移自由度误差的主要差别略加表述。在工作中遇到的实际问题多种多样，需要在工作实践中进一步体会、改进。

机械产品中的关键件、重要件大多是方向、位置、跳动要求多的零件，也只有其质量得到保证，机械产品的质量才能得到保证。保证关键件、重要件质量，除需要有正确的产品图外，还需要有能保证零件精度要求的机械加工工艺，且现场按工艺执行并操作得当，以及精度好的设备、工艺装备等，具备了这些条件，因测量困难而在工艺文件上标明"工艺保证""机床保证"也还可以接受。否则，诸多环节都没有把握，而在工艺文件上标明"工艺保证""机床保证"只能是放弃质量的一种标志。

旋转自由度较平移自由度上误差的差别如此之大，《形状和位置公差》标准发布 40 多年，机械行业在机械设计、工艺设计、现场操作、产品检验、生产管理等方面做了哪些适应性改变？改变能满足要求吗？或者说，上述旋转自由度误差的特殊性都考虑到了吗？解决了吗？应当明确地说，相应的理论尚有欠缺，指导怎能到位！改变的盲目性居多，获得符合要求的产品只能是一句空话！而改变的重任恰恰落在此时同行者的肩上，需要的是齐心合力的奋战，掩耳闭目绝不是进步的动力。

本书参照尺寸链方法，建立了几何误差链，并用数学解析方法进行了定量分析，为设计出正确的、能保证零件精度要求的图纸及机械加工工艺提供了理论依据，又获得了几何误差传递的基本规律，进而提炼出采用图解法设计，将繁杂的解析计算变为方便、可靠、易于掌握的图解计算，并为操作、设备设计、工装设计提出了参考意见。

本书提供的方法，使《几何公差》标准能够真正地得到贯彻执行。要知道《几何公差》标准制定得非常完善，机械产品图上按标准要求标注得头头是道，却不能加工保证。那么，大家终日忙碌的诸多付出的意义岂不随之消失！

最新版本的《产品几何技术规范（GPS）》系列标准中使用了理想要素的"恒定度"一词。其强调了要素的不变特征，而本书中主要讨论的是被测要素相对于基准要素在平移与旋转方向上的误差，强调的是两相关联要素间关系的变化，所以仍使用"自由度"一词表述更为方便，且其含义和运动学的解释一致。

由此可见，产品设计、工艺设计、现场操作、设备精良等都需要研究。目前，因测量困难，及时研究适合于方向、位置、跳动要求的测量方法是必要的。在本书最后一章讨论了"旋转自由度误差测量方法"，供大家研讨。

第 1 章　机械产品的几何要素及其相互间的关系

1.1　几何要素及其空间位置

1.1.1　几何要素

机械产品都是由各种各样的机械零件装配而成的。机械零件又都是由点、线、面等几何要素所组成的形状各异的几何形体。机械零件上常用的几何要素简单介绍如下。

（1）点：典型的如球心、锥顶、坐标原点等。

（2）线：有直线、曲线两种。直线是点在三维坐标系中按某一固定方向运动的轨迹，或两平面的交线，典型的如圆柱体、圆锥体的轴线、母线等；曲线是点在三维坐标系中运动方向不断变化的运动轨迹，机械产品中经常使用的曲线有圆、渐开线、摆线、阿基米德螺线等。在生产实际中，在机械产品上所遇到的起着重要作用的直线大多是轴线。在空间和在平面上两点间的连线很少作为一个要素单独使用，有时会在加工中作为次要定位基准使用，但使用也不多。

（3）面：有平面、曲面两种。平面为直线在三维坐标系中按某一固定方向运动的轨迹，平面在机械产品中使用较多；曲面为线在空间的运动方向是时间的函数而形成的轨迹，或曲线的运动轨迹，机械产品中常见的曲面有齿廓面、凸轮表面、圆柱面、圆锥面等。

在机械加工中，直线、平面、圆柱体、圆锥体、圆等是最易生成的。对于需要完成特殊任务的零件必须使用曲线、曲面，如渐开线齿轮、摆线齿轮和用阿基米德螺线形成的凸轮等，一般用特殊设备或工艺装备保证。

机械产品上使用最多的是垂直或平行于坐标平面的平面和轴线，本章重点讨论这些平面、直线间的关系，其他要素间的关系应视具体情况而定。机械产品精度的高低，通常是指这些要素在空间的位置是否准确。要素空间位置准确与否主要取决于它们可能的运动方向及在这些方向上运动的量。其运动方向主要有沿三个坐标轴的平移和绕三个坐标轴的旋转六个自由度方向。方向、位置、跳动要求需要研究要素在旋转自由度上的位置精度；平移自由度上的位移决定了尺寸精度，有时位置、跳动公差也可能涉及。要讨论要素在空间的位置准确程度，首先应建立坐标系。

1.1.2　坐标系

坐标系是研究物体位置的一个参照系，每一种机械产品或每一个机械零件乃至每个零件上的每一个几何要素都可由坐标系来描述和定位。用数学的概念来研究，空间直角坐标系是由三个相互垂直的方向所决定的。最直接的就是机械产品、机械零件设计时的长 × 高 × 宽的三维尺寸方向，组成了描述机械产品、机械零件上每一个几何要素位置的坐标系。为了使问题简化，可采用这三个相互垂直的尺寸方向作为三个坐标轴的方向，坐标原点由图纸上的尺寸标注就已显示得十分清楚。这个坐标系称为基本坐标系。那么，零件上的要素是如何被定位的呢？

如图 1-1 所示，由平面 D 对平面 A 的垂直度 0.04 mm，平面 D 对平面 B 的垂直度 0.04 mm 及平面 B 对平面 A 的垂直度 0.05 mm 三条几何要求，设计者有意安排平面 A、B、D 为三个坐标平面，组成直角坐标系，限定各要素的位置。如几何要求平面 E 对平面 B 的平行度 0.05 mm，表示以平面 B 为基准，在绕 x、y 轴旋转自由度上决定了平面 E 的位置，其误差不得大于 0.05 mm；而尺寸 360 mm 也是以平面 B 为基准，再沿 z 轴的负向平移 360 mm 获得平面 E，其误差按未注公差执行。平面 E 的三个非恒定度方向上的位置均已用平面 B 予以确定。几何要求孔 C 轴线对平面 B 的垂直度 ϕ0.05 mm，表示以平面 B 为基准限定孔 C 轴线绕 x、y 轴旋转自由度上的位置误差不大于 0.05 mm，并形成 ϕ 公差带。孔 C 轴线又以平面 A 为基准沿 y 轴正向平移 180 mm，并处于中间位置。孔 C 轴线在两个旋转自由度上的位置及两个平移自由度上的位置就被确定了。可见，零件上的每一个要素在平移或旋转自由度上的位置都必须用零件上的实际要素组成基准体系予以确定，并且这些基准体系可能是同一个坐标系。如果是不同的坐标系，它们之间也存在密切的联系。如图 1-1 所示，平面 E 在旋转、平移自由度上的位置，平面 B 均可限定；而孔 C 轴线在旋转自由度上的位置由平面 B 控制，沿 x、y 轴平移自由度上的位置，由正视图的左右对称及以平面 A 为基准沿 y 轴正向测量 180 mm 获得。平面 A、B 间由几何要求平面 B 对平面 A 的垂直度 0.05 mm 明确限定。可见，决定平面 E、孔 C 轴线位置的坐标系有密切关系。尽管有时采用未注公差，说明未注公差能够满足需要。

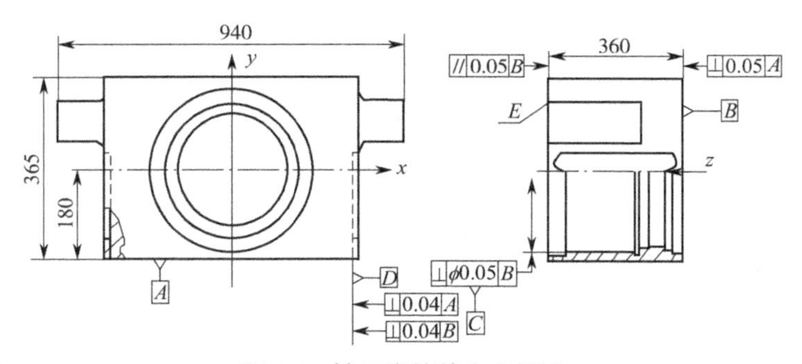

图 1-1　轴承座的基本坐标系

在机械加工中零件必须六点定位，其定位基准也组成一个坐标系。如图 1-2 所示，其基本坐标系为 O-xyz，产品图上三个尺寸标注方向恰与 x、y、z 轴方向相同，而加工采用一面两销定位，形成工艺坐标系 O-$x'y'z'$，其中大平面 M 可视作坐标平面 xOy（也是 $x'Oy'$ 平面），因圆柱销 O 可限定零件两个方向上的平移，故作为坐标原点；两销中心的连线视为 x' 轴。在平面 M 上过 O 点作 x' 轴的垂线为 y' 轴，过圆柱销中心 O 的垂直于平面 M 的直线即为 z' 轴。因此，z、z' 轴方向一致，x、y 轴与 x'、y' 轴间的夹角是 α，这个夹角 α 根据产品图是很容易计算获得的。这就是产品设计的基本坐标系 $O\text{-}xyz$ 和定位基准所决定的工艺坐标系 $O\text{-}x'y'z'$ 间的关系。

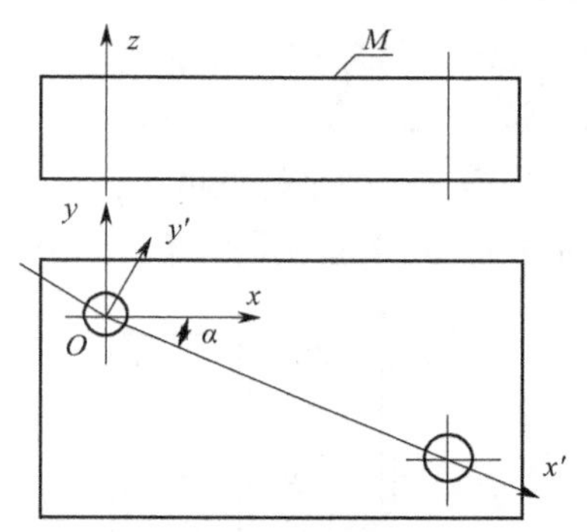

图 1-2　基本坐标系和工艺坐标系的关系

如图 1-3 所示，加工曲轴上连杆颈时，以主轴颈轴线及侧面 A、C 定位实施加工，主轴颈轴线可为 z 轴，在 z 轴方向上用平面 A 定位，则平面 A 为 xOy 坐标平面。在该平面上主轴颈轴线与连杆颈轴线（用 C 点替代）的连线可为 x 轴，过 z、x 轴的交点作 z、x 轴的垂线即为 y 轴。

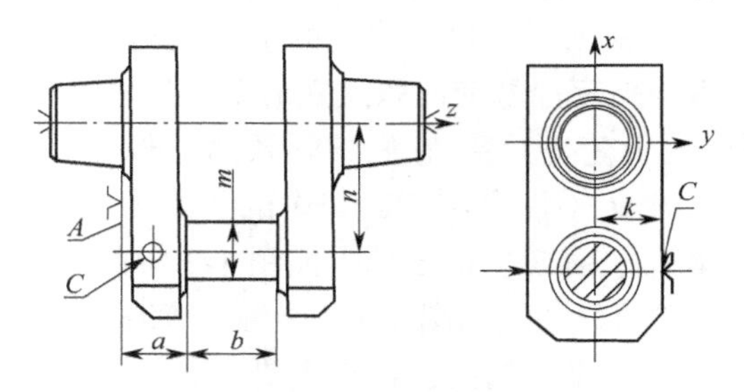

图 1-3　曲轴工艺坐标系

如图 1-4 所示，在普通车床上用自定心卡盘夹住圆棒料车外圆时，即用棒料中心定位为 z 轴。在加工时，由于操作人员的不同考虑，加工的先后次序可能不同。若先车大外圆 $\phi20^{0}_{-0.1}$ mm，可用端面 A 粗略定位测出长度大于 25 mm，留出切口的宽度及平端面 A 的加工余量；然后平端面 A，达到表面粗糙度、平面度要求后，车外圆 C，平面 B 达到图纸要求，即外径 $\phi15^{0}_{-0.1}$ mm、长度 15 ± 0.1 mm。此时，以端面 A 测平面 B（可以视 A 为测量基准）保证尺寸（15 ± 0.1）mm，端面 A 就是坐标平面 xOy，x（y）轴的具体位置不必确定。

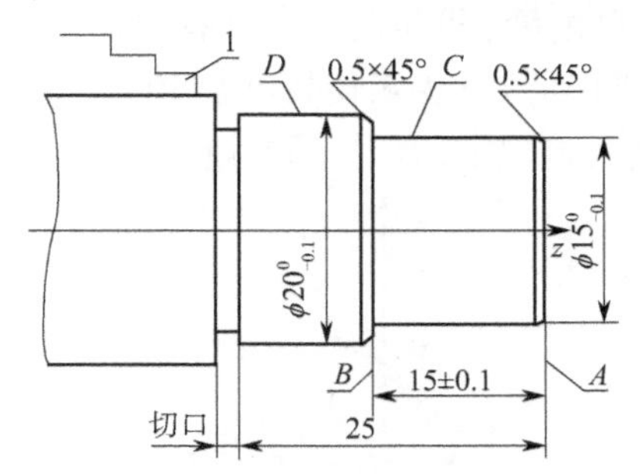

图 1-4　棒料工艺坐标系

1—自动定心卡盘

一个零件可能有多道工序，每一道工序都有各自的坐标系，这些坐标系间都应有联系。如图 1-5 所示为图 1-4 加工后的第二道工序图，用弹簧夹头夹 $\phi15^{0}_{-0.1}$ mm 外圆，由平面 *B* 轴向定位车平面 *D*，保证尺寸 $10^{0}_{-0.1}$ mm。该序用外圆 $\phi15^{0}_{-0.1}$ mm 的轴线定位为坐标系的 *z* 轴，其垂直平面且限定工件轴向位置的平面 *B* 为 *xOy* 坐标平面。*x*、*y* 轴的位置就在平面 *B* 上，但具体方向不必确定。分析此第二道工序的坐标系可知，*z* 轴基本一致；坐标平面 *xOy* 分别是端面 *A* 和平面 *B*。而平面 *B* 和端面 *A* 间的关系就是尺寸（15 ± 0.1 mm），此为两个坐标系的关系。

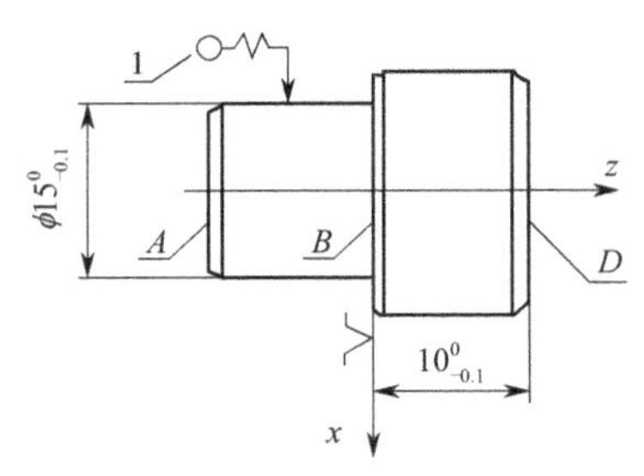

图 1-5　第二道工序工艺坐标系

1—弹簧夹头

从上述讨论可见，不管是根据图纸尺寸建立的基本坐标系；还是因要素不同，设计基准也不同的设计坐标系；或者根据定位基准体系建立的工艺坐标系；以及不同工序根据不同的定位基准体系建立的不同的工艺坐标系，它们的联系都是非常密切的。根据以上讨论可以规定：在工序的基准体系中限定零件自由度数最多的要素为主要定位基准（或第一定位基准），构成坐标系的 *xOy* 坐标平面或坐标 *z* 轴。如图 1-2 中的平面 *M* 限定三点，则应该是 *xOy* 坐标平面；图 1-3 中的主轴颈轴线和图 1-4 中的轴线都限定四点，所以应该是坐标系的 *z* 轴。只能限定零件一或两个自由度的要素称为次要（或第二、三）定位基准，决定坐标系的 *x*、*y* 轴。如图 1-2 中的两个定位销（圆柱销限定两点、菱形销限定一点）；图 1-3 中的侧面 *A*、*C* 只能限定一点。这些都说明了机械加工中被加工要素的位置取决于定位基准体系，而由定位基准体系形成的坐标系自然就是决定被加工要素位置的坐标系，这些坐标系间联系都十分密切。同样，根据装配基准、测量基准甚至维修都可建立坐标系，它们都和基本坐标系、设计坐标系、定位基准建立的工艺坐标系等密切相关。

讨论坐标系主要是因为机械产品设计、生产中涉及形位精度时坐标系是重要的工具，而且只有弄清楚坐标系间的联系，在工艺设计、计算时才能很好地利用。如图 1-6 所示，建立坐标系之后可以方便地确定自由度，即存在三个平移自由度和三个旋转自由度（按右旋螺纹旋入方向为旋转方向的正向），并且要素位置在旋转自由度上用方向、位置、跳动公差限定；平移自由度上用尺寸及其公差限定，有时位置、跳动公差也有限定作用。

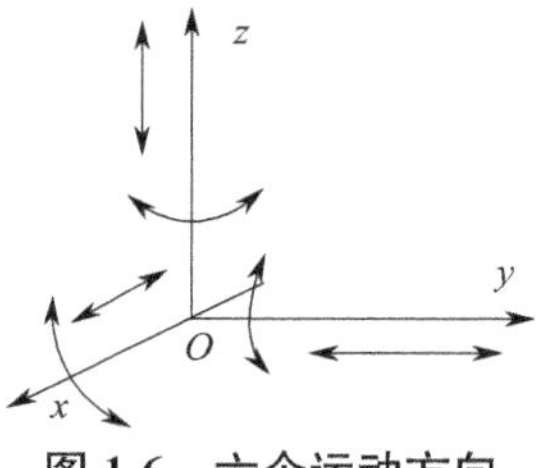

图 1-6　六个运动方向

1.1.3　几何要素的恒定度、自由度及限定条件

理想要素在空间保持特征不变的可位移数称为几何要素的恒定度。几何要素在空间有六个可能的运动方向，即有六个自由度。零件上的某要素在哪些方向上运动保持特征不变，也就是要素在这些方向上位置略做变化不会改变零件的形状，即为该要素的恒定度方向，用符号 H 表示；而在另一些方向上位置稍有变化，就能改变零件的形状，即为该要素的非恒定度方向。因为机械产品的精度必须是零件形状准确，即必须关注零件上各要素在非恒定度方向位置的变化并加以限定，称之为要素的限定条件，用符号 X 表示。则有

$$H+X=6$$

点是空间中没有体积大小，只占有位置的要素。所以，其绕三个方向旋转不会改变零件的形状，但沿三个方向平移必将改变其在坐标系中的位置，必须严格限定，则点要素的恒定度为 3。

如图 1-7 所示，若某零件为一六面体，当平面 $ABCD$ 分别沿 y 轴平移距离 $+e$ 和沿 z 轴平移距离 $-f$ 到达平面 $A'B'C'D'$ 位置时，因为平面在空间可以无限扩展，所以平面 $ABCD$ 及平面 $A'B'C'D'$ 都是平面 $DFB'E$ 的一部分，两者仍是同一平面，不会改变零件的形状（即特征不变）。但平面 $ABCD$ 沿 x 轴平移到 $abcd$ 位置必然改变零件的形状（即特征被改变）。如图 1-8 所示，平面 $ABCD$ 绕 y 轴方向旋转至 $A12B$ 位置后，平面 $A12B$ 不再平行于平面 $EFGO$，对平面 $ABEO$ 也不再垂直，改变了零件的形状；平面 $ABCD$ 绕 z 轴方向旋转至 $A43D$ 位置后，平面 $A43D$ 不再平行于平面 $EFGO$，对平面 $ADGO$ 也不再垂直，也改变了零件的形状；若平面 $ABCD$ 绕 x 轴方向旋转 90° 到达平面 $A567$ 位置，因为平面 $ABCD$ 垂直于 x 轴，平面 $A567$ 和平面 $ABCD$ 仍是同一平面，不会改变平面 $ABCD$ 对零件上的其他要素间的关系（即不改变该要素的特征）。由上述的讨论可知，平面 $ABCD$ 在沿平行于 y、z 轴的平移和绕垂直于平面的 x 轴旋转不改变零件的特征，即不会改变零件的形状，因此平面 $ABCD$ 的恒定度是 3。所以，在产品设计、工艺设计、工序实施及零件检验时等都不必过分关注平面 $ABCD$ 在这三个自由度上的位置变化。而平面 $ABCD$ 在沿 x 轴平移和绕 y、z 轴旋转三个自由度上的位置稍做改变，都会改变零件的形状，产品设计时必须明确规定零件上该要素在这些自由度上位置允许改变的量（即公差范围），这也是机械产品设计时需要完成的任务；工艺设计、工序实施及零件检验时注意的也是零件要素在这些自由度上的位置改变，不得超出设计所允许的范围。采用同样的方法，讨论图 1-8 中的其他平面要素（如平面 $BCFE$、$CDGF$ 等）的恒定度也是 3，只不过恒定度的方向不同而已。

如果是不垂直或不平行于坐标平面的平面，其恒定度应具体分析之后再确定，不一定是 3。

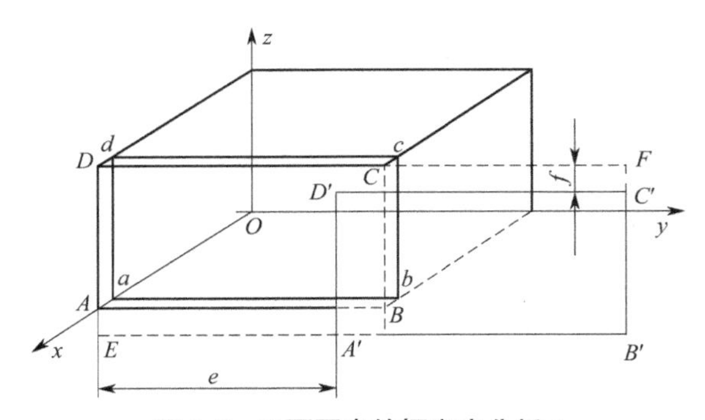

图 1-7　平面要素的恒定度分析 1

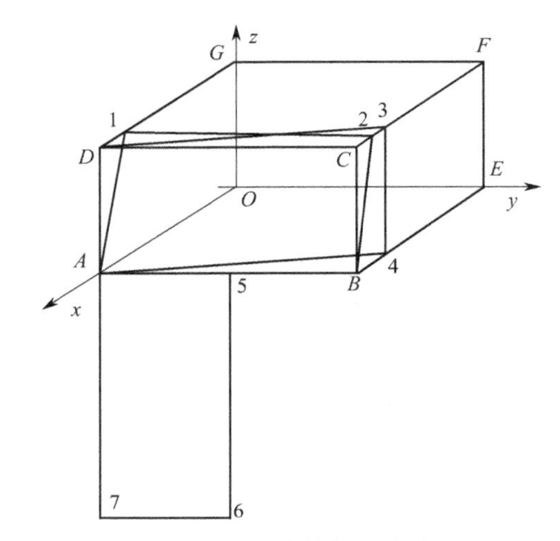

图 1-8　平面要素的恒定度分析 2

对于直线(主要指轴线)要素,如图 1-9 所示,在六面体上有一个孔,孔轴线 1 和平面 *ABCD* 平行,与平面 *ABEO* 垂直。如果孔轴线 1 绕 x 轴方向旋转至 2 的位置后,孔轴线 1 便不再垂直于平面 *ABEO*,也不会再平行于平面 *ADGO*;如果孔轴线 1 绕 y 轴方向旋转至 3 的位置后,孔轴线 1 不垂直于平面 *ABEO*,也不平行于平面 *EFGO*。改变了零件上孔轴线的位置,即改变了要素的特征。若孔轴线 1 绕 z 轴方向旋转,则不会改变孔轴线 1 在旋转自由度上的位置,即不改变轴线的特征,说明孔轴线 1 在旋转自由度方向上的恒定度方向是 1;同样,孔轴线 1 沿 x 轴方向平移到 4 的位置,或沿 y 轴方向平移到 5 的位置都会改变零件的形状,孔轴线 1 沿 z 轴方向平移不改变零件的形状,说明孔轴线 1 在平移自由度方向上的恒定度方向也是 1;如果轴线方向是垂直于另两个坐标平面的轴线,其恒定度方向在旋转与平移两种自由度方向上也都是 1。在设计时应该关注轴线的 4 个非恒定度方向。在机械产品中,空间任意两点连线构成的直线很少遇到,暂不讨论。平面上两点构成的直线所在平面的恒定度对其有直接影响。不垂直或平行于坐标平面的一般位置的轴线,其非恒定度方向数也应通过分析再确定。

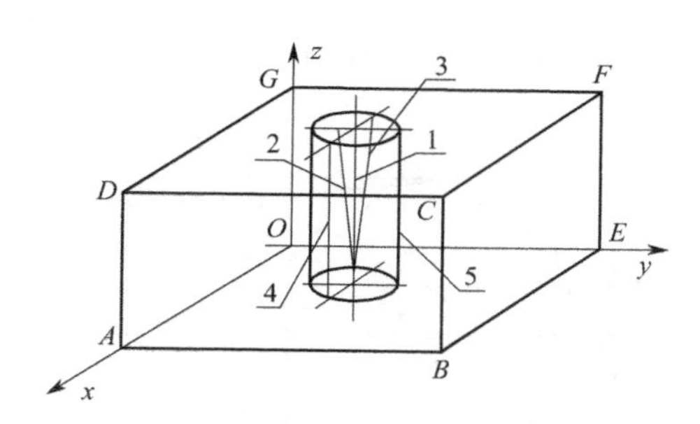

图 1-9　直线要素的恒定度分析

研究要素的恒定度，就必须关注和控制要素在非恒定度方向可能产生的运动。

1.1.4　几何特征所限定的自由度

在 1.1.3 小节中讨论了几何要素在非恒定度方向上发生位移，要素的特征改变，便有可能影响零件的作用。在产品设计时，要素在旋转自由度上的位移就需要采用方向、位置、跳动公差限定；要素在平移自由度上的位移可以采用尺寸及其公差限定，有时也可能采用位置、跳动公差限定。平移自由度上的位移较为直观，尺寸的方向直接反映了该尺寸需要限定的方向；而旋转自由度上的位移较为隐晦，一条方向、位置、跳动要求又可能限定要素在一个或两个旋转自由度上的位移。所以，这些几何特征如何限定几何要素的位置是需要研究的。

这里只讨论应用最为广泛的几何要素垂直或平行于坐标平面的平面或直线（轴线），在方向、位置、跳动要求中，垂直度和平行度是最典型的仅限定要素在旋转自由度上的位置。位置、跳动较为复杂，可限定旋转自由度上的位置，也可能限定平移自由度上的位置，需具体情况具体分析。这里暂只讨论垂直度和平行度。几何关系中的要素或为基准或为被测要素。按照排列组合便可得到必须讨论的情况共有如表 1-1 所示的八种，逐一研究后填入表中。

表 1-1　几何关系在旋转自由度上限定的运动方向数

序号	1	2	3	4	5	6	7	8
被测要素	平面 Ⅰ	平面 Ⅰ	平面	平面	直线	直线	直线 Ⅰ	直线 Ⅰ
基准要素	平面 Ⅱ	平面 Ⅱ	直线	直线	平面	平面	直线 Ⅱ	直线 Ⅱ
几何关系	平行度	垂直度	平行度	垂直度	平行度	垂直度	平行度	垂直度
限定方向数	2	1	1	2	1	2	2	1

注：序号 1 中表示平面 Ⅰ 为被测要素，平面 Ⅱ 为基准要素，要求平面 Ⅰ 对平面 Ⅱ 的平行度，将限定平面 Ⅰ 在两个旋转自由度上的位置。

第 1 种情况，如图 1-10 所示，平面 *CDGF* 对平面 *ABEO* 的平行度要求。若平面 *CDGF* 产生绕 *y* 轴旋转而到达平面 *G34F* 位置后，平面 *G34F* 不会再平行于平面 *ABEO*；同样，平面 *CDGF* 绕 *x* 轴旋转而到达平面 *G21D* 位置后，平面 *G21D* 也不会再平行于平面 *ABEO*；而平面 *CDGF* 绕 *z* 轴旋转，因其垂直于 *z* 轴，不会改变零件的形状。所以，平面对平面的平行度可以限定被测要素绕平行于该平面的两坐标轴旋转的自由度，不能限定绕垂直于该平面的坐标轴旋转自由度上的位移,则在表 1-1 相应位置填入 2。

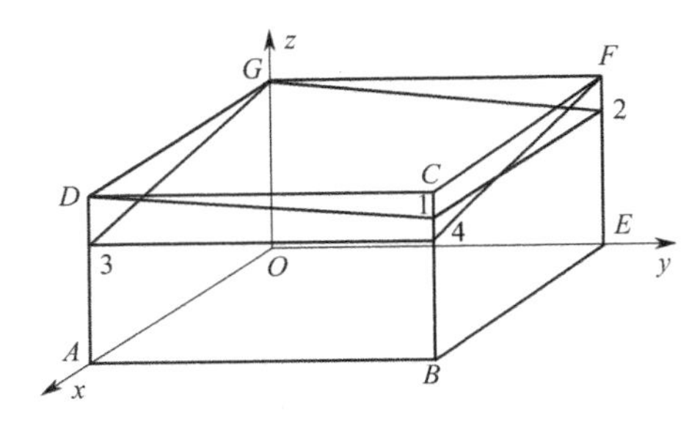

图 1-10 两平面间的平行度限定的运动方向

第 2 种情况,如图 1-11(a)所示,平面 *ADGO* 对平面 *ABEO* 的垂直度要求。若平面 *ADGO* 绕 x 轴旋转到达平面 *A12O* 位置,平面 *A12O* 不再垂直于平面 *ABEO*;若平面 *ADGO* 绕 z 轴旋转到达平面 *G34O* 位置,平面 *G34O* 仍垂直于平面 *ABEO*;平面 *ADGO* 绕 y 轴旋转是平面 *ADGO* 的恒定度方向,不必限定其位置。因此,平面 *ADGO* 对平面 *ABEO* 的垂直度要求不能限定平面 *ADGO* 绕 z 轴旋转,绕 y 轴旋转又不必限定,所以只能限定平面 *ADGO* 绕 x 轴的旋转自由度上的位置。在表 1-1 相应位置只能填入 1。但是,平面 *ADGO* 绕 z 轴旋转后,虽不影响平面 *ADGO* 对平面 *ABEO* 的垂直度要求,零件却由正六面体改变为四棱台,也就是零件的形状改变了。设计者应考虑这样的改变是否能够接受。如果不能接受,但又必须规定平面 *ADGO* 对平面 *ABEO* 的垂直度要求时,还需要增加限定平面 *ADGO* 绕 z 轴旋转的量。平面 *ADGO* 绕 y 轴的旋转是被测要素的恒定度方向,对产品无影响。如表 1-1 中的第 1 种情况,对于两平面间的平行度,基准和被测要素可以互换位置,作用不变。但对于第 2 种情况,如图 1-11 所示,两平面间的垂直度也希望基准和被测要素互换位置,就需要仔细考虑之后决定。如平面 *ADGO* 对平面 *ABEO* 的垂直度改为平面 *ABEO* 对平面 *ADGO* 的垂直度后,被测要素由平面 *ADGO* 改为平面 *ABEO*,改前如图 1-11(a)所示,设计师需要关注平面 *ADGO* 绕 z 轴的旋转;但改后如图 1-11(b)所示,却必须关注平面 *ABEO* 绕 x 轴的旋转,绕 z 轴的旋转恰是平面 *ABEO* 的恒定度方向。可见,改前和改后需要关注的重点不同,对零件的影响可能也有区别。所以,基准和被测要素互换位置需要慎重处理,这也说明几何要求是不可逆的。

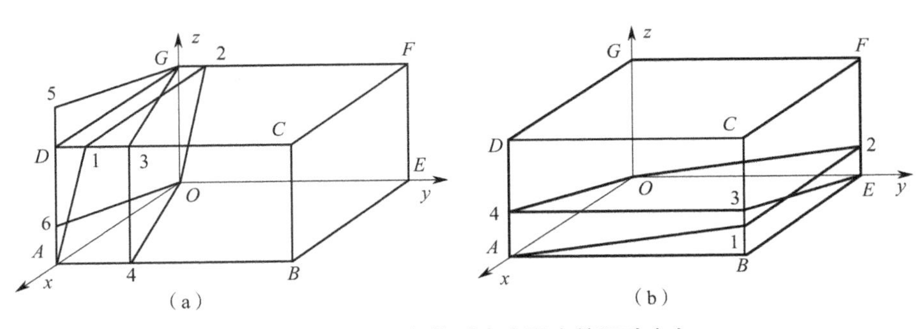

图 1-11 两平面间的垂直度限定的运动方向

(a)改前 (b)改后

第 3 种情况，如图 1-12 所示，平面 *CFEB* 对轴线 5 的平行度要求。以轴线 5 为基准，若令其为 z 轴，则 x、y 轴随之产生。如果被测平面 *CFEB* 绕 x 轴旋转到平面 *B34E* 位置后，则不再平行于轴线 5，改变了平面 *CFEB* 的特征；如果被测平面 *CFEB* 绕 z 轴旋转到平面 *F12E* 位置后，因直线 *EF* 平行于 z 轴，平面 *F12E* 仍平行于轴线 5，不改变要素的特征；平面 *CFEB* 绕 y 轴旋转，因平面 *CFEB* 垂直于 y 轴，所以绕 y 轴旋转为平面 *CFEB* 的恒定度方向，无须控制。可见，平面 *CFEB* 对轴线 5 的平行度只限定平面 *CFEB* 绕 x 轴旋转，其绕 z 轴旋转并非无须控制，如果产品需要应采用别的要素控制，与第 2 种情况相似。

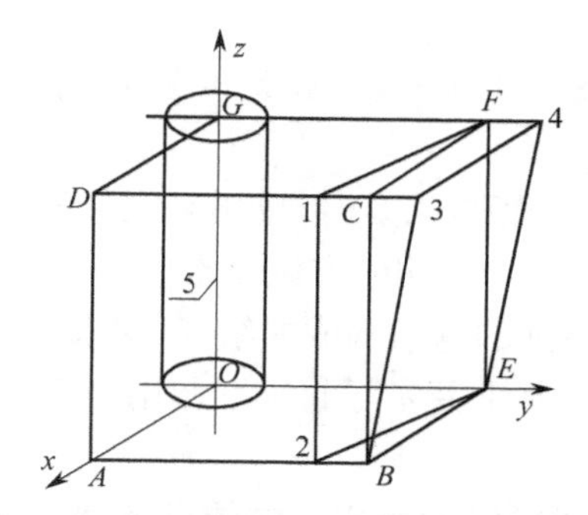

图 1-12　线面间的平行度限定的运动方向

第 7 种情况，如图 1-13 所示，两根轴线 1、2 相互平行时，如果被测要素 2 在绕 x 轴旋转自由度上的位置发生改变到 3 位置后，轴线 3 不再平行于轴线 1，改变了要素的特征；当被测要素 2 绕 y 轴旋转至 4 位置后，轴线 4 也不再平行于轴线 1，同样改变了要素的特征；当被测要素 2 绕 z 轴旋转时，因为轴线 2 平行于 z 轴，所以不会改变轴线 2 对 z 轴的平行度，即不改变要素的特征。因此，两轴线的平行度要求也可以限定两个旋转自由度上的位置。

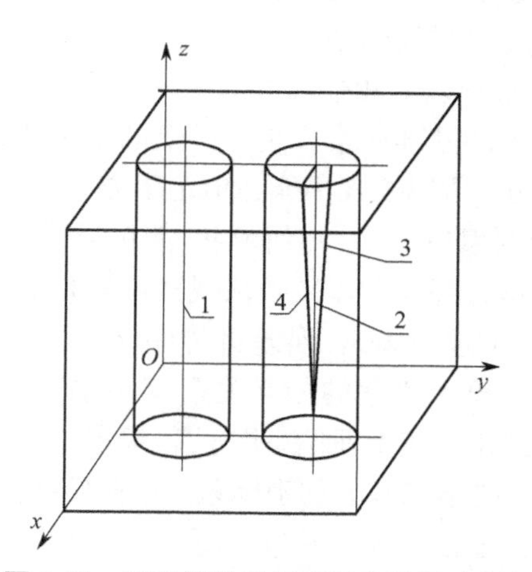

图 1-13　两线间的平行度限定的运动方向

其他四种情况分析方法相同，不再重述。由此可得以下结论。

（1）旋转自由度上的要求不能只选用要素的一部分作为评价依据，必须全要素参与评价，要素间几何要求所限定的自由度数随着要素、要素间关系的不同而改变。

（2）每一个要素在空间的位置必须由两个旋转自由度控制。当要素间的几何要求只能控制一个旋转自由度上的位置时，另一个自由度上的位置改变也会引起零件形状的改变，产品设计、工艺设计时都需要注意。

（3）《形状和位置公差》系列标准规定的要素间的几何关系还有许多种。只要不是点要素，一般情况下都可能涉及旋转及平移自由度上的位置，技术人员应结合具体情况具体分析。

1.1.5 基准与基准体系

《产品几何技术规范（GPS）几何公差 基准和基准体系》（GB/T 17851—2022）中有如下明确规定。

基准：用来定义公差带的位置和/或方向，或用来定义实体状态的位置和/或方向（当有相关要求时，如最大实体要求）的一个（组）方位要素。

基准体系：由两个或三个单独的基准构成的组合，用来确定被测要素的几何位置关系。

基准要素：零件上用来建立基准并实际起基准作用的实际（组成）要素（如一条边、一个表面或一个孔）。

基准目标：零件上与加工或检验设备相接触的点、线或局部区域，用来体现满足功能要求的基准。

当一个基准体系由两个或三个要素建立时，它们的基准代号字母应按各基准的优先顺序在公差框格的第三到五格中依次标出。

当在三基面体系中需要用基准目标时，应遵守如下规定。

第一基准：3 个基准目标（点或局部区域）。

第二基准：2 个基准目标（点或局部区域）。

第三基准：1 个基准目标（点或局部区域）。

从上述标准规定中可以看到以下几个要点。

（1）基准或组成基准体系的基准要素都是零件上的实际要素。因为要素在恒定度方向上位置变化不改变要素的特征，所以要素不能在恒定度方向上作为基准。

（2）零件上的实际基准要素的尺寸、几何形状、粗糙度都不可能绝对准确、理想。也就是它们在非恒定度方向上实际存在误差，又必须视其位置是准确的。这种情况必引起两种结果：其一，使被定位的零件位置不确定，误差将传递给被测要素；其二，组成基准体系（如三基面体系）的两个或三个基准要素间的相互关系，不可能达到坐标系三坐标平面（或轴）相互间的理论要求，即相互间不会绝对垂直、平直，若被定位零件的第一基准和坐标系的基准平面全面贴合，被定位零件的第二基准和坐标系只能是线接触，第三基准成为点接触。第一基准平面全面贴合也只能是三点（3 个基准目标）；第二基准平面上只能明确 2 个基准目标（两点决定直线）；第三基准平面上则只能明确 1 个基准目标。由于几何要求的评价需要全要素参与，所以工序几何要求只能是被定位零件的第一基准和被测要素间的关系。在特定的条件下可以用第二基准和被测要素间的关系评价工序几何要求；或几何关系由两个基准的组合共同完成；却不能单独用第三基准和被测要素间的关系评价工序方向、位置、跳动要求。

（3）生产实际中会选用多种基准体系，都要结合实际认真分析各基准要素的作用，以选择合适的要素评价工序几何要求。例如，用轴线作为第一定位基准时，轴线不能限定的那个旋转自由度，一般需要用基准组合实现定位。对此工序几何要求如何评价，就不能仅针对某一个要素。

1.1.6　几何要素的数学表达式

每一个几何要素需要在两个旋转自由度上限定其位置，才能准确限定其在空间的位置；几何要素间的方向、位置、跳动要求，可能限定被测要素在一个或两个旋转自由度上的位置；要素在旋转自由度上位置关系的评价必须全要素参与；一个产品上的所有要素相互间都存在方向、位置、跳动关系；旋转自由度较平移自由度要隐秘，不易观察。即几何要素在旋转自由度上位置关系的复杂性，需要在进行产品设计、工艺设计时必须可靠、准确地定量计算。采用数学分析方法应是不错的选择，这是讨论几何要素数学表达式的基础。

计算要素方程式之前有以下几点说明。

（1）要素的空间位置由基准体系决定，可以根据设计或工艺的基准体系建立坐标系，根据此坐标系计算确定几何要素的方程式。

（2）主要定位基准为坐标系的 xOy 坐标平面或 z 轴，另两个坐标平面由第二、三基准确定。

（3）根据被测要素相对于基准要素在旋转自由度上，在要求的测量范围（$2r$）内，允许的微量位置变化（公差 a），计算确定被测要素的方程式群。

（4）要素平移不影响其旋转自由度上的位置关系，为以后计算工序几何公差方便，本小节将计算出的被测要素的方程式平移到通过坐标原点的特殊位置，即常数项为 0 的三元一次方程式（$Ax+By+Cz=0$）。

（5）机械产品中几何要素的作用、所处位置各不相同，这些要素与其他要素间都会发生方向、位置、跳动要求的联系，计算时都需获得其方程式。

为计算简单，必须将要素分类，并按其类别分别建立要素方程式。几何要素可分以下几种情况：

（1）只讨论垂直或平行于坐标平面的平面和直线两种要素；

（2）要素具有基准和被测要素两种作用；

（3）几何关系暂只讨论垂直度和平行度两种。

要素方程式有如表 1-2 所示的八种可能。

表 1-2　被测要素方程式种类表

序号	被测要素	基准要素	几何关系公差（a）	被测要素方程式	公式编号
1	平面 A	平面 B	平行度	$a\cos\xi x+a\sin\xi y+2rz=0$	1-1[①]
2	平面 A	平面 B	垂直度	$2r\cos\eta x+2r\sin\eta y+az=0$	1-2
3	平面	直线	平行度	$2r\cos\eta x+2r\sin\eta y+az=0$	1-2
4	平面	直线	垂直度	$a\cos\xi x+a\sin\xi y+2rz=0$	1-1

续表

序号	被测要素	基准要素	几何关系公差（a）	被测要素方程式	公式编号
5	直线	平面	平行度	$\frac{x}{2r\cos\eta}=\frac{y}{2r\sin\eta}=\frac{z}{a}$	1-3
6	直线	平面	垂直度	$\frac{x}{a\cos\xi}=\frac{y}{a\sin\xi}=\frac{z}{2r}$	1-4
7	直线 A	直线 B	平行度	$\frac{x}{a\cos\xi}=\frac{y}{a\sin\xi}=\frac{z}{2r}$	1-4
8	直线 A	直线 B	垂直度	$\frac{x}{2r\cos\eta}=\frac{y}{2r\sin\eta}=\frac{z}{a}$	1-3

注：①序号 1 表示被测要素是平面 A、基准要素是平面 B，两者间的平行度要求在 $2r$ 范围内的公差为 a 时，平面 A 的方程式为 $a\cos\xi x+a\sin\xi y+2rz=0$，公式编号为（1-1）。其余各种情况相同，不再一一说明。

②表中代号与方程式计算时说明相同。

1.1.6.1　平面方程

根据解析几何的介绍，平面的截距式为

$$\frac{x}{n}+\frac{y}{m}+\frac{z}{p}=1$$

式中　n——平面在 x 轴上的截距；

m——平面在 y 轴上的截距；

p——平面在 z 轴上的截距。

表 1-2 中被测要素方程式计算如下。

例 1-1　平面 A 对平面 B 的平行度，在 $2r$ 的范围内公差为 a，求平面 A 的方程式（如表 1-2 中的第 1 种情况）。

解　如图 1-14 所示，平面 A 的方程式是以平面 B 为基准建立的，因此平面 B 应是 xOy 坐标平面，垂直于平面 B 的直线为 z 轴，x 轴（y 轴）由次要定位基准决定。

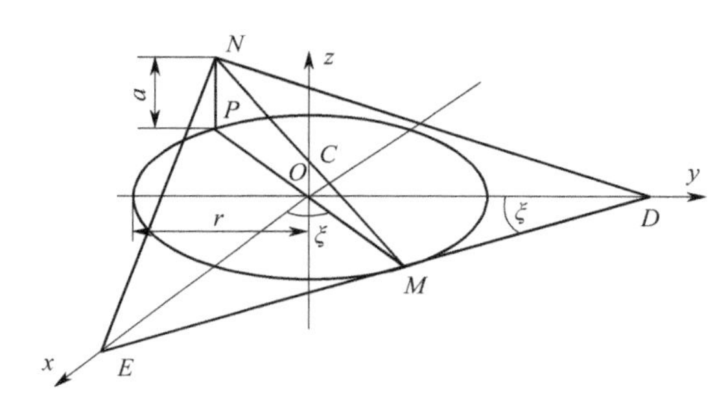

图 1-14　平行于基准平面的平面方程式

注：1. END 平面为被测平面 A；2. xOy 坐标平面为基准平面 B。

平面 A 对坐标平面 xOy 的平行度在 $2r$ 的范围内公差为 a，说明两者不平行，其夹角 $\angle PMN$（即二平面间的二面角）应在两平面的交线 ED 的垂线方向上。二面角所处位置 PM 和 x 轴的夹角为 ξ，则

$$OM=r$$

$$OC=a/2=p$$

$OD=r/\sin\xi=m$

$OE=r/\cos\xi=n$

式中　ξ——平面 A 与坐标平面 xOy 间的二面角 $\angle PMN$ 所处位置，该夹角在 0°~360° 间随机变化。

根据平面的截距式可知，平面 A 的方程式为

$$\frac{\cos\xi}{r}x+\frac{\sin\xi}{r}y+\frac{2z}{a}=1$$

整理可得

$$a\cos\xi x+a\sin\xi y+2rz=ra$$

将平面 A 平移至通过坐标原点后的方程式为

$$a\cos\xi x+a\sin\xi y+2rz=0 \tag{1-1}$$

例 1-2　平面 A 对平面 B 的垂直度，在 $2r$ 的范围内公差为 a，求平面 A 的方程式（如表 1-2 中第 2 种情况）。

解　坐标系建立与前面相同，平面 B 为坐标平面 xOy，平面 A 在 $2r$ 的范围内对平面 B 的垂直度公差为 a。如图 1-15 所示，有

$OC=2r=p$

$OM=a$

$OD=a/\sin\eta=m$

$OE=a/\cos\eta=n$

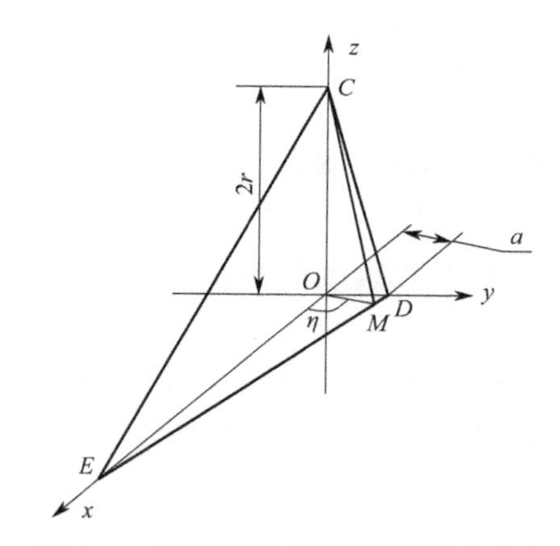

图 1-15　垂直于基准平面的平面方程式

注：1. CED 平面为被测平面 A；2. xOy 坐标平面为基准平面 B。

根据平面的截距式可知，平面 A 的方程式为

$$\frac{\cos\eta}{a}x+\frac{\sin\eta}{a}y+\frac{z}{2r}=1$$

整理可得

$$2r\cos\eta x+2r\sin\eta y+az=2ra$$

平移至通过坐标原点，可得

$$2r\cos\eta x+2r\sin\eta y+az=0 \tag{1-2}$$

式中 η——在坐标平面 xOy 上，平面 A 与平面 B（即坐标平面 xOy）的交线 ED 的垂线 OM 与 x 轴的夹角。

例 1-3 平面对基准直线的平行度在 $2r$ 的范围内公差为 a，求被测平面的方程式（如表 1-2 中第 3 种情况）。

解 如图 1-16 所示，被测平面对基准直线的平行度在 $2r$ 的范围内公差为 a。按照本章 1.2 节相关内容，基准直线应为坐标系的 z 轴，z 轴的垂直平面则为 xOy 坐标平面。由此，可以视作被测平面垂直于坐标平面 xOy，在 $2r$ 的范围内垂直度公差为 a。这和例 1-2 要求相同，所以被测平面的方程式平移至通过坐标原点后为

$$2r\cos\eta x+2r\sin\eta y+az=0$$

其与式（1-2）相同。

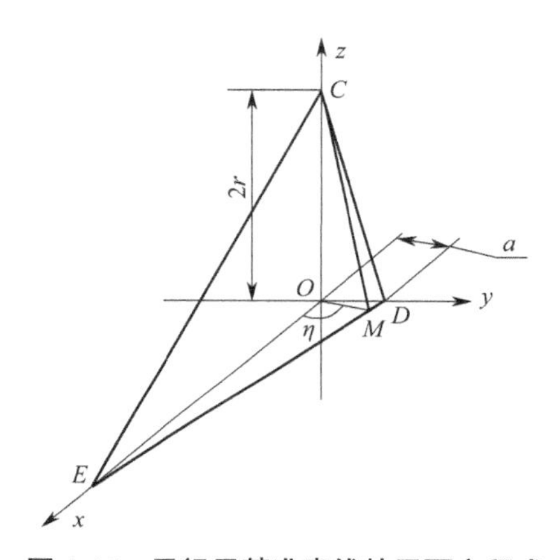

图 1-16 平行于基准直线的平面方程式

注：1. ECD 平面为被测平面；2. z 轴为基准直线。

例 1-4 被测平面对基准直线的垂直度在 $2r$ 的范围内公差为 a，求被测平面的方程式（如表 1-2 中第 4 种情况）。

解 基准直线变化为基准平面的方法与例 1-3 相似，可变化为被测平面对基准直线的垂面的平行度在 $2r$ 的范围内公差为 a。因此，被测平面的方程式又与例 1-1 计算结果一致，即

$$a\cos\xi x+a\sin\xi y+2rz=0$$

其与式（1-1）相同。

1.1.6.2 直线方程

由解析几何可知，直线的两点式为

$$\frac{x-x_1}{x_2-x_1}=\frac{y-y_1}{y_2-y_1}=\frac{z-z_1}{z_2-z_1}$$

式中 (x_1,y_1,z_1)、(x_2,y_2,z_2)——已知的两点坐标。

例 1-5 被测直线对基准平面的平行度在 $2r$ 的范围内公差为 a，求被测直线的方程式（如表 1-2 中第 5 种情况）。

解　如图 1-17 所示，被测直线的方程式是以基准平面 xOy 为基准建立的，且被测直线在 $2r$ 的范围内对平面 xOy 的平行度公差为 a，将被测直线平移到通过坐标原点位置，平移后的直线为 OA，O 点坐标为 $(0,0,0)$。

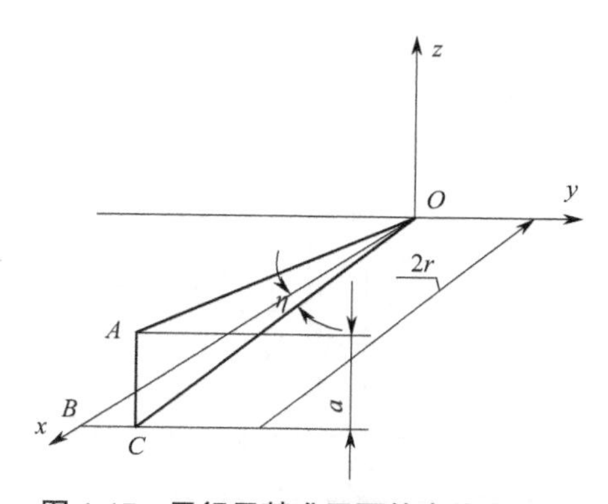

图 1-17　平行于基准平面的直线方程式

注：1. AO 为被测直线；2. xOy 坐标平面为基准平面。

被测直线 AO 的 A 点坐标为

$$AC=a$$

直线 OA 在坐标平面 xOy 上的投影 OC 和坐标轴 x 的夹角为 η，则有

$$OC=2r$$

$$BO=2r\cos\eta$$

$$BC=2r\sin\eta$$

A 点的坐标为 $(2r\cos\eta, 2r\sin\eta, a)$。

根据直线的两点式可知，直线 OA 的方程式为

$$\frac{x}{2r\cos\eta}=\frac{y}{2r\sin\eta}=\frac{z}{a} \tag{1-3}$$

说明：夹角 η 是直线 AO 在坐标平面 xOy 上的投影与 x 轴的夹角。

例 1-6　被测直线对基准平面的垂直度在 $2r$ 的范围内允许公差为 a，求被测直线的方程式（如表 1-2 中第 6 种情况）。

解　以基准平面为坐标平面 xOy，建立坐标系后，被测直线在 $2r$ 的范围内对平面 xOy 的垂直度公差为 a。如图 1-18 所示，为研究方便，将直线平移到通过坐标原点位置，即得直线 OA，O 点的坐标为 $(0,0,0)$。

由图可知：

$$AC=2r$$

$$OC=a$$

直线 OA 在坐标平面 xOy 上的投影 OC 和坐标轴 x 的夹角为 ξ，该夹角在 $0°\sim360°$ 随机变化。且有

$$BO=a\cos\xi$$

$$BC=a\sin\xi$$

A 点的坐标为($a\cos\xi, a\sin\xi, 2r$)。

根据直线的两点式可知,直线 OA 的方程式为

$$\frac{x}{a\cos\xi}=\frac{y}{a\sin\xi}=\frac{z}{2r} \tag{1-4}$$

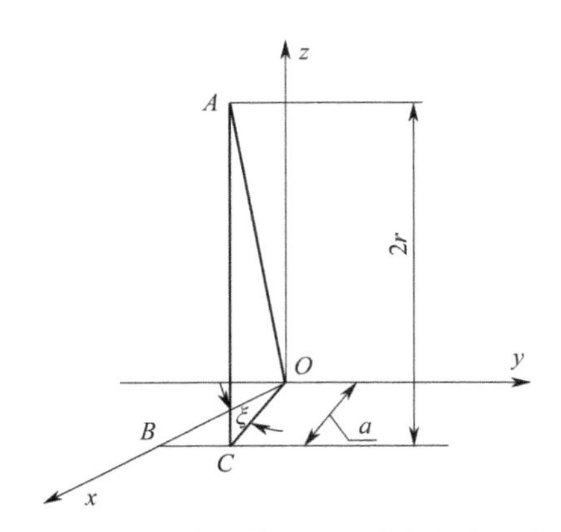

图 1-18 垂直于基准平面的直线方程式

注:1. AO 为被测直线;2. xOy 坐标平面为基准平面。

例 1-7 被测直线对基准直线的平行度在 $2r$ 的范围内公差为 a,求被测直线的方程式(如表 1-2 中第 7 种情况)。

解 如图 1-19 所示,因基准直线为 z 轴, z 轴的垂直平面则为 xOy 坐标平面。因此,该例可变化为被测直线对基准直线的垂直平面(坐标平面 xOy)的垂直度在 $2r$ 的范围内公差为 a,其计算与例 1-6 的要求一致。

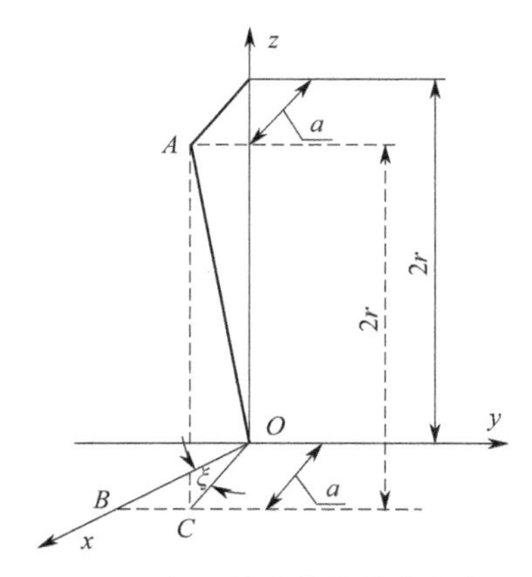

图 1-19 平行于基准直线的直线方程式

注:1. AO 为被测直线;2. z 轴为基准直线。

被测要素的方程式为

$$\frac{x}{a\cos\xi}=\frac{y}{a\sin\xi}=\frac{z}{2r}$$

其与式(1-4)相同。

角度 ξ 的说明也相同,不再赘述。

例 1-8 被测直线对基准直线的垂直度在 $2r$ 的范围内公差为 a,求被测直线的方程式(如表 1-2 中第 8 种情况)。

解 基准直线按例 1-7 变化后,被测要素的方程式恰与例 1-5 相似。因此,该例可变化为被测直线对基准平面的平行度在 $2r$ 的范围内公差为 a,求被测直线的方程式。

被测直线的方程式为

$$\frac{x}{2r\cos\eta}=\frac{y}{2r\sin\eta}=\frac{z}{a}$$

其与式(1-3)相同。

1.1.6.3 方程式说明

研究表 1-2 所列各要素方程式之后,可以得到以下结论。

(1)关于方向角,表 1-2 所列的两种平面方程式及两种直线方程式中,存在两个不同的角度符号 ξ 和 η,两者都是被测要素的方向角。

如图 1-14 所示,方向角 ξ 描述的是两平行平面间的关系,也就是可以限定被测要素在两个旋转自由度上的位置。由图可见,ξ 在坐标平面 xOy 上可以在 0°~360° 随机变化。当 ξ=0°(180°)时,平面 A 对平面 xOy 的平行度误差 a 全部发生在绕 y 轴旋转方向上,绕 x 轴旋转方向上的误差只能为 0;当 ξ=90°(270°)时,平面 A 对平面 xOy 的平行度误差 a 全部发生在绕 x 轴旋转方向上,绕 y 轴旋转方向上的误差只能为 0。当 ξ 为任一角度时,平面 A 对平面 xOy 的平行度误差是由于平面 A 同时发生了绕 x 及 y 轴旋转(两个方向旋转误差的矢量和为 a)造成的。其中重要的是,在同一道工序中,误差发生的方向是随机的、人无法控制的情况,两个方向的旋转误差是相关的。表 1-1 中限定方向数为 2 的所有情况的被测要素方程式中均必须用 ξ 表示其方向角。图 1-20 所示为平面 $CDEF$ 对坐标平面 xOy 的垂直度要求(平面为图示 η=90° 位置),限定平面 $CDEF$ 绕 x 轴旋转。平面 $CDEF$ 的另一个非恒定度方向绕 z 轴旋转出现误差也不可避免。但是,该误差基本上不影响其对平面 xOy 的垂直度,却改变了它对坐标平面 zOy 的垂直度。若该平面在这个方向上的方向角用 η 表示,尽管 η 也可在 0°~360° 变化,但对同一个零件上的同一个要素(平面 $CDEF$)却只能在某一特定位置 0°(180°)或 90°(270°)处做微量变化,变化量称为该平面的角向误差 γ,平面 $CDEF$ 的方向角为 η=90° ± γ。

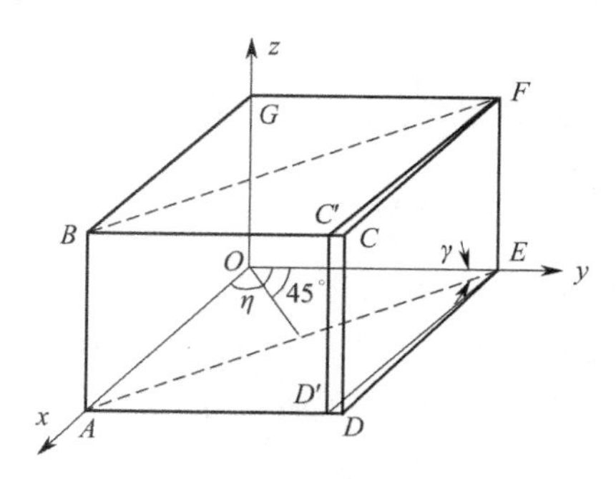

图 1-20 方向角说明

为什么只能是微量变化呢?如图 1-20 所示平面 $CDEF$ 的方向角 η≈90°,如果该方向角的变化（角向误差γ）较大，如达到45°，即在图1-20中由平面$CDEF$变化到平面$ABFE$位置，零件就由正六面体变成三棱柱，改变了零件的形状。由此可见，几何要求在一个旋转自由度上限定被测要素的位置时，被测要素在另一个旋转自由度上的位置变化也只能是小量。

在垂直或平行于坐标平面的平面与直线中，两要素间的方向角（η）实际上应由两部分组成：第一部分是要素绝对准确的位置，用μ表示，一般可为0°或180°、90°或270°（其他位置暂不考虑）；第二部分是角向误差，用γ表示，只在一个很小的范围内变化的角度。所以，被测要素的方向角为

$$\eta=\mu\pm\gamma \tag{1-5}$$

表1-1中限定方向数为1的所有情况均必须用η表示其方向角。

（2）通过计算表1-2中所列的八种关系，发现只有两种平面方程和两种直线方程，且两种平面方程的方向数分别为（$a\cos\xi\quad a\sin\xi\quad 2r$）、（$2r\cos\eta\quad 2r\sin\eta\quad a$）；两种直线的方向数也分别为（$a\cos\xi\quad a\sin\xi\quad 2r$）、（$2r\cos\eta\quad 2r\sin\eta\quad a$），两两相同。若把方向数或方向数相同的视为同一种矢量，则可以把这八种情况的要素按两种矢量研究，计算将被简化。

表1-2中序号1和4的方向数相同，即平面对平面的平行度、平面对直线的垂直度的平面方程式的方向数相同；序号2和3的方向数相同，即平面对平面的垂直度、平面对直线的平行度的平面方程式的方向数相同；序号5和8的方向数相同，即直线对平面的平行度和直线对直线的垂直度的直线方程式的方向数相同；序号6和7的方向数相同，即直线对平面的垂直度和直线对直线的平行度的直线方程式的方向数相同。说明基准要素由直线改为平面后，几何关系需要变化90°（即垂直度改为平行度，平行度改为垂直度）。

同样，序号1被测平面对基准平面的平行度，被测平面方程式的方向数，与序号6被测直线对基准平面的垂直度，被测直线方程式的方向数相同，说明两方程式也代表同一矢量。也就是被测要素由平面要素替代为直线要素后，两相关联要素间的几何关系也必须变化90°。序号2、5间，序号3、8及序号4、7间都可看到类似情况。总之，被测要素或基准要素经过一次代换后，几何关系就需要变化90°，八种要素方程式可以简化成两种方程式进行计算。

（3）要素方程式，经过上条讨论，为了简化要素间的几何关系运算，可进行要素代换，代换后只需研究两种平面方程式间的关系即可。所以，以下两个要素方程式是本书计算的主要依据。

平行于基准平面的被测平面方程式：

$$a\cos\eta x+a\sin\eta y+2rz=0$$

垂直于基准平面的被测平面方程式：

$$2r\cos\eta x+2r\sin\eta y+az=0$$

1.1.6.4 方程式应用

1. 建立要素方程式希望解决的问题

（1）封闭环的两相关联要素在不同的工序中加工，每个要素都有各自的方程式，其方程式之间的关系反映了封闭环的要求，从而发现组成环和封闭环之间的关系，找到工序几何公差的解析计算方法。

（2）解析计算可能相对繁杂，在生产中应用比较困难、麻烦。需要进一步对各种情况的

工序几何公差解析计算结果进行分析，寻找、发现误差传递的基本规律，再根据此规律研究几何公差（旋转自由度上的）简约的计算方法（如图解计算），从而实现工序几何公差的数学计算向生产跨越，完成产品设计、工艺设计任务，使设计工作由原来的凭经验估计提高到定量计算。

2. 方程式应用注意事项

（1）在机械产品设计、生产、测量中都有各自的基准体系。基准体系决定坐标系，基准体系不同坐标系也有区别。这里所建立的几何要素方程式是存在于哪个坐标系中呢？建立几何要素方程式的目的首先是寻找不同工序中加工的要素，并对其进行比较、计算，完成工艺设计任务，所以要素应当存在于由工艺定位基准体系决定的坐标系中。但是，若要素在不同工序中加工，其定位基准体系可能相同，也可能不同。如果第一定位基准相同，第二、三定位基准有变化。如图 1-2 所示，若采用一面两销定位加工零件上的各要素时，无意让零件上的所有几何要素都必须垂直或平行于依工艺定位基准体系建立的坐标系的 x'、y' 轴的位置，而是必须符合图纸要求之后，也就是符合基本坐标系的要求之后才能加工，即使零件上的三个尺寸方向和基本坐标系三个坐标轴的方向基本一致才能加工。如果加工封闭环两端要素的第一定位基准也不相同，则需要通过基准变换之后才能进行计算。

（2）定位基准体系的各要素都是产品上的实际要素，必然存在误差。这些误差（注意自由度方向）将以定位误差形式传递到被加工要素上。

（3）基本坐标系和依工艺定位基准体系所建立的坐标系有密切联系，可以根据产品图、工艺要求准确地计算出来，但两者不可能相互替代。

1.2　误差及其传递

1.2.1　误差

本书所说误差是机械产品上要素的几何误差，是零件上几何要素的实际位置（平移或旋转自由度上的）与理论要求位置的不重合量。

1.2.1.1　误差分类

为了满足本书讨论需要，对误差做以下分类。

1. 按标准规定分

（1）粗糙度。

（2）尺寸误差。

（3）形状误差，包括直线度、平面度、圆度、圆柱度、线轮廓度、面轮廓度。

（4）方向误差，包括平行度、垂直度、倾斜度、线轮廓度、面轮廓度。

（5）位置误差，包括位置度、同心度、同轴度、对称度、线轮廓度、面轮廓度。

（6）跳动，包括圆跳动、全跳动。

2. 按与坐标系的关系分

1）与坐标系相关的误差

由于零件具有三个平移、三个旋转共六个运动方向，零件运动必然带动其上的要素也做此六个方向上的运动，所以会产生此六个方向上的误差。根据标准规定，要素在其恒定度方向上运动，不改变该要素的特性，即不改变该要素相对零件上其他要素间的位置关系，或者说不改变该要素与坐标系的关系，无须太多关注；要素在非恒定度方向上运动，会改变要素在非恒定度方向上的位置，改变该要素的特性，即改变该要素相对于坐标系的关系。本书所讨论的误差便是此类位置变化。同时，产品设计、工艺设计时赋予的尺寸、方向、位置、跳动等公差，即限定要素在相关的非恒定度方向上可能的运动。可见误差可分为旋转自由度（绕 x、y、z 轴旋转）上的误差，主要是方向、位置、跳动误差；平移自由度（沿 x、y、z 轴平移）上的误差，主要是尺寸误差，位置、跳动要求也可能涉及平移自由度上的误差。

如图 1-21 所示，平面 B 绕 x、z 轴旋转产生的位置误差改变了平面 B 对平面 A 的平行度，属于旋转自由度上的误差；平面 B 以平面 A 为基准沿 y 轴平移产生的尺寸 10 mm 所具有的误差，属于平移自由度上的误差。

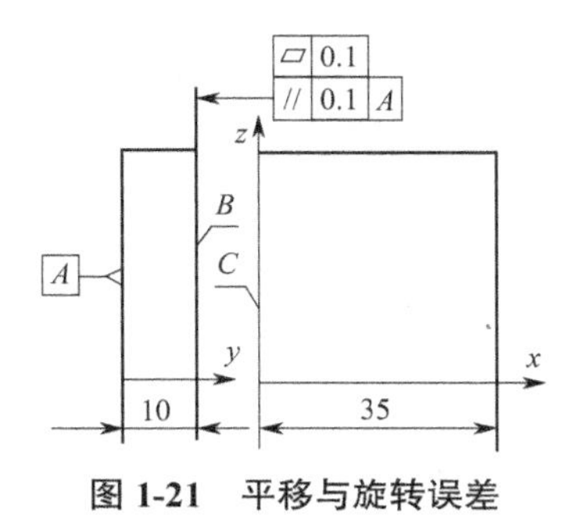

图 1-21 平移与旋转误差

2）与坐标系基本无关的误差

要素所具有的另一些误差不改变该要素与坐标系的关系，即为与坐标系基本无关的误差。如图 1-21 所示的平面 B 的平面度误差 0.1 mm、粗糙度属于此类误差。

3. 按误差的产生分

（1）加工误差，即本工序实施过程中产生的误差，可以采取提高本工序的能力以减小加工误差。

（2）定位误差，即本工序实施之前已经存在的误差。例如，零件的定位基准位置不确定，或工具的基准位置不确定，或设备的某些误差，引起零件在加工之前的位置不确定，造成被加工要素的几何误差。即定位误差必传递到被加工要素上，而探索误差的传递规律可为生产服务。

1.2.1.2 各类误差间的关系

（1）机械产品要素的尺寸误差，主要反映要素在平移自由度上的位置变化。

（2）机械产品要素间的方向误差，反映要素在旋转自由度上的位置变化。

（3）机械产品要素间的位置、跳动误差，说明被测要素可能在平移、旋转自由度上的位置都发生改变的结果。如图 1-22 所示，孔轴心线的位置度 $\phi0.1$ mm，说明其轴线可以绕 x、y 轴旋转；也可以沿 x、y 轴平移，此四项误差的合成不超出 $\phi0.1$ mm 即为合格。不同的几何要求限定的自由度可能不同，应当具体情况具体分析。

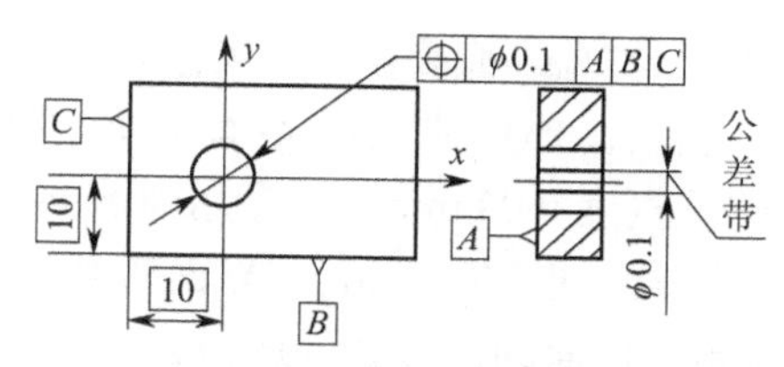

图 1-22　误差与自由度

（4）加工误差可能包括形状误差、粗糙度，以及尺寸、方向、位置、跳动等各类误差。

（5）工艺设计中的定位误差一般主要考虑尺寸、方向、位置、跳动误差。

1.2.2　误差传递

1.2.2.1　误差传递方法

误差传递的实质是零件在装配时用装配基准确定其位置，也就是装配时零件上应有一个要素和前一个零件上某一要素密切贴合。假如前一个零件的位置是产品所需位置，后一个零件的位置必然由这个密切贴合的要素所决定。如果前一个零件上这个要素的位置不确定（有误差），后一个零件的位置也必然是变动的，这个变动量自然是前一个零件上某一要素的位置不确定（有误差）的量，装配误差就由此一级一级地传递下去。同样，零件在加工中的位置由定位基准决定，如果定位基准的位置不确定，零件定位后的位置也必是变化的，据此加工产生的新要素就是在这种位置不固定的情况下开始加工产生的。定位基准的位置误差必引起被加工要素位置的改变，被加工要素在加工过程中还会产生加工误差。如果将被加工要素作为后面工序的基准，此两部分误差都会传递下去。下面以图 1-23 说明误差及其传递。

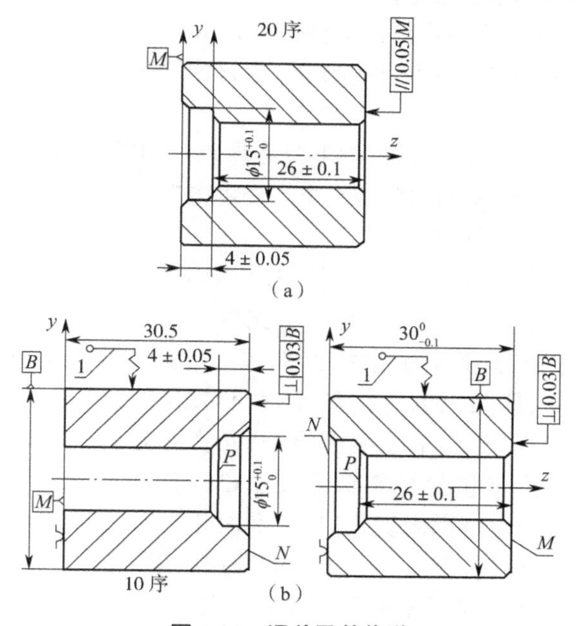

图 1-23　误差及其传递

（a）公差要求　（b）工艺安排

1—弹簧夹头；⌇—定位基准符号

零件图上的公差要求如图 1-23（a）所示。实际工艺安排如图 1-23（b）所示，其中 10 序用弹簧夹头夹外圆 *B*（第一定位基准），轴向以 *M* 面定位，加工 *N*、*P* 面及孔，保证尺寸（4 ± 0.05）mm、*N* 面对外圆的垂直度 0.03 mm；20 序用弹簧夹头夹外圆 *B*（第一定位基准），轴向以 *N* 面定位，加工 *M* 面，保证尺寸 $30^{0}_{-0.1}$mm 及 *M* 面对外圆的垂直度 0.03 mm。

讨论：20 序以 *N* 面为基准，*M* 面的位置在 $30^{0}_{-0.1}$ mm 变化；而 10 序 *N* 面和 *P* 面同序加工，若以 *N* 面为基准，*P* 面到 *N* 面的距离为（4 ± 0.05）mm。但图纸要求的是从 *P* 面到 *M* 面的距离为（26 ± 0.1）mm，*P*、*M* 两个平面都是以 *N* 面为基准加工的，显然这个距离应是尺寸（4 ± 0.05）mm、$30^{0}_{-0.1}$ mm 之差。因此，*M*、*P* 两面的距离尺寸为

$$A_{max}=30-3.95=26.05$$

$$A_{min}=29.9-4.05=25.85$$

加工的结果是 $26^{+0.05}_{-0.15}$，误差超过了图纸要求（26 ± 0.1）mm，故必须调整工艺。若将 $30^{0}_{-0.1}$ mm 调整为（30 ± 0.05）mm 就可加工出合格零件。

旋转自由度方向上误差分析，图 1-23（b）中两序的主要定位要素都是外圆，若令外圆轴线为 *z* 轴，10 序加工后 *N* 面对外圆轴线（*z* 轴）的垂直度 0.03 mm，说明 *N* 面可能绕 *y*（*x*）轴旋转的最大位移量是 0.03 mm；20 序加工后 *M* 面也可能绕 *y*（*x*）轴旋转的最大位移量是 0.03 mm，两者的自由度完全相同，并且与封闭环要求的自由度相同，按极值法计算 *M*、*N* 面间的平行度为 0~0.06，误差超过了图纸要求。所以，按极值法计算工艺必须修改，若按概率法合成则为 0~0.042，但图纸要求是 0.05，按概率法设计时尚可接受。

从上述讨论可见，加工中要素在平移和旋转自由度上产生误差是必然的，但误差将通过基准向外传递。如尺寸误差是通过平面 *N* 把平面 *M*、*P* 联系起来的，也把误差传递过去。沿 *z* 轴平移自由度上的误差仍传递到沿 *z* 轴平移自由度上；旋转自由度上的误差是通过外圆轴线传递的，绕 *y*（*x*）轴旋转自由度上的误差，也只能传递到绕 *y*（*x*）轴旋转自由度上。

1.2.2.2　误差传递条件

（1）被研究的要素在其非恒定度方向上具有误差。如图 1-24 所示，表面Ⅱ的非恒定度方向是沿 *z* 轴的平移和绕 *x*、*y* 轴的旋转三个自由度方向，表面Ⅱ加工后在此三个方向上有误差，就具备了向外传递的条件。

（2）误差通过基准按照一定的方向向外传递。如图 1-24 所示，若以底面Ⅰ定位，为保证图纸尺寸 *B*、*C*，铣加工阶梯表面Ⅱ、Ⅲ。由于 *B*、*C* 的工序尺寸及图纸要求尺寸相同，即工序定位基准与设计基准重合，只要工序能力足够，尺寸 *B* 或 *C* 便可直接保证。若仍以底面Ⅰ定位，铣加工阶梯表面Ⅱ、Ⅲ，工序尺寸仍是 *B*、*C*，但图纸要求必须保证 *A*、*C* 两个尺寸。由于平面Ⅰ为定位基准，应视底面Ⅰ的位置是准确的（实际存在误差），加工平面Ⅲ之后，因尺寸 *C* 的设计基准与定位基准重合，能够保证尺寸 *C* 的公差要求，也就是平面Ⅲ应在相对于基准平面Ⅰ在尺寸 *C* 的公差范围内变化；加工平面Ⅱ之后，平面Ⅱ的位置也应相对于基准平面Ⅰ在尺寸 *B* 的公差范围内变化。尺寸 *A* 的两端要素平面Ⅱ、Ⅲ均已获得，尺寸 *A* 的误差将是尺寸 *B* 的误差（基准传递过来的以及加工产生的）、*C* 的误差两者之和。

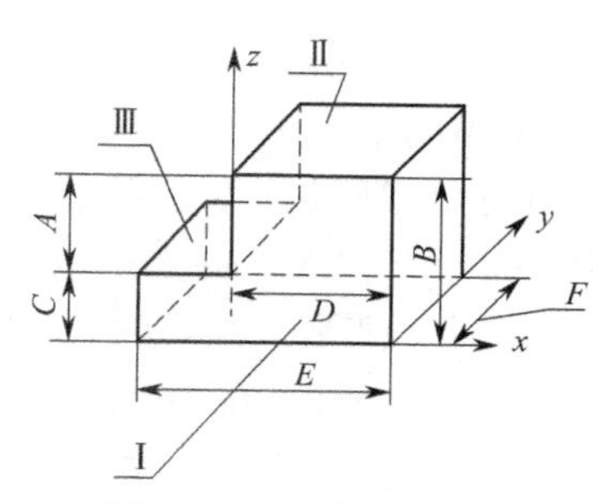

图 1-24　尺寸误差传递

在旋转自由度上的误差传递也是如此。如图 1-25(a)所示,加工一个六面体的工艺安排如下:第一道工序以底面 *EFGO* 为基准加工顶面 *ABCD*,工艺要求是顶面对底面的平行度;第二道工序以顶面 *ABCD* 为基准加工 *BCEF* 面,工艺要求是 *BCEF* 面对顶面的垂直度,封闭环是平面 *BCEF* 对底面 *EFGO* 的垂直度。第一道工序完成后,顶面 *ABCD* 绕 *x* 轴旋转最大可达 *AB′C′D* 位置,也可能绕 *y* 轴旋转不超过 *ABC′D′* 位置,都应属于合格品。当然,也可能绕 *x*、*y* 轴反向旋转得到两个极限位置。第二道工序以顶面 *ABCD* 为基准(注意:顶面 *ABCD* 加工后存在误差,图 1-25(a))加工 *BCEF* 面。如图 1-25(b)所示,由于第一道工序加工后,第二道工序的基准 *ABCD* 的极限位置可能在 *AB′C′D* 位置,其垂直平面为 *B′C′E′F′*(第一道工序加工后基准 *ABCD* 绕 *x* 轴旋转可能出现的最大误差位置,其误差必然传递到第二道工序的被加工要素上)。在此基础上,因垂直度要求加工后又可能旋转到 *B′C′KH* 位置。所以,封闭环 *BCEF* 平面可能到达平面 *B′C′KH* 位置,其对底面 *EFGO* 的垂直度必须符合设计要求,即两道工序工艺要求之和。再看图 1-25(c),若以绕 *y* 轴旋转后的 *ABC′ D′* 平面为基准加工 *BCEF* 面,而绕 *y* 轴旋转是平面 *BCEF* 的恒定度方向,不会影响平面 *BCEF* 对基准平面的关系(即使有影响也属高阶无穷小,可以忽略不计)。只有第二道工序的绕 *x* 轴旋转可以改变封闭环的精度。由此可见,误差通过基准等量地传递,不同方向的误差不会传递。

(3)为计算方便,误差的数量级很小的忽略不计。当某要素的实际误差远远大于从外界传递过来的误差(不在一个数量级上)时,传递来的误差可以忽略不计。如某要素的尺寸误差是 0.1 mm,定位基准的表面粗糙度是 0.003 2 mm,此表面粗糙度引起的误差可以忽略不计。

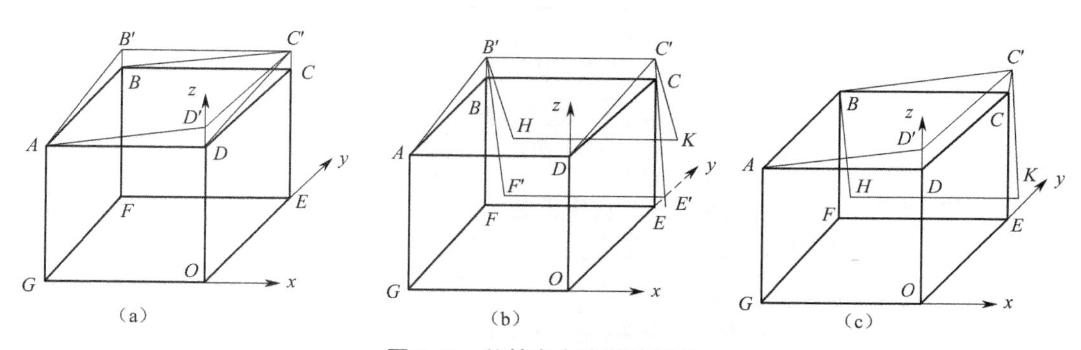

图 1-25　旋转自由度误差传递

(a)第一道工序误差传递　(b)(c)第二道工序旋转自由度误差传递

数量级的差别，对于同一机械产品，其误差数量级的顺序大体是尺寸误差>方向、位置、跳动误差>形状误差>粗糙度。例如，两平面间的距离尺寸是 $L\pm\delta/2$，其平行度误差一般应小于 δ。若设计要求平行度公差大于 δ，则尺寸 $L\pm\delta/2$ 就难以保证，而认为设计不合理需要改变。同样，位置、方向、跳动误差与形状误差的关系也是如此，在旋转自由度上也是如此，如外圆表面对轴心线的跳动允差为 α，那么外圆表面的不圆度或母线直线度必小于 α，否则外圆表面对轴心线的跳动就不能保证。所以，在误差的传递上，数量级小的误差对数量级大的误差影响不大，数量级小的误差有时可以忽略不计。

（4）研究误差传递时，视被研究物体（零件）为刚体，在力的作用下，变形量很小或不变形。

（5）引起的误差是高阶无穷小量时，可以忽略不计。

1.2.2.3　不同种类误差间的传递

机械产品上的多种误差，如表面粗糙度，形状误差，方向、位置、跳动误差，尺寸误差等，在加工中是必然要产生的。误差产生后，对后续的装配、加工也必然产生影响。如何影响，也就是这些误差是否会传递给后续的加工或装配中（即误差传递）？如果传递，又是如何传递的？

1. 基准的粗糙度、形状误差是否向尺寸、方向、位置、跳动误差传递

在机械加工中作为夹具、检具、量具、设备的基准面或机床工作台等的形状误差、表面粗糙度误差都很小，这些工具、设备上作为基准要素的刚性和加工精度都较高。所以，被加工零件定位要素的表面粗糙度、形状误差不会（或很少）传递给被加工要素的尺寸、位置、方向、跳动误差，如图 1-26 和图 1-27 所示。或者说，即使有影响也是非常小的量，可以忽略不计。

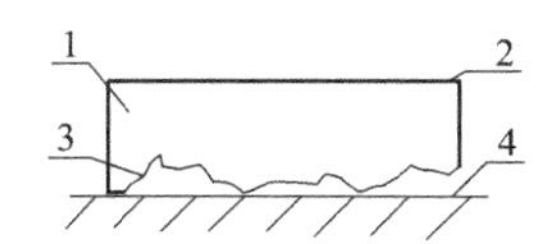

图 1-26　粗糙度误差传递

1—被加工零件；2—被加工要素；3—零件上的实际基准；4—工具上的基准要素

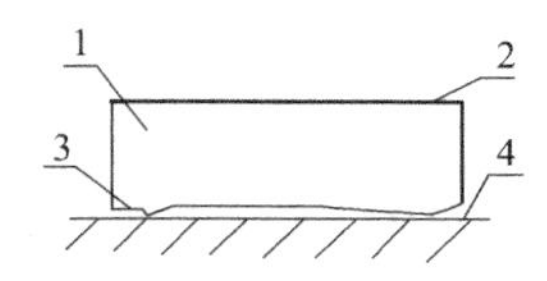

图 1-27　形状误差传递

1—被加工零件；2—被加工要素；3—零件上的实际基准；4—工具上的基准要素

如果被加工零件的刚性较弱，其形状误差也可能会传递。典型的实例如图 1-28 所示，其为摩擦片的加工，不能因用磁力卡盘吸住面 2 磨制面 1 后，松开磁力卡盘，平面 2 又弹回原样，就是形状误差传递。这是利用弹性进行加工而保证产品要求的特例。实际生产中的大多数零件刚性都很强，形状误差、表面粗糙度不会引起尺寸、位置、方向、跳动误差的增大。

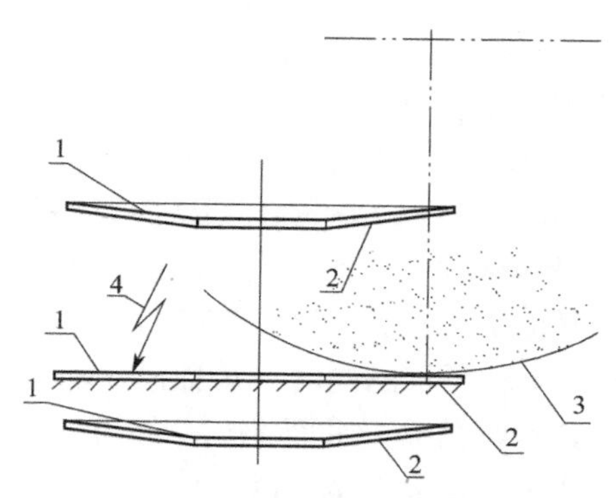

图 1-28　零件的弹性与误差

1—摩擦片磨削面；2—摩擦片定位面；3—砂轮；4—平面磨床的电磁夹紧

2. 平移、旋转误差是否相互传递

平移自由度上的误差（尺寸）采用定点测量，旋转自由度上的误差采用全要素测量。如图 1-29 所示，A 为定点尺寸，等于销子的长度尺寸。当然，若基准是平面 1，测量点可以是平面 2 上的任意一点，测量结果只要在尺寸 A 的公差范围内就是合格品。也就是说，尺寸测量属于测量绝对值的比较。而销子两端面的平行度，用 $A_{max}-A_{min}=\Delta$ 表示，可见其属于测量相对值的评价。由于两者的评价方法不同，所以必须用各自的评价方法获得各自的结果。由于定点值（定点测量）的变化不会引起全要素的旋转，所以平移自由度（尺寸）上的误差不会传递到旋转自由度（方向、位置、跳动关系）上；旋转自由度上的误差也不会传递到平移自由度上。

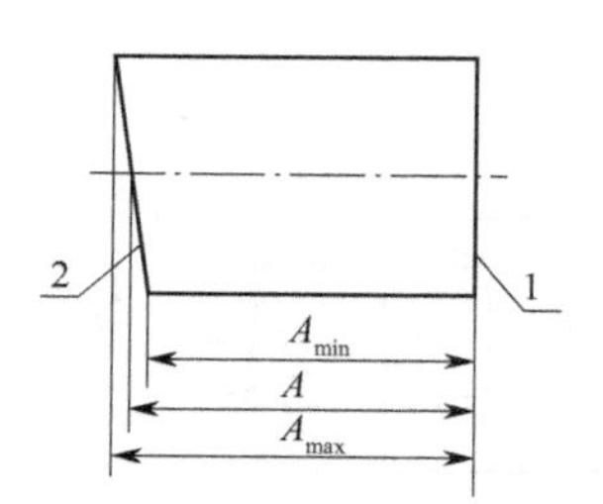

图 1-29　平移与旋转误差测量的差别

3. 三个平移方向上的误差是否相互传递

为了研究方便，下面采用平面代表平面和直线两种要素。

对于平面要素沿 x、y、z 轴三个平移自由度上的误差相互之间不传递。因为若平面沿 x 轴平移自由度是其非恒定度方向，平面在沿 x 轴平移自由度方向的位置略有移动，相对于坐标系就会产生位置变化，而引起误差；而沿 y、z 轴平移就是该平面的恒定度方向，若其位置发生了改变，则沿 y、z 轴平移就不再是其恒定度方向。另两个方向也是如此。所以，沿 x、y、z 轴平移自由度误差不可能相互传递。

若平面在沿 x 轴平移自由度方向的位置略有移动，则移动是沿 x 轴方向，若按矢量考虑，其在 y、z 轴上的投影必然为“0”，也就是不会引起沿 y、z 轴的移动。

如图 1-30 所示，若平面 $ABCO$ 上一点 D 的坐标为（0，FD，GD），如果平面 $ABCO$ 在其

非恒定度方向（沿 x 轴平移自由度方向）的位置有误差，平移到 $KHJP$ 位置，平面 $ABCO$ 上的 D 点也必将随平面 $ABCO$ 沿 x 轴平移 DM 而到达平面 $KHJP$ 上的 M 点位置，M 点的坐标为（DM，EM，NM）。因为 $DM \neq 0$，说明 D 点随平面 $ABCO$ 沿 x 轴平移了 DM 的距离，沿 x 轴平移自由度误差全部传递过来；而 $FD=EM$、$GD=NM$，说明 D 点随平面 $ABCO$ 沿 x 轴移动前后，D 点在 y、z 轴上的坐标不变，可见误差并未传递到沿 y、z 轴的平移自由度上。如果平面 $ABCO$ 沿 x 轴移动到平面 $KHJP$ 后，发生了 $FD<EM$ 的情况，且平面 $KHJP$ 没有沿 y 轴移动，D 点随平面 $ABCO$ 沿 x 轴平移的同时又单独沿 y 轴方向移动了，而不是整个平面 $KHJP$ 沿 y 轴方向移动，说明 D 点是独立于平面 $ABCO$ 的另一要素，不是平面 $ABCO$ 上的一点才有可能。若 D 点随平面 $KHJP$ 一起发生了沿 y 轴（甚至包括沿 z 轴）的移动，不管平面 $ABCO$ 如何移动，只要沿 x 轴平移自由度移动的距离仍保持 DM 不变。因为沿 y（z）轴平移是平面 $ABCO$ 的恒定度方向，且平面又可以无限扩展，扩展后必将平面 $KHJP$ 纳入其中，而 D 点仍是平面 $KHJP$ 上的一点，必随平面 $ABCO$ 归入原位，即在平面 $KHJP$ 上仍可找到一个与 D 点相对应的点，保持其沿 y、z 轴的坐标不变。如果 $FD=EM$、$GD=NM$ 都不成立，情况仍然相同，不必多述。同理，平面沿 y（z）轴平移自由度上的误差仍传递到沿 y（z）轴平移自由度上，不会传递到沿 x、z（或沿 x、y）轴平移自由度上。所以，平移自由度误差通过基准相同方向才可以等量传递。同理，平面 $ABCO$ 沿 x 轴方向移动的同时，不可能造成沿 y、z 轴方向移动的误差；平面 $GNPO$ 沿 z 轴方向移动，不可能造成沿 x、y 轴移动方向的误差；平面 $FEPO$ 沿 y 轴方向移动，也不可能造成沿 x、z 轴方向移动的误差。总之，三个平移方向上的误差是不能相互传递的。

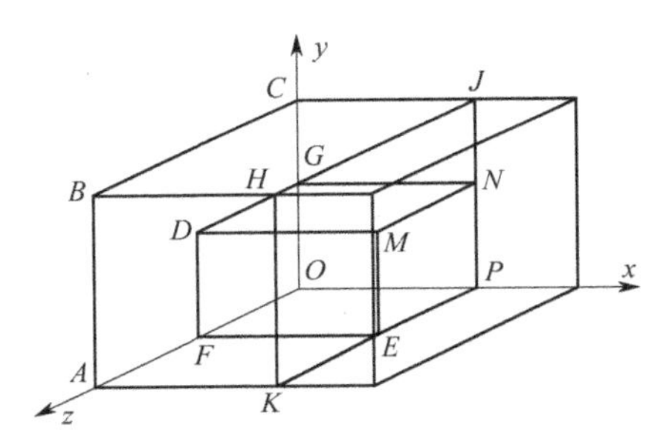

图 1-30　平移自由度误差传递

4. 三个旋转方向上的误差是否相互传递

为了研究方便，下面依然采用平面代表平面与直线两种要素。

每一个要素在旋转自由度运动方向上都有一个恒定度方向、两个非恒定度方向。与平移自由度误差传递相同，要素的位置在恒定度方向上稍有移动不会改变要素对坐标系的关系，故此位置移动不必考虑，因此非恒定度方向上的误差不会引起要素在恒定度方向上的位置变化，即误差不会传递到恒定度方向上。

如图 1-31 所示，平面 $ABCO$ 绕 y 轴旋转一个 β 角后，到达平面 $FECO$ 位置，该误差引起了平面 $FECO$ 对平面 $ABCO$ 平行度误差的变化，也改变了平面 $FECO$ 对平面 $HJCO$ 的垂直度（注意：这两条几何要求都属于同一个旋转自由度），但改变不了与平面 $AKHO$ 的垂直关系。因为绕 y 轴旋转是平面 $AKHO$ 的恒定度方向，但平面 $ABCO$ 也可能绕 z 轴旋转 α 角，

旋转后的平面 *AGTO* 对坐标平面 *ABCO* 就不可能再平行了，也改变了对平面 *AKHO* 的垂直度，却改变不了与平面 *HJCO* 的垂直关系。因为绕 x 轴旋转是平面 *ABCO* 的恒定度方向，即使传递过来了绕 x 轴的旋转误差，也不会引起平面 *ABCO* 位置的改变。

那么，同一要素都有两个非恒定度方向，这两个方向上的误差能不能相互传递呢？如图 1-31 所示，绕坐标轴旋转实际上是一个矢量，其方向就是坐标轴的方向，大小以线段的长短表示。所以，若要素在三个旋转方向上出现误差，其旋转误差矢量的方向就沿着坐标轴的方向，绕 x 轴旋转误差在 y、z 轴上的投影必然为 0，也就是不会引起绕 y、z 轴的旋转误差，即不能传递到 y、z 轴坐标方向上。可见，任何要素所具有的两个非恒定度方向上的误差也不能相互传递。可得结论：误差仍遵守通过基准按同度等量传递原则传递。换一种思路，平面 *ABCO* 绕 y 轴旋转到达平面 *FECO* 位置后，三直线 *FE*、*AB*、y 轴仍保持平行，说明平面 *FECO* 不可能发生绕 z 轴的旋转。同样，当平面 *ABCO* 也可能绕 z 轴旋转达到平面 *AGTO* 后，三直线 *GT*、*BC*、z 轴仍保持平行，说明平面 *AGTO* 也不可能发生绕 y 轴的旋转。

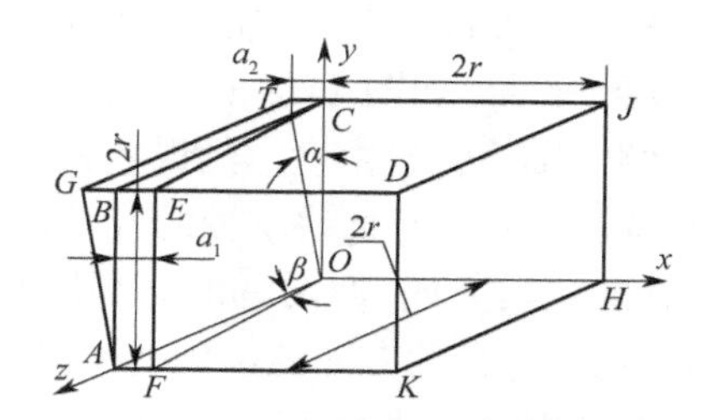

图 1-31　旋转自由度误差传递

此处需要说明的是，平面 *ABCO*、*AKHO* 等用作基准体系的要素都是零件上的实际要素，做不到完全符合数学要求的组成坐标系的条件，即绝对的平整、要素间绝对垂直。不过，作为基准，生产中必须注意其质量保证，误差会比较小。又需要经过投影，再乘以一个微量角度的正弦而成为高阶无穷小，进而忽略不计。所以，误差的同度等量传递具有一定的相对性。

由此可见，误差是通过基准按相同的自由度方向、相等的误差量进行传递的，称之为“误差的同度等量传递原则”。该原则将通过第 4 章的数学计算进一步得到证实。

1.2.2.4　误差传递路线

误差通过基准按同度等量传递原则进行传递，即平移自由度上的误差只能分别沿着 x、y、z 三根坐标轴的平移方向传递，或者是按尺寸标注的方向相互传递。若两要素相互垂直，由于需要标注的尺寸方向不同，其在平移自由度上的误差是不能传递的。

若采用直线作为基准，同一直线在两个平移自由度上有误差。如用与 z 轴平行的直线作为基准，该直线的位置应用 x、y 两个坐标去描述。其在沿 x 轴平移自由度上的误差只能传递到沿 x 轴平移方向上，不会传递到沿 y 轴平移方向上；反之相同。

如果尺寸是任意方向（不与 x、y、z 三轴平行）的，其误差也在尺寸标注的任意方向上，并沿着尺寸标注方向传递下去。计算时应将其投影在三坐标轴的方向上，再按各自的方向计算。但产品上的大部分要素都是与坐标平面平行或垂直的。

旋转自由度上的误差传递路线应分别绕 x、y、z 轴的旋转方向传递，传递可以达到

360°。并且绕 x(y、z)轴的旋转不会传递到绕 y、z 轴的旋转方向上。同样,绕 y 或 z 轴的旋转也都不会传递到绕 x 轴的旋转方向上,如图 1-32(a)所示。传递的量只能和原有误差的量相等,不可能因为传递而有所增加或减少;传递的方向是绕着坐标轴顺时针或逆时针的旋转方向,误差可以在同一旋转自由度上传递到任意角度。由于在机械产品上的要素大都是与坐标平面垂直或平行的,所以这里仅用前后、左右和上下六面来确定,并不是必须传递到如图 1-32(a)所示的上、下、左、右、前、后面(90°、180°、270°、0°)等位置上。对于与坐标平面不垂直(不平行)的要素,三个旋转自由度上的误差都可能改变该要素的位置。如图 1-32(a)所示,若以下平面定位加工斜面,因斜面平行于 x 轴,下平面绕 x 轴旋转自由度上的误差会毫无保留地传递到斜面上;斜面不平行于 y、z 轴,下平面绕 y 轴旋转自由度上的误差只能部分传递到斜面上;绕 z 轴旋转是下平面的恒定度方向,不能定位。所以,仅以下平面定位加工斜面是不够的。为保证斜面位置准确,必须选定另一个(第二)要素作为第二定位基准。同时,第二定位基准绕 z 轴旋转自由度上的误差也必然传递到斜面上。由于斜面不平行于 y、z 轴,定位基准体系的绕 y、z 轴旋转误差只能部分传递,其传递部分的数值计算将在后面论述。传递路线说明:两平行平面(如图 1-32 的上、下面)虽然都具有两个相同的(绕 x、y 轴)旋转自由度,但上平面绕 x 轴旋转自由度上的误差只能传递到下平面绕 x 轴的旋转方向上,不能传递到绕 y 轴的旋转方向;上平面绕 y 轴的旋转误差只能传递到下平面绕 y 轴的旋转方向,不能传递到绕 x 轴的旋转方向,但两者最终都传递到下平面上。同样,下平面的绕 x、y 轴旋转误差,也只能分别按各自的方向传递到上平面;相互垂直的平面只能在一个旋转方向上传递误差。也就是上平面绕 x 轴的旋转误差可以传递到左、右平面上,却不能传递到前、后平面上;而上平面绕 y 轴的旋转误差可以传递到前、后平面上,却不能传递到左、右平面上。

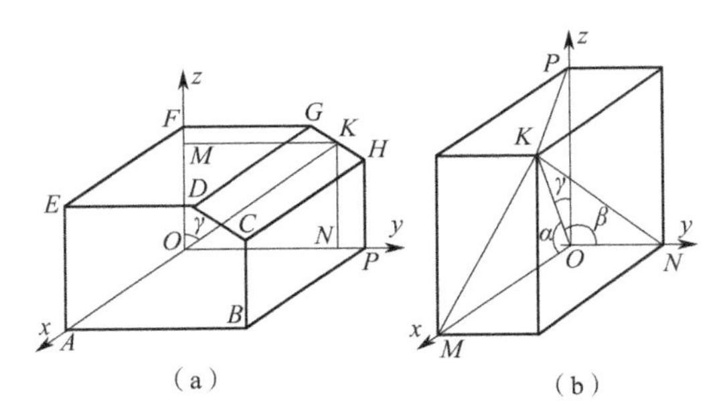

图 1-32 旋转自由度误差传递路线

ABCDE—前面;*BCHP*—右面;*OPHGF*—后面;*AEFO*—左面;*ABPO*—下面;*EDGF*—上面;*CDGH*—斜面

(a)分图 1 (b)分图 2

误差传递严格地遵守通过基准的同度等量传递原则。如果要素处于一般位置,也就是处于不与坐标平面垂直或平行的位置,即平面的法线方向或直线的方向不平行于坐标轴时,或者说误差的方向和坐标轴的方向不一致时,误差向某自由度方向上传递的量可以按相关的投影计算。

1.2.2.5 旋转误差传递计算

对于一般位置的要素(不与坐标平面平行或垂直的要素),在三个旋转自由度上都可能产生误差，也就是三个旋转方向上的误差也都可以传递给该要素。同时，这个要素在旋转自由度上的误差也可以分别传递到三个旋转自由度的方向上，但其传递必须按一定的传递比进行。恰与空间尺寸误差的传递一样，传递到某坐标方向上的误差只能是与该误差投影到这个方向上的那部分误差有关而不是全部。

按数学的概念可知，空间平面或直线可视为矢量。若要素是平面，其法线代表这个平面的方向，法线的长短表示矢量的大小；若要素是直线，则直线本身代表它在空间的方向，线段的长短表示其量的大小，线段的长短在各个方向上的投影表示误差传递到各个方向上的误差量。

要素平移不会改变要素在空间的旋转方向，也不会改变旋转误差的大小。为便于计算，可以将要素的旋转误差矢量平移到通过坐标原点。注意，旋转误差矢量在 x 轴上的投影（若投影为 A）代表这个要素绕 y、z 轴旋转误差的矢量和，即分别绕 y、z 轴旋转误差的矢量合成等于 A。也就是若要素绕 y 轴旋转误差等于 A，则绕 z 轴旋转误差只能等于 0。同样，若要素绕 z 轴旋转误差等于 A，则绕 y 轴旋转误差只能等于 0；在 y 轴上的投影却代表这个要素绕 x、z 轴旋转误差的矢量和；在 z 轴上的投影只代表这个要素绕 x、y 轴旋转误差的矢量和。如图 1-32（a）所示，因斜面与 yOz 坐标平面垂直，所以代表该斜面旋转误差的矢量 OK 应在 yOz 坐标平面内，令 OK 与 z 轴的夹角为 γ，则 OK 在 z 轴上的投影为（即斜面绕 x、y 轴旋转误差的矢量和）

$$OM=k\cos\gamma$$

式中　k——矢量 OK 的误差值。

OK 在 y 轴上的投影为（即斜面绕 x、z 轴旋转误差的矢量和）

$$ON=k\sin\gamma$$

OK 在 x 轴上的投影为 0。

OK 在 y、z 轴上的投影都有绕 x 轴旋转的可能。所以，斜面绕 x 轴旋转的误差最大不会超过 OM、ON 的矢量和，则斜面绕 x 轴的旋转误差 $=\sqrt{OM^2+ON^2}=k$，可见斜面旋转误差可以在绕 x 轴旋转的自由度上全部传递。

斜面绕 y 轴旋转的误差为 $k\cos\gamma$，斜面绕 z 轴旋转的误差为 $k\sin\gamma$。

至此斜面绕三个坐标轴旋转的误差就已确定。

以上讨论的是斜面垂直于 yOz 坐标平面的情况，垂直于 xOy、xOz 坐标平面的斜面可以用同样的方法计算。

如图 1-32（b）所示，若要素（平面或直线）在空间是任意位置，其误差矢量用一条线段 OK 代表，其旋转方向上的误差如何传递呢？直线方向为其矢量的方向，其误差量的大小恰等于 OK 的长度，直线 OK 和 x、y、z 轴的夹角分别为 α、β、γ，向量 OK 在 x、y、z 轴上的投影分别为 OM、ON、OP，则

$$OM=k\cos\alpha$$

$$ON=k\cos\beta$$

$$OP=k\cos\gamma$$

同样，由于旋转误差矢量 OK 在 x 轴上的投影 OM（$k\cos\alpha$）代表误差 OK（或代表垂直

于矢量 OK 的平面）绕 y、z 轴旋转误差的矢量和，ON（OP）分别代表被测要素的旋转误差 OK 绕 x、z（x、y）轴旋转误差的矢量和，所以，要素绕 x 轴的旋转误差等于 $k\cos\beta$、$k\cos\gamma$ 的矢量和，即要素绕 x 轴的旋转误差（m）为

$$m=\sqrt{k^2\cos^2\beta+k^2\cos^2\gamma} \tag{1-6}$$

要素绕 y 轴的旋转误差等于 $k\cos\alpha$、$k\cos\gamma$ 的矢量和，即要素绕 y 轴的旋转误差（n）为

$$n=\sqrt{k^2\cos^2\alpha+k^2\cos^2\gamma} \tag{1-7}$$

要素绕 z 轴的旋转误差等于 $k\cos\beta$、$k\cos\alpha$ 的矢量和，即要素绕 z 轴的旋转误差（p）为

$$p=\sqrt{k^2\cos^2\beta+k^2\cos^2\alpha} \tag{1-8}$$

以上讨论的是当已知矢量 OK 的大小 k，矢量和三坐标轴的夹角 α、β、γ 后，计算实际矢量绕 x、y、z 轴的旋转误差 m、n、p。

在实际生产中，如果已知矢量绕 x、y、z 轴的旋转误差分别为 m、n、p，如何计算矢量 k 的大小以及旋转误差的方向呢，即矢量和三坐标轴的夹角 α、β、γ。

将式（1-6）、式（1-7）、式（1-8）两端平方：

$$m^2=k^2\cos^2\beta+k^2\cos^2\gamma$$

$$n^2=k^2\cos^2\alpha+k^2\cos^2\gamma$$

$$p^2=k^2\cos^2\beta+k^2\cos^2\alpha$$

则

$$m^2+n^2+p^2=2k^2(\cos^2\alpha+\cos^2\beta+\cos^2\gamma)$$

因为 $\cos^2\alpha+\cos^2\beta+\cos^2\gamma=1$，则

$$k^2=(m^2+n^2+p^2)/2 \tag{1-9}$$

则

$$m^2+n^2-p^2=2k^2\cos^2\gamma$$

$$\cos^2\gamma=(m^2+n^2-p^2)/(m^2+n^2+p^2) \tag{1-10}$$

同理，则有

$$m^2-n^2+p^2=2k^2\cos^2\beta$$

$$\cos^2\beta=(m^2-n^2+p^2)/(m^2+n^2+p^2) \tag{1-11}$$

$$-m^2+n^2+p^2=2k^2\cos^2\alpha$$

$$\cos^2\alpha=(-m^2+n^2+p^2)/(m^2+n^2+p^2) \tag{1-12}$$

矢量 k、矢量与三坐标轴的夹角 α、β、γ 分别求出。

第 2 章　方向、位置、跳动公差标注

2.1　为什么要讨论方向、位置、跳动公差标注

目前，机械产品设计时反映要素在平移自由度上位置的尺寸及其公差，不允许重复标注与漏标。所谓“尺寸的重复标注与漏标”如图 2-1 所示，零件在沿 x 轴平移方向上主要有 A、B、C、D、E 五个要素，只要有图示的 1、2、3、4 四个尺寸就可以将这五个要素沿 x 轴平移方向上的位置准确确定。当然，也可采用其他标注方法。平面 B 上虽标注了三个尺寸，若尺寸 1 是以平面 A 为基准，确定了平面 B 的位置，尺寸 2、3 便以平面 B 为基准决定平面 C、E 的位置。同样，平面 E 上有两个尺寸，尺寸 3 决定平面 E 的位置，尺寸 4 决定平面 D 的位置。即在同一个平移自由度方向上可以一个要素（平面 A）为基准，其他要素都必须和该要素或已经确定位置的要素（平面 B、E 等）相关。因此，可归纳出零件的尺寸标注要求：在某平移自由度上有 n 个要素，可以选一个要素为基准，其余每一个要素可以标注一个尺寸以确定位置，所以只能标注 n-1 个尺寸，多于 n-1 必造成重复标注，少则为漏标。重复标注或漏标都会因难以确定要素在空间的位置而无法生产。尺寸不得重复标注与漏标已成为行业共识。《形状和位置公差》标准发布四十多年，在机械行业已得到广泛应用。而方向、位置、跳动公差限定要素在旋转自由度上的位置是不是也应该不重复标注与漏标？是不是也像尺寸要求那样，已在不知不觉中执行了呢？如果没有，必然会因难以确定要素在空间的位置给生产造成困难。这需要认真地查看现实情况。另外，尺寸标注中尺寸线两端，哪一个是基准要素或被测要素并未明确，而方向、位置、跳动公差标注中基准要素与被测要素却非常明确，尤其当第一定位基准只能在一个旋转自由度上确定被测要素的位置时更不容混淆；并且旋转自由度较平移自由度更为隐秘，每一个要素，每一个方向、位置、跳动公差，尤其是某些位置、跳动要求的自由度分析较为麻烦，易被忽略，都为避免方向、位置、跳动公差重复标注带来困难。现状究竟如何，需要了解与调查后确定。

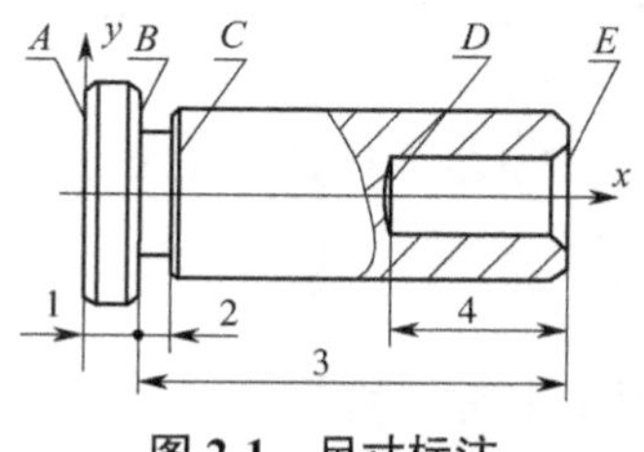

图 2-1　尺寸标注

方向、位置、跳动公差要求实施之后需要思考以下问题：

（1）目前行业中所用的机械产品图上，方向、位置、跳动公差存不存在重复标注与漏标

现象；

（2）若方向、位置、跳动公差存在重复标注与漏标情况，对产品质量有无影响；

（3）若方向、位置、跳动公差需要避免重复标注与漏标情况，那么旋转自由度上的方向、位置、跳动公差标注需要遵守哪些规则。

为了更好地研究上述问题，结合前章讨论，做以下说明：

（1）所讨论的要素为垂直或平行于坐标平面的平面或直线；

（2）按机械产品图上尺寸标注的三个方向建立起基本坐标系；

（3）每一个所研究的要素，都需要在两个旋转自由度上，才能准确限定其空间的位置；

（4）对于每一个必须在旋转自由度上限定位置的要素，对每一个方向、位置、跳动公差要求，都必须进行旋转自由度分析，以判断重复标注、漏标与否；

（5）平面与平面间的垂直度、平面与直线间的平行度、直线与直线间的垂直度可以限定被测要素在一个旋转自由度上的位置，平面与平面间的平行度、平面与直线间的垂直度、直线与直线间的平行度可以限定被测要素在两个旋转自由度上的位置，位置、跳动公差可能同时限定被测要素在旋转、平移自由度上的位置。

长久以来，尺寸不允许重复标注与漏标，主要指名义尺寸而非公差。若发生重复标注与漏标，零件就做不出来，必须避免。而方向、位置、跳动公差的重复标注主要指公差。重复标注主要表现在一个要素上标注多条几何要求、每一条几何要求就使用一个基准体系。而一个要素的最终加工只有一次，只能使用一个基准体系。剩余的基准体系无法使用，相关的几何要求也就无法保证，标注就无意义，且易引起“图纸已有要求，质量必好”的误解。但在这些不能保证的标注中，存在可能需要控制的条件（如几何要求的定位基准体系只能控制被测要素在一个旋转自由度上的位置，而在另一个旋转自由度上的位置也需要控制时）；也有重复标注的要求，可以删掉；也有含混的要求（主要指标注了位置、跳动公差），应仔细分析后确定。需要控制而不能实现的要求，就不能随意处置了。这恰是标准制定、产品设计、工艺设计等科技工作者必须认真对待的。在一个要素上标注多条几何要求属于重复标注，应避免。又因为要素的最终加工只有一次，尺寸要求也必在此序实现，产品设计时尺寸要求高的，最好与几何要求的第一定位基准吻合。根据零件图可以决定零件的形状、要素的大约位置，对一般要素不标方向、位置、跳动公差，不影响产品性能时，允许不标形位公差。

2.2 方向、位置、跳动公差标注的现状

目前，方向、位置、跳动公差标注中是否存在重复标注、漏标现象，以下面实例说明。

2.2.1 实例1

在某单位生产现场的实际用图中选取牌坊产品图，如图2-2所示。因该零件在产品中的特殊作用，零件质量稍有差池就会使产品不能顺利工作。所以，其产品图上的方向、位置、跳动公差要求较多，必须分析这些几何公差标注是否得当，有无需要思考之处。当然，标注失当，可能源于长期养成的几何公差标注习惯和必须尊重的实际需要。即使如此，也必须做到，该保持的保持，该改正的改正。因此，只需选择具有代表性的标注，讨论几何公差是否存

在重复标注与漏标。在该零件上存在四组平面 E、E'，平面 H、H'，平面 D、D'，平面 F、F'，其标注基本相同。于是，选择作为基准使用的平面 E、E' 及另一组平面 H、H' 进行研究。在这些要素的标注方法明确之后，其他要素的标注也就可以按相同方法考虑。所以，该零件上其他要素的几何公差标注未予录入。

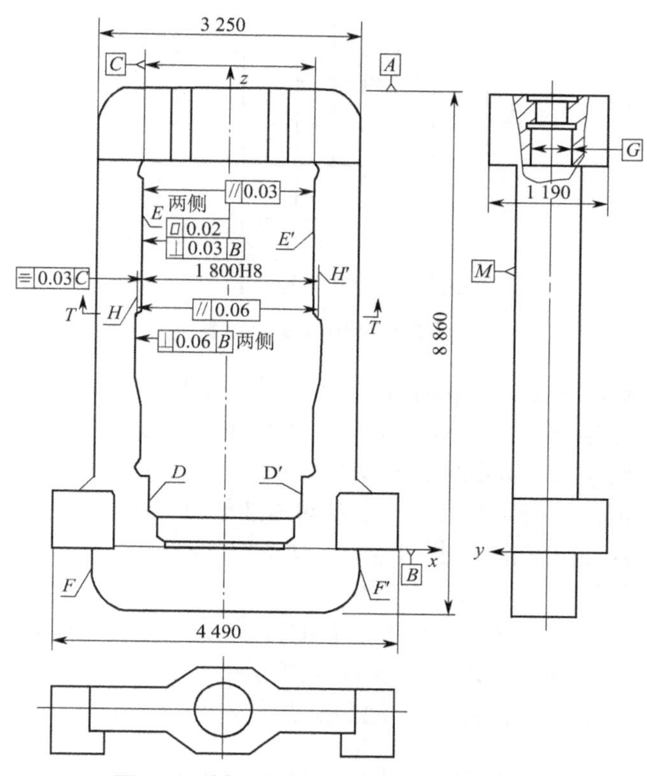

图 2-2　牌坊产品图上部分几何公差标注

牌坊工况简介（图 2-3）：牌坊分左右两个，支撑着两个轧辊及两个支承辊，进行轧制工作。为使轧机能平稳工作，两个牌坊的平面 B 必须调整到处于同一平面，并且调整使两个牌坊上安装的支撑着同一根轴的两个轴承座同轴，才能保证轧辊、支承辊能正常运转。由此可见，牌坊上的平面 B 是安装基准，也必须保证两个牌坊之间的关系。

2.2.1.1　具体分析

如图 2-2 所示，首先根据国家标准《产品几何技术规范（GPS）几何公差　形状、方向、位置和跳动公差标注》（GB/T 1182—2018）规定，指引线连接被测要素和公差框格，指引线引自框格的任意一侧，终端带一箭头并指向被测要素，基准用一个大写字母表示，字母标注在公差框格内。可见，图纸上标注的平面 E、E' 间的平行度公差 0.03 mm 和平面 H、H' 间的平行度公差 0.06 mm，不符合上述规定，没有标明基准要素，应该按标准修改。但是，此种标注也可能是按旧标准——互为基准绘制的，未及时修改。这里为了讨论重复标注与漏标还是引用了。

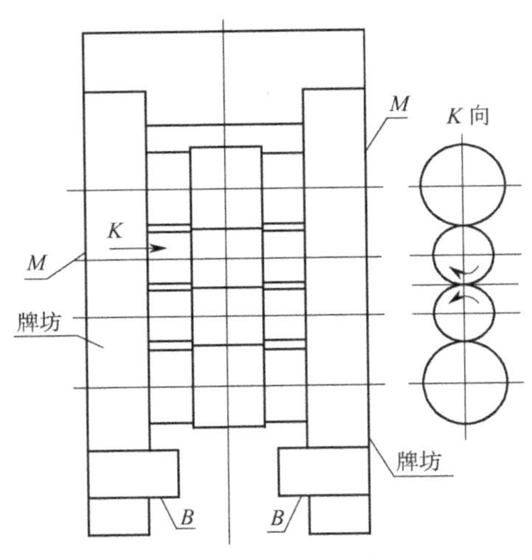

图 2-3 牌坊工况示意图

如图 2-2 所示，限定平面 E、E' 旋转自由度上位置的几何要求有：平面 E、E' 间的平行度公差 0.03 mm（互为基准）；平面 E 对基准平面 B 的垂直度公差 0.03 mm，同时标有“两侧”说明平面 E' 也有相同要求。限定平面 H、H' 旋转自由度上位置的几何要求有：平面 H、H' 间的平行度公差 0.06 mm（互为基准）；平面 H 对基准平面 B 的垂直度公差 0.06 mm，同时标有“两侧”说明平面 H' 也有相同要求；平面 H、H' 的中心平面对平面 E、E' 的中心平面的对称度公差 0.03 mm 四条。

建立坐标系：平面 B 为整个产品的安装基准，选作 xOy 坐标平面；平面 E、E' 的中心平面（C）为另一基准平面，视为 yOz 坐标平面；在平面 B 内，垂直于平面 C 的直线为 x 轴；在平面 C 内，平面 B 的垂线为 z 轴；过 x、z 轴的交点作 x、z 轴的垂线为 y 轴。按此坐标系分析如下。

几何要求 1：平面 H 对平面 B 垂直度公差 0.06 mm。为以平面 B 为基准，限定平面 H 绕 y 轴旋转；又注明“两侧”，说明平面 H' 也需要限定绕 y 轴旋转。

几何要求 2：平面 H、H' 间的平行度公差 0.06 mm，认为平面 H、H' 互为基准（不符合标准要求），若以平面 H 为基准，则限定平面 H' 绕 y、z 轴的旋转。至此可以看出，平面 H' 绕 y 轴旋转要求已经标注两次，构成重复标注。

几何要求 3：平面 H、H' 的中心平面对平面 C（平面 E、E' 的中心平面）的对称度公差 0.03 mm。如图 2-4 所示，在以平面 C 为中心，宽度为 0.03 mm 的范围是平面 H、H' 的中心平面允许存在的范围。可见，该平面可以沿 x 轴平移至如图 2-4 中的 1 位置；可以绕 z 轴旋转至如图 2-4 中的 2 位置，以及绕 y 轴旋转至如图 2-4 中的 3 位置。当然，也可以是三个运动方向上误差的综合，只要不超出对称度公差范围就合格。可见本条几何要求限定平面 H、H' 的中心平面可以有此三个方向的运动。平面 H、H' 中心平面的位置由平面 H、H' 的位置决定。如果视平面 H' 的位置固定不变，则可以调整平面 H 绕 y、z 轴旋转及沿 x 轴平移而使中心平面的位置合格。本条几何要求又对平面 H 在绕 y 轴旋转自由度上再次限定位置构成了重复标注。在平面 H、H' 的中心平面对平面 E、E' 的中心平面对称度 0.03 mm 要求的标注，从公差框格两端分别画出指引线指向两个要素不符合国家标准的规定。

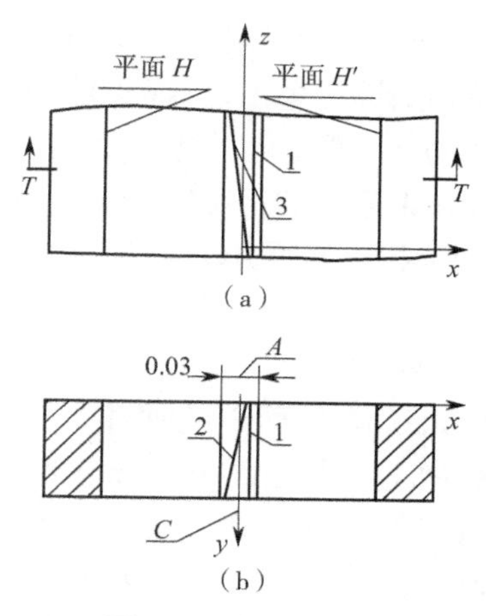

图 2-4　对称度解释

(a)主视图　(b)T—T 剖视图

A—平面 H、H′ 中心平面的允许变化区间；C—平面 E、E′ 的中心平面，为基准要素

如图 2-5 所示，若平面 H、H′ 的中心平面恰与基准平面 C 重合，此时平面 H 按图示绕 y 轴顺时针方向旋转 a_1，平面 H′ 按图示绕 y 轴逆时针方向旋转 a_2，且 $a_1=a_2$ 不超过 0.06 mm。旋转后其中心平面仍与平面 C 重合，但因平面 H、H′ 均绕 y 轴发生旋转，两者间的平行度可能超差，也可能合格。同样，平面 H、H′ 也可绕 z 轴发生旋转，使中心平面的位置不变，平行度也可能超差或合格。可见，仅标注对称度要求只能控制两平面 H、H′ 中之一在绕 y、z 轴旋转自由度方向上的位置。

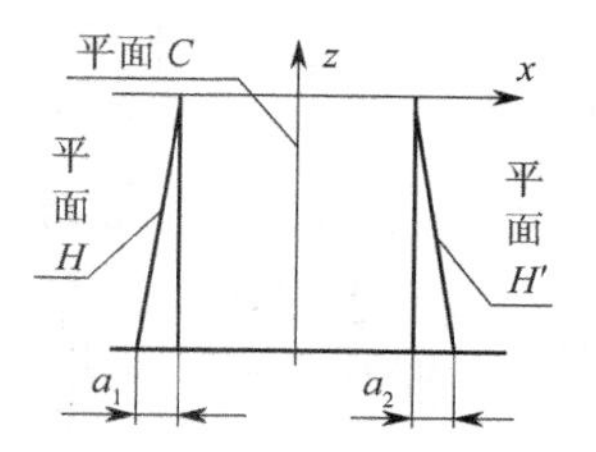

图 2-5　中心平面的控制能力

关于漏标，平面 H、H′ 绕 y 轴旋转，平面 B 及平面 C 均可限定，构成重复标注；其绕 z 轴旋转由平面 C 限定，平面 C 绕 z 轴旋转自由度上的位置由平面 E、E′ 决定。那么，平面 E、E′ 在绕 z 轴旋转自由度上的位置确定了吗？如图 2-2 所示，在平面 E、E′ 上标注了平面 E 对平面 B 的垂直度公差 0.03 mm，又标明“两侧”，说明平面 B 控制了平面 E、E′ 绕 y 轴的旋转；平面 E、E′ 间的平行度公差 0.03 mm 标注虽不符合标准规定，若以平面 E 为基准，可以控制平面 E′ 绕 y、z 轴的旋转。需要注意的是，在牌坊的整个图纸中，使用的基准要素只有 A、B、C、G 四个。其中，A、B、G 具有相同的恒定度方向，平面 B 的地位较为重要，选择为基准，令平面 B 为 xOy 坐标平面；要素 A、G 的位置也由平面 B 决定；平面 C 为另一个基准，令平面 C 为 yOz 坐标平面。可见，在三基面体系中，还缺少 xOz 坐标平面，或者说 xOz 坐标平面与另两个坐标平面间的关系只能按未注公差实施。显然，x、y 轴存在于平面 B 上，但方向只能按未注公差实施，按照该零件的作用，这样的精度太低了，应属于漏标。

形位公差存在漏标情况，只要对产品质量影响不大，似乎也可接受。重复标注疑惑可以保留，只要加工完成后多加检验判断即可。不过，现实是形位公差的测量量具稀缺，测量也难以进行。如果将形位公差作为摆设，就违背了制定标准的初衷。不过，提出形位公差标注问题只是一己之见，而且生产实际中遇到的情况繁杂，在此提出只是引起关注，以便认真分析、思索，以期为了行业发展共同寻找更好的方法。

2.2.1.2 标注不当的影响

1. 绕 y 轴旋转误差重复标注的影响

如图 2-6 所示，为满足平面 H、H' 对平面 B 的垂直度 0.06 mm 的要求，平面 H 顺时针旋转 0.06 mm 到达位置①，而平面 H' 逆时针旋转 0.06 mm 到达位置③后，平面 H、H' 间的平行度为 0.12 mm，超出图纸要求；若平面 H 不动，平面 H' 摆回到位置②，则平面 H、H' 间的平行度为 0.06 mm，能达到图纸要求；若平面 H' 继续摆动到位置①，则平面 H、H' 间的平行度为 0。可见，平面 H 在位置①不动，平面 H' 从位置①到位置②间，可以保证平行度要求；从位置②到位置③间，不能保证平行度要求。为满足平面 H、H' 中心平面对 E、E' 中心平面对称度 0.03 mm 的要求，若平面 H 在位置①不动，平面 H' 在位置①时，平面 H、H' 中心平面也到达位置①，则对称度超出 0.03 mm 的要求；若平面 H 在位置①不动，平面 H' 摆动到位置②，平面 H、H' 中心平面也到达位置②，平面 H、H' 中心平面对平面 C 的对称度恰好为 0.03 mm；若平面 H' 继续摆动到位置③，平面 H、H' 对称中心平面也到达位置③，平面 H、H' 中心平面对平面 C 的对称度为 0。可见，平面 H' 从位置①到位置②间，不能保证对称度要求；从位置②到位置③间，也不能保证平行度要求。当平面 H 在位置①时，平面 H' 只有在位置②，即绝对垂直于平面 B 时，可以同时保证对称度和平行度两条几何要求。平面 H' 的位置稍有变化，就不可能获得合格产品。

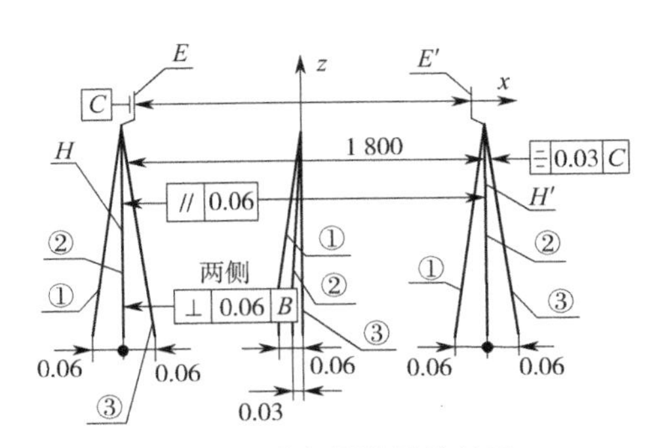

图 2-6 重复标注后的结果

注：z 轴是平面 E、E' 的中心平面 C，也是平面 H、H' 中心平面的基准。

从上述讨论可见，重复标注会造成合格率的降低。

2. 漏标的影响

绕 z 轴旋转误差的讨论，前面已介绍，从牌坊的图纸可见，整个零件的坐标系中，x、y 轴可以一起绕 z 轴旋转，其旋转的量将按未注公差处理。如图 2-7 所示，平面 H、H' 绕 z 轴顺时针或逆时针旋转 α 角。对于整个产品需要安装的两个牌坊，为了使两个牌坊上安装的轴、轮子能正常工作，两个牌坊上的平面 H、H' 最好保持在同一平面上，就需要如图 2-8 所示的牌坊Ⅱ沿 A 方向平移。

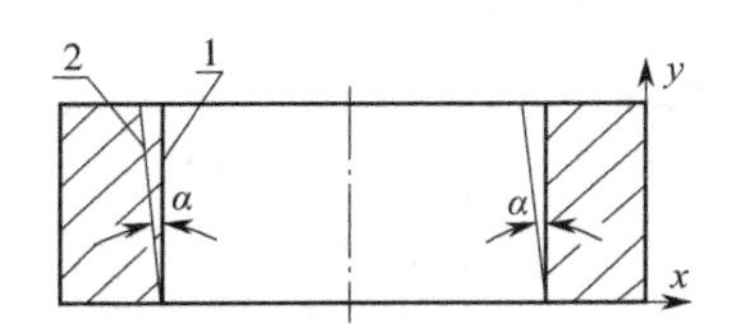

图 2-7　牌坊 T—T 剖视图

1—平面 H 理论正确位置；2—平面 H 绕 z 轴旋转后位置

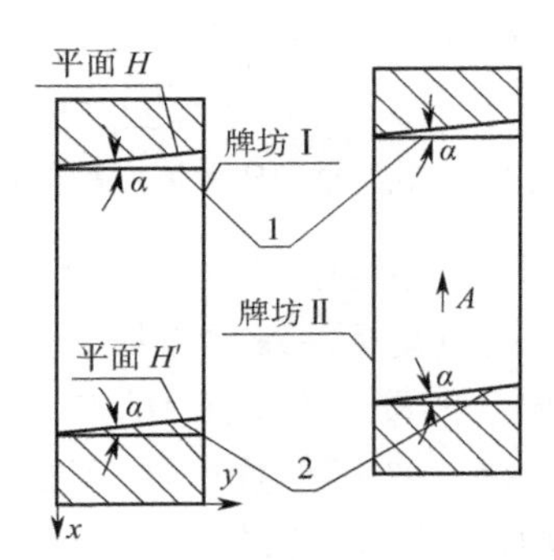

图 2-8　两个牌坊的安装

1—平面 H 理论正确位置；2—平面 H 绕 z 轴旋转后位置

实际上，两个牌坊上的平面 H、H' 绕 z 轴旋转的 α 角，若一个顺时针、一个逆时针旋转，并且两平面又会绕 y 轴（顺、逆时针）旋转，靠移动调整实难奏效。零件上两平面 H、H' 处于这一位置，肯定影响轴的运转，也会影响产品上其他部件的工作，都需要认真处理。可见，若在绕 z 轴旋转方向上漏标有可能影响产品性能，故需要注意。

上述仅讨论了平面 E、E' 及平面 H、H' 上标注的几何要求，其他要素可按相同方法分析，不再一一说明。同时，方向、位置、跳动公差重复标注与漏标之后，对产品性能会造成影响，应注意避免重复标注与漏标。

2.2.2　实例 2

如图 2-9 所示为轧机轴承座的产品图之一，几何公差标注存在重复标注问题。其中，平面 D 上标注了两条几何要求：平面 D 对平面 A 的垂直度，限定平面 D 绕 x 轴的旋转；平面 D 对平面 B 的垂直度，限定平面 D 绕 y 轴的旋转。平面 D' 上标注了一条几何要求，平面 D' 对平面 D 的平行度，限定平面 D' 绕 x、y 轴的旋转。每个平面均有两条限定条件，但是还有一条平面 D、D' 中心平面对孔轴线 C 的对称度要求，限定平面 D、D' 中心平面绕 y 轴的旋转及沿 z 轴的平移。而中心平面的位置由平面 D、D' 产生。该条几何要求实际上是平面 D 或 D' 位置的控制，显然是重复标注。

从以上实例来看，目前行业中方向、位置、跳动公差重复标注、漏标是存在的，既然对产品质量有影响，就应该消除。

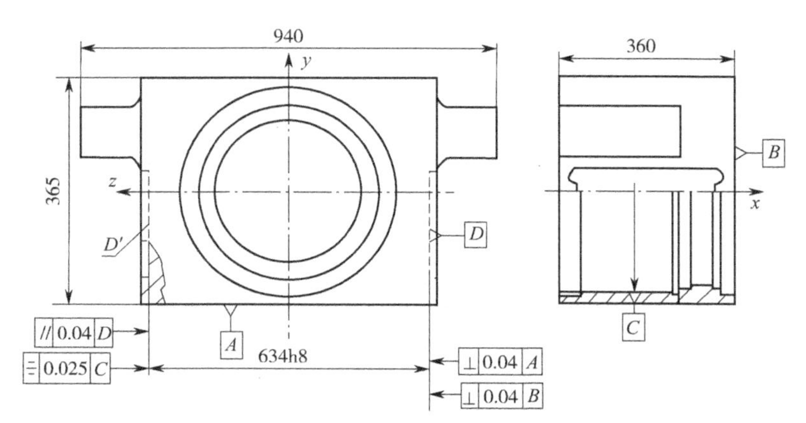

图 2-9 轧机轴承座形位公差要求

从上述两例的观察可见，零件图上仅使用方向要求时易避免重复标注。若使用位置、跳动要求后，因其表达内容的特殊性，重复标注现象更易发生。另外，结合旋转自由度误差的特殊性，又发现一个新的标注问题。实例 2 中平面 *D*、*D*′ 上都标注了两条几何要求，如平面 *D* 对平面 *A* 的垂直度限定平面 *D* 绕 *x* 轴旋转，而平面 *D* 对平面 *B* 的垂直度限定平面 *D* 绕 *y* 轴旋转，恰好把平面 *D* 在两个旋转自由度上的位置准确限定。但是，平面 *D* 只能一次加工形成，不可能既以平面 *A* 为第一定位基准，又以平面 *B* 为第一定位基准。而平面 *D*′ 上也有两条几何要求。平面 *D*、*D*′ 上都标注了两条几何要求，但情况不同。平面 *D* 上标两条是必需的，只有如此才能把平面 *D* 的位置确定；而平面 *D*′ 上的两条要求中平面 *D*、*D*′ 的平行度已经把平面 *D*′ 的位置限定了，又标一条，工艺如何处理才能达到设计要求呢？

2.3 方向要求标注中遇到的问题及其解决方法

2.3.1 基准体系及其应用

由于机械产品上要素位置的不同、要素与要素间几何关系的差别，根据现场实际情况，需要的工艺安排，造成在生产实践中基准体系的组成可能五花八门。为保证零件要素的方向、位置、跳动要求，加工中一般对零件要素的几何要求需要限定的旋转自由度必须严格定位。对于整个零件，为了避免加工中出现震颤等造成质量下降的情况，可能需要六点定位。如图 2-10 所示，以柴油机气缸体为例，加工端面 *D* 时，若以底面 *J* 定位，而底面 *J* 只能在绕 *y* 和 *z* 轴旋转、沿 *x* 轴平移三个自由度方向上定位，缺少绕 *x* 轴旋转、沿 *y* 和 *z* 轴平移三个自由度的定位能力，加工时必须增加绕 *x* 轴旋转、沿 *y* 和 *z* 轴平移的定位能力，才能准确确定（零件）端面 *D* 的位置。又因为在一个平移方向上必须控制两点才可能实现旋转的控制，为控制气缸体绕 *x* 轴旋转，有两种选择定位的方法：①一个要素控制气缸体绕 *x* 轴旋转，如一个平面（侧面 *C* 或端面 *B*）、一个长孔（如曲轴孔）的两端（或菱形）；②基准组合控制气缸体绕 *x* 轴旋转，也就是两个不同的定基准要素共同控制一个旋转方向，如两销孔，一个短圆柱销虽可控制两个平移方向，但因方向不同，没有控制旋转自由度的能力，故只能和另一个短菱形销配合共同控制，其控制旋转方向上的能力由两销孔的配合间隙及孔距决定。因为此情况多是工艺需要，产品设计时可能不标注在图纸上。但对于第①种情况，在加工端面 D 时，可采用一个要素（可称为第二定位基准）侧面（C 或 E）或端面 B（也可能是孔轴线）控制零件绕 x 轴旋转。此时，第二定位基准只能两点定位，不可能是全要素参与。那么，采用这样的基准体系加工后，可以保证被加工要素对第一定位基准的几何关系，能不能同时保证与第二定位基准间的几何关系呢？当第一定位基准只能在一个旋转自由度上控制被测要素的位置时，如平面对第一基准平面垂直，轴线对第一基准平面平行，轴线对第一基准轴线垂直，平面对第一基准轴线平行第四种情况，其在另一个旋转自由度方向上的位置也需要控制时，就需要选用第二定位基准实现。零件上的哪些要素可以作为第二定位基准被选择，选择条件是什么，被选择之后又会发生什么情况，必须认真考虑。其选择方法将在本章 2.3.2 小节仔细讨论。

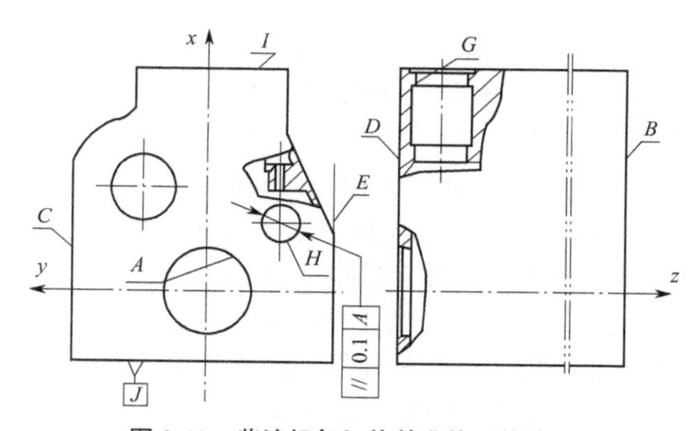

图 2-10　柴油机气缸体基准体系的选用

第一定位基准在两个旋转自由度上控制被测要素的位置，且被测要素为轴线时有两种情况：轴线对第一基准轴线平行；轴线对第一基准平面垂直。如图 2-10 所示，柴油机气缸体凸轮轴孔轴线（H）对曲轴孔轴线（A）的平行度要求为 0.1 mm。图 2-11 所示均为机械产品图纸上经常使用的孔或轴的轴线部分标注方法，或作为基准，或作为被测要素，任何一种标注都表示在圆周上任意位置的直径、轴线、基准。如在图纸上看到如图 2-11（a）的标注，都会想到圆的直径是 20 mm，并不表示该圆只有在沿 y 轴方向上的直径是 20 mm，这在行业中早已形成习惯。图 2-12 中的所有标注均如此。但是，在形位公差提出之后，有时却非常强调方向，如绕 x 轴旋转方向，或绕 y 轴旋转方向等。即使如此，在标准没有明文规定、图纸上没有特别说明的情况下，当看到如图 2-11（d）所示的标注时，首先想到的是直径 20 mm 孔的轴线 A 对 K 基准的平行度公差为 0.1 mm。如图 2-10 中凸轮轴孔轴线（H）对曲轴孔轴线（A）的平行度，设计者所赋予的应当是曲轴孔轴线将在绕 x、y 轴旋转两个自由度上控制凸轮轴孔轴线的位置，并且平行度误差可以发生在绕凸轮轴孔轴线（H）四周的任意位置，误差值随机出现在公差范围内，绕 x、y 轴旋转两个方向上的误差又是关联的。所以，形成 ϕ 公差带。图纸上标出了轴线 H、A 在平移自由度上的尺寸位置，而形位公差没有标注平面 J 为第二定位基准，能判断出轴线 H 的固定的准确位置，不会认为轴线 H 会出现在轴线 A 四周的其他任何位置。尽管在图纸上不注明基本坐标系的 x、y、z 轴，也能感到它的存在。在同一机械产品上形位公差与尺寸要求的联系是紧密的，不可分割的。旋转、平移两种自由度的坐标系都是描述机械产品形状的工具，也必须是统一的。因此，不使用第二定位基准平面 J，读图者也是清楚的。如果产品设计时有什么特殊要求，就要另行考量。

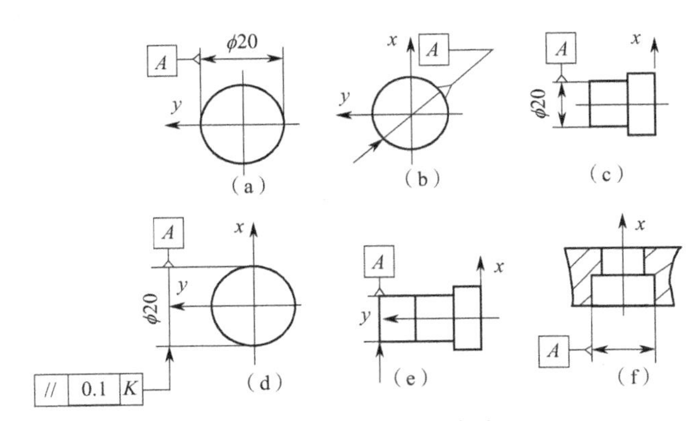

图 2-11 轴线的表示方法

（a）标注 1 （b）标注 2 （c）标注 3 （d）标注 4 （e）标注 5 （f）标注 6

如果设计需要形成矩形公差带，如图 2-12（a）所示在图纸上明确标注两个方向。若仍采用平面 A 为第一定位基准，基准 A 仍然会优先选择控制 H 轴线绕 x、y 轴的旋转。但图纸上指定的第二定位基准 J，虽然基准 J 对 H 轴线在旋转自由度方向上没有控制能力，只能粗略地控制矩形公差带发生在图示的方向上，说其"粗略"主要是因为控制的量值不清、检验的方法没有。若工艺要求第一定位基准在两个旋转方向上控制被测轴线的位置，工序实施之后就形成 ϕ 公差带。若设计要求绕 x 轴旋转允差为 0.20 mm、绕 y 轴旋转允差为 0.15 mm，形成矩形公差带，加工后矩形公差带的四角（灰色部分）便不符合工序要求而被判为不合格。显然公差被压缩了，如图 2-12（a）（b）中的灰色部分。这些在矩形公差带内，且不影响后续加工，可以按回用品继续流转，待零件加工完成后再综合判断，第二定位基准 J 仍然不必使用。如果产品图采用图 2-12（b）所示的标注，采用平面 J 为第一定位基准，第二定位基准采用 A 孔轴线。第一定位基准优先选择绕 y 轴旋转的定位方向，第二定位基准 A 孔轴线虽有绕 x、y 轴旋转方向上定位的能力，因绕 y 轴旋转已由第一定位基准优先选择，A 孔轴线只能选择绕 x 轴旋转方向上定位。当第一、二定位基准由两个独立的要素完成时，可

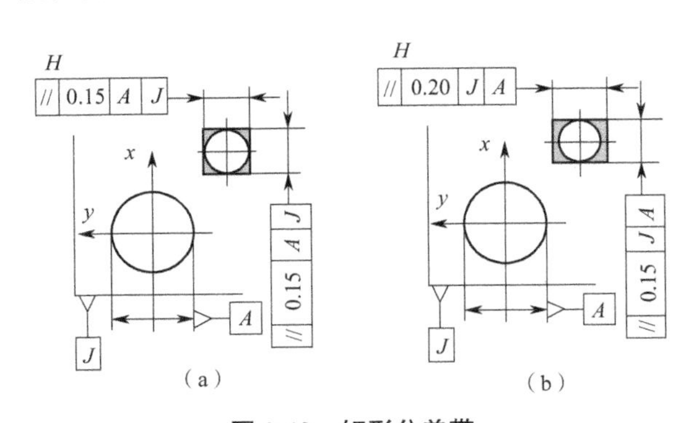

图 2-12 矩形公差带

（a）允差 0.15 （b）允差 0.20

以形成相互独立的矩形公差带，但是又会出现下节阐述的问题。被测要素能不能保证对第一、二定位基准的关系，需要产品设计时密切注意。

对于平面对第一基准平面平行和平面对第一基准轴线垂直两种情况，虽然第一定位基准也可以在两个旋转自由度上控制被测要素的位置，但因被测要素是平面，其公差带是两平行平面间的区间，定位基准体系变化改变不了公差带的形状，对质量不会造成重大影响。

由此可以得出：

（1）当被测轴线形成相关公差带，设计却需要形成相互独立的公差带时，产品设计及工艺设计时基准体系的选择一定要慎重，它决定了工艺安排、质量状况、经济效益；

（2）工艺设计时应尽量保持设计确定的基准体系，因为基准体系的改变可能造成设计要求的公差被压缩。

使用基准体系时还有一个问题必须明确。

2.3.2　问题阐述

因为我们所研究的要素是平行或垂直于坐标平面的平面或轴线，最简单的几何形体是六面体。若第一定位基准只能限定被测要素在一个旋转自由度上的位置，另一个旋转自由度上的位置也需要控制，就出现如下情况。暂以六面体为例讨论，如图 2-13 所示，在三基面体系中，产品设计时，平面 E 选取平面 A 为第一定位基准，保证平面 E 对平面 A 的垂直度，限定了平面 E 绕 x 轴的旋转。如果平面 E 绕 z 轴的旋转也必须控制，在六面体中除被测要素平面 E 与第一定位基准平面 A 外，还有 A'、B'、B、C 四个平面可供选择。因为绕 z 轴旋转是平面 A' 的恒定度方向，不具有定位能力而被去除；平面 B'、B 处于相同位置，都能且只能在绕 z 轴的旋转自由度上定位，以保证平面 E 对平面 B（或 B'）的垂直度，所以选其中之一即可；平面 C 对平面 E 可以在绕 x、z 轴旋转两个自由度上定位，但因绕 x 轴旋转已被第一定位基准平面 A 优先选择，所以平面 C 只能在绕 z 轴旋转自由度上定位，以保证平面 E 对平面 C 在需要的绕 z 轴旋转方向上的平行度。由此可见，被加工要素平面 E 的绕 z 轴旋转，只有平面 B、C 可选作定位基准。为加工平面 E，已选择平面 A 作为第一定位基准，以限定平面 E 绕 x 轴旋转；平面 E 绕 z 轴旋转也只有平面 B、C 可供选择。产品设计时的几何公差标注，在目前实践中多采用如图 2-13 所示的方法，即在平面 E 上标注两条几何要求，第一条几何要求为平面 E 对平面 A 的垂直度 0.1 mm，控制平面 E 绕 x 轴旋转；第二条几何要求为平面 E 对平面 B 的垂直度 0.1 mm，控制平面 E 绕 z 轴旋转。但每一条几何要求就有一个基准体系，而一个要素的最终精加工只能一次加工实现，且每一次加工只能使用一个基准体系。若以平面 A 为第一定位基准加工平面 E，则平面 E 对平面 A 的垂直度可以保证，要素 B 就不能再作为第一定位基准了。所以，平面 E 对平面 B 的垂直度能不能保证，工艺设计者也不敢保证。由此看来，图 2-13 所示的方法标注存在缺点，也就是说一个要素上不管标注几条几何要求，通过加工都只能保证一条几何要求合格，其他几何要求都很难得到保证。所以，如图 2-13 所示方法标注存在缺点，在产品设计时尽量不要采用。但是，产品又需要控制，怎么办？

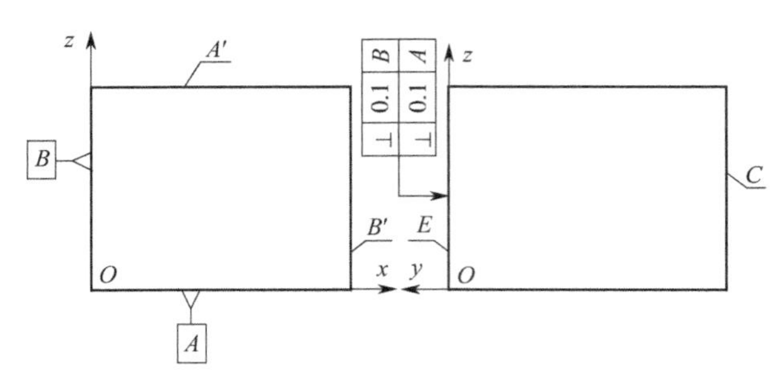

图 2-13 几何公差标注

另一种标注方法如图 2-14 所示，平面 E 在旋转自由度上的位置，首先选定平面 A 为第一定位基准控制其绕 x 轴旋转之后，再分别选定平面 B 或 C 为第二定位基准，组成基准体系一起控制平面 E 在旋转自由度上的位置，只标注一条几何要求，克服了图 2-13 标注所存在的缺点。其关键是能不能保证被加工要素对第二定位基准间的设计要求。

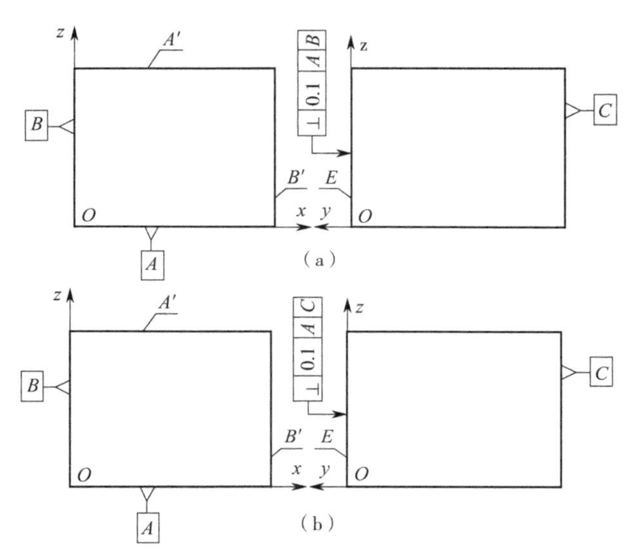

图 2-14 三基面体系的基准体系组合

(a)两基准定位方向相互补充的基准体系组合 (b)两基准存在重复定位方向的基准体系组合

如图 2-14(a)所示，第一、二两个定位基准分别控制被加工要素在一个旋转自由度时的位置，并且两个定位基准与被加工要素间都是垂直度要求。而如图 2-14(b)所示，第一定位基准平面 A 优先选择绕 x 轴旋转自由度上的位置实施定位，第二定位基准平面 C 虽然在绕 x、z 轴旋转两个方向上对平面 E 有控制能力，也只能控制绕 z 轴旋转，并且平面 E 对平面 A 是垂直度要求，平面 E 对平面 C 却是平行度要求。由此应做如下规定：公差框格中标注的几何公差符号仅适用于第一定位基准，被加工要素对第二定位基准的位置关系应根据机械产品图判断。公差框格中标注的几何公差值，对第一、二定位基准的位置关系都适用，但能不能保证应通过证明确定。如果被加工要素对第二定位基准的位置关系有变化，应特殊说明。

2.3.3 精度计算

如图 2-13 所示标注可能造成加工工艺设计的困难，因此尽量不采用这种标注。若采用图 2-14（a）（b）所示标注，两者的不同在于：图 2-14（a）选取平面 *B* 为第二定位基准，平面 *B* 与被加工要素只有一个相同的非恒定度方向，并且这个方向恰是需要定位的方向，发生加工误差直接反映在平面 *E* 与平面 *B* 的几何关系上，但能不能保证设计要求应证明；图 2-14（b）选取平面 *C* 为第二定位基准，平面 *C* 与被加工要素有两个相同的非恒定度方向，但只有一个方向是定位方向，加工后这两个方向上都会产生误差，都应该影响被加工要素与定位基准间的几何关系。但是，工艺设计只希望定位方向产生的误差影响两要素间的位置关系，而非定位方向最好不产生误差，似乎不可能。其究竟对两要素间的位置有何影响，计算后可知分晓。

2.3.3.1 图 2-14（a）所示基准体系的精度计算

第一基准平面 *A* 为 xOy 坐标平面，第二基准平面 *B* 近似为 yOz 坐标平面，被加工要素平面 *E* 为平行于坐标平面 xOz 的平面。如图 2-15 所示，第一、二基准间必然存在垂直度公差 $a_3/2r$，即平面 *B* 绕 y 轴旋转 γ 角度，最大误差可到达 *DFGO* 位置；零件和夹具的第一基准完全贴合后，因角度 γ 的存在，零件的第二基准便不能再和夹具的第二基准完全贴合，零件将绕 z 轴旋转到第二基准上的一条直线 *OD* 和坐标系的 y 轴贴合为止。理想的被加工要素可能达到 *HOKM* 位置，可以保证被加工要素对该定位直线（y 轴）的垂直度公差 $a_2/2r$，即绕 z 轴旋转了 β 角度。加工后，被加工要素对第一基准的垂直度公差 $a_1/2r$，即绕 x 轴旋转了 α 角度。因为零件的被加工要素已经绕 z 轴旋转到 *HOKM* 位置，故可以近似认为被加工要素绕 *OH* 直线旋转了 α 角（$a_1/2r$），到达 *ONPH* 位置。因为加工的过程中不能调整保证第二基准全要素参与定位。能不能保证被加工要素对第二基准的垂直度公差 $\delta_N/2r$ 呢？因第一、二定位基准间存在垂直度公差，该误差使第二定位基准绕 y 轴旋转 $a_3/2r$，如图 2-15 所示。

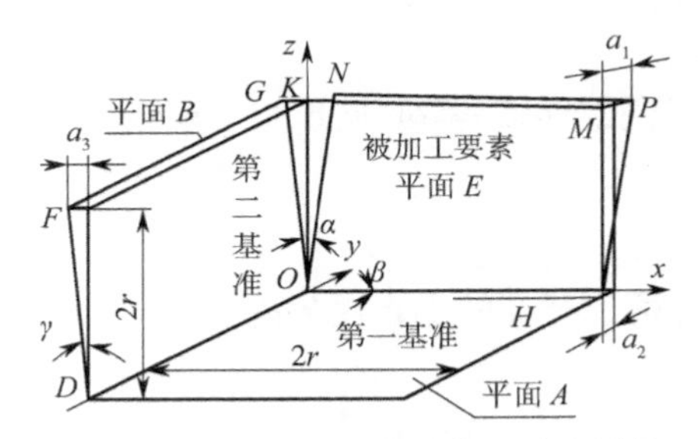

图 2-15　图 2-14（a）基准体系精度计算

根据解析几何公式，平面的三点式为

$$\begin{vmatrix} x_2-x_1 & y_2-y_1 & z_2-z_1 \\ x_3-x_1 & y_3-y_1 & z_3-z_1 \\ x-x_1 & y-y_1 & z-z_1 \end{vmatrix}=0$$

第二基准平面上三点坐标为

$O(0,0,0)$

$G(-a_3, 0, 2r)$

$D(0, -2r, 0)$

则第二基准平面的方程式为

$$\begin{vmatrix} -a_3 & 0 & 2r \\ 0 & -2r & 0 \\ x & y & z \end{vmatrix} = 0$$

即

$$2rx + a_3 z = 0$$

被加工要素对第二基准上的一条定位直线的垂直度 $a_2/2r$，说明被测要素可能绕 z 轴旋转的角度为 β（即 $a_2/2r$），达到 OH 位置。被加工要素对第一基准的垂直度 $a_1/2r$，说明被加工要素将再绕 x 轴旋转 α 角（即 $a_1/2r$），因为 β 角度很小，近似认为被加工要素绕直线 OH 旋转达到 $ONPH$ 位置。其上三点坐标分别为

$O(0, 0, 0)$

$H(2r, -a_2, 0)$

$N(0, a_1, 2r)$

则被加工要素方程式为

$$\begin{vmatrix} 2r & -a_2 & 0 \\ 0 & a_1 & 2r \\ x & y & z \end{vmatrix} = 0$$

即

$$-a_2 x - 2ry + a_1 z = 0$$

令被加工要素和实际的第二基准的夹角为 θ，则

$$\cos\theta = \frac{-2ra_2 + a_1 a_3}{\sqrt{4r^2 + a_3^2}\sqrt{4r^2 + a_1^2 + a_2^2}}$$

如图 2-16 所示，被加工要素对第二基准垂直时的夹角余弦为

$$\cos\theta = \frac{\delta_N}{\sqrt{4r^2 + \delta_N^2}} \tag{2-1}$$

式中　δ_N——被加工要素对第二基准的垂直度公差。

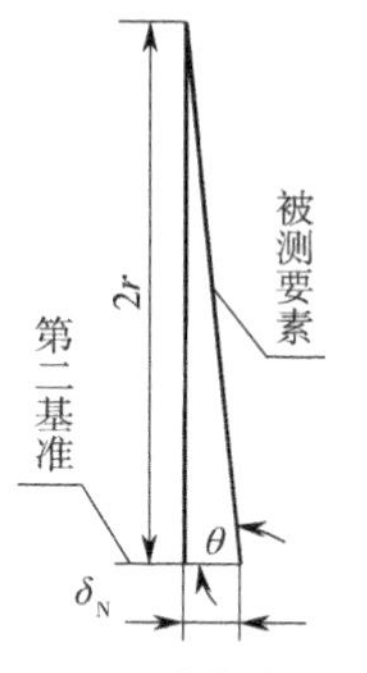

图 2-16　垂直度关系

则

$$\frac{\delta_{\mathrm{N}}}{\sqrt{4r^2+\delta_{\mathrm{N}}^2}}=\frac{-2ra_2+a_1a_3}{\sqrt{4r^2+a_3^2}\sqrt{4r^2+a_1^2+a_2^2}}$$

运算、整理后，可得

$$\delta_{\mathrm{N}}=a_2 \tag{2-2}$$

由此可见，图 2-14（a）所示零件的被加工要素平面 E 以平面 A 为第一定位基准、平面 B 为第二定位基准，加工后能够保证平面 E 对平面 B 的垂直度 δ_{N}。因此，第二定位基准上的一条定位直线可以代表整个平面 B 定位，能满足图纸上的方向、位置、跳动要求。但是，零件上的实际平面并非绝对理想的数学平面，其平面度误差会有一定影响（不会太大），加工时用一条直线代表整个平面还需要认真操作。同时，建议产品设计、工艺设计时应在两个预选的定位基准中，以方向要求较低的那个要素为第二定位基准。

2.3.3.2　图 2-14（b）所示基准体系的精度计算

第一定位基准平面 A 为 xOy 坐标平面，第二定位基准平面 C 的理论位置为 xOz 坐标平面，被加工要素平面 E 为平行于坐标平面 xOz 的平面。如图 2-17 所示，因第一、二基准间存在垂直度公差 $a_3/2r$，即实际的第二定位基准将绕 x 轴旋转 γ 角度，最大到达 $OGFD$ 位置。零件和夹具的第一基准完全贴合后，只能绕 z 轴旋转到第二基准上的一条直线与坐标系的 x 轴贴合为止。加工时由于可能产生的调整与加工误差等，使零件绕 z 轴旋转 β 角度，即旋转公差 $a_2/2r$，到达 $OHLK$ 位置。然后，加工被加工要素平面 E，保证其对第一定位基准的垂直度公差 $a_1/2r$，即绕 x 轴最大旋转 α 角度。因为零件已经到达 $OHLK$ 位置，可以近似认为被加工要素绕 OH 旋转了 α 角度（即 $a_1/2r$），到达 $OHPN$ 位置。可见，被加工要素 $OHPN$ 和第二定位基准（平面 $OGFD$）间的直接关系是被加工要素上的直线（OH）相对于定位直线（x 轴）绕 z 轴旋转了 β 角度，即公差 $a_2/2r$，该要求可以通过调整保证。但能不能保证被加工要素对第二定位基准间的平行度公差 $\delta_{\mathrm{N}}/2r$ 呢？因第一、二定位基准间存在垂直度公差 $a_3/2r$，限定了第二基准绕 x 轴旋转的量，如图 2-17 所示。

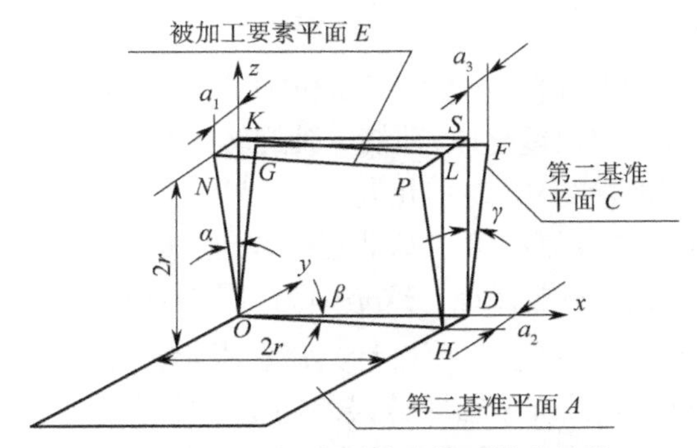

图 2-17　图 2-14（b）基准体系精度计算

第二基准平面上三点坐标为

$O(0,0,0)$

$G(0,a_3,2r)$

$D(2r,0,0)$

第二基准平面的方程式为

$$2ry - a_3 z = 0$$

被加工要素上的三点坐标为

O 点$(0,0,0)$

N 点$(0,-a_1,2r)$

H 点$(2r,-a_2,0)$

被加工要素方程式为

$$a_2 x + 2ry + a_1 z = 0$$

被加工要素和实际的第二基准间的夹角 θ,则

$$\cos\theta = \frac{4r^2 - a_1 a_3}{\sqrt{4r^2 + a_3^2}\sqrt{4r^2 + a_2^2 + a_1^2}}$$

如图 2-18 所示,两要素平行时的夹角余弦为

$$\cos\theta = \frac{2r}{\sqrt{4r^2 + \delta_N^2}} \tag{2-3}$$

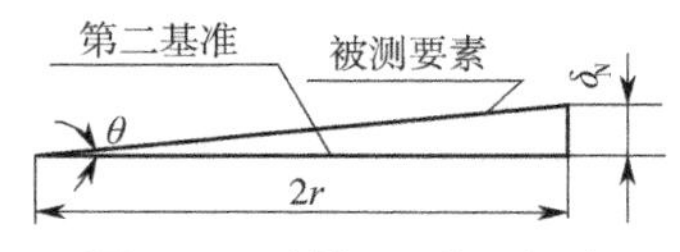

图 2-18　封闭环为平行度

则

$$\frac{4r^2 - a_1 a_3}{\sqrt{4r^2 + a_3^2}\sqrt{4r^2 + a_2^2 + a_1^2}} = \frac{2r}{\sqrt{4r^2 + \delta_N^2}}$$

整理、忽略高阶无穷小后,可得

$$\delta_N = \sqrt{a_2^2 + (a_1 + a_3)^2} \tag{2-4}$$

由上式可见,采用图 2-14(b)的基准体系定位加工平面 E 之后,平面 E 对第二基准平面 C 的平行度由两个不同方向的误差组成,即绕 x 轴旋转误差 a_1、a_3,以及绕 z 轴旋转误差 a_2。由于方向不同,应取矢量和,恰与式(2-4)相同。

由计算结果可见,被加工要素在第二基准定位方向上的精度(a_2)可以保证;被加工要素对第二基准的几何关系(δ_N)不能保证。这是因为(图 2-14(b))第二定位基准可以在两个旋转自由度上对被加工要素实施定位,而设计只需要限定被加工要素绕 z 轴旋转,绕 x 轴旋转已由第一定位基准控制,但是绕 x 轴旋转误差还是会传递到被加工要素上。选用这样的基准体系能不能保证产品要求?产品设计师应当认真思考。如果产品有这种要求,工艺设计时就需要想办法了。

2.3.3.3　三基面体系加工轴线的精度计算

若在三基面体系中被加工要素为轴线,又会产生图 2-19 所示的两种情况。经计算,如图 2-19(a)所示,两个基准对被加工要素的定位作用是相互补充、不相矛盾。可以按式

(2-2)计算;如图 2-19(b)所示,则必须按式(2-4)计算。计算方法相同,不再赘述。

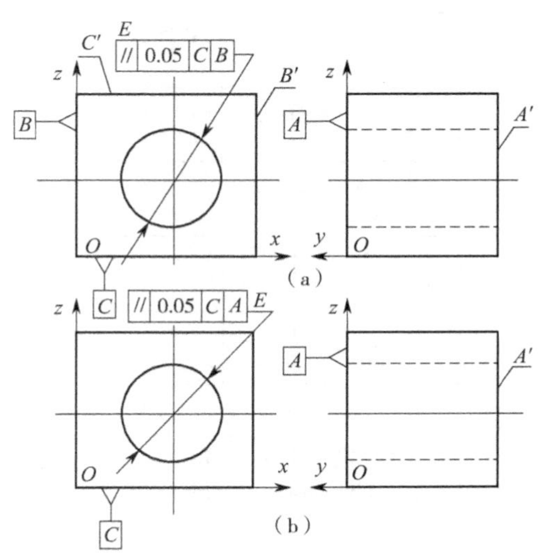

图 2-19　加工轴线的基准体系组合

(a)两基准相互补充定位的基准体系　(b)可能存在重复定位的基准体系

2.3.3.4　非三基面体系的讨论

机械产品上需要的基准体系多种多样,三基面体系仅是其中最常见的一种。在非三基面体系中,第一定位基准为轴线的情况多见,如图 2-20 所示。若第一定位基准采用轴线(孔轴线 A)、第二定位基准为平面,加工平面 E 时,只存在两种情况:如图 2-20(a)所示,被加工平面 E 对第一定位基准孔轴线的平行度公差 0.1 mm,限定平面 E 绕 z 轴的旋转,平面 E 对第二基准平面 B 的垂直度公差 0.1 mm,限定平面 E 绕 y 轴的旋转,两个定位基准相互补充,无重复定位,同时由于公差框格中的几何特征名称(平行度)已由第一定位基准决定,第二定位基准和被加工要素的垂直关系只能由其定位的自由度方向自然产生;如图 2-20(b)所示,被加工平面 E 对第一定位基准几何关系不变,平面 E 和第二定位基准平面 C 虽是平行关系(在公差框格中同名),可以限定平面 E 绕 y、z 轴旋转,但因绕 z 轴旋转已有第一定位基准控制,第二定位基准只能在绕 y 轴旋转自由度上起定位作用,加工之后也只能在绕 y 轴旋转方向上满足图纸要求,公差框格中平行度要求不代表平面 E 对整个平面 C 平行,也就是公差框格中的几何特征名称只说明平面 E 对第一基准的关系,与第二定位基准无关。

通过数学计算发现,当两个定位基准的定位作用相互补充时(图 2-20(a)),加工中按基准体系实施可以保证图纸要求,被加工要素对第二定位基准的几何关系采用式(2-2)计算。在产品设计时可以采用这种标注方法,工艺设计时应参照设计要求安排工艺。加工完成后应测量被加工要素对第二定位基准的几何关系,并评价是否合格;当两个定位基准存在相同定位方向的可能时(图 2-20(b)),第二定位基准只能补充第一定位基准的不足,只能在起定位作用的方向上达到要求。被加工要素对第二定位基准的几何关系采用式(2-4)计算。产品设计时慎重选用此种定位方法,工艺设计时应注意产品是否合格。

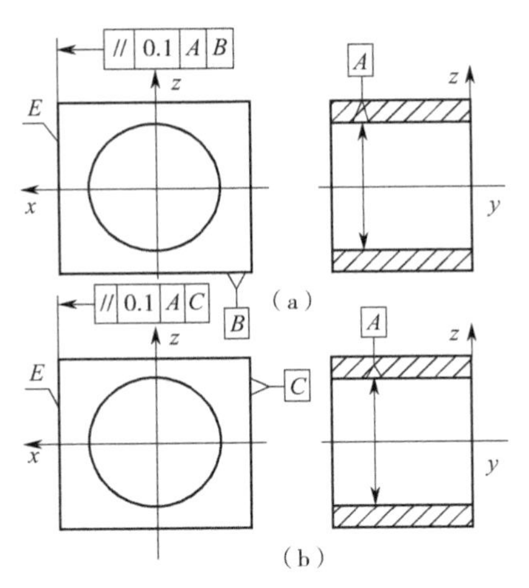

图 2-20 孔-面基准体系

(a)两基准相互补充定位的基准体系 (b)可能存在重复定位的基准体系

2.3.4 计算汇总

前面重点分析了在三基面体系中为控制平面、轴线的位置可能产生的不同标注而引起的质量保证情况，也讨论了第一定位基准为轴线时可能发生的不同标注，并进行了质量保证分析。可见，在产品图纸上或工艺安排中由于不同的标注方法，对产品质量存在较大的影响，产品设计、工艺设计时必须注意。尤其是加工中心、自动数控镗铣床的投入，需要机床工作台旋转，在一道工序中加工多个方向上的多个要素时，不同基准体系的使用对质量的影响不容忽视。另外，实践中定位基准体系可能是多种多样的，应该注意分析，千万不可忽视几何公差标注中基准体系对产品质量的影响。为了更好地使用基准体系，将其计算结果汇总于表 2-1 中。

表 2-1 定位基准体系汇总表

<table>
<tr><td colspan="2" rowspan="2"></td><td rowspan="2">行数</td><td colspan="2">第一定位基准</td><td colspan="3">第二定位基准</td><td colspan="2">被测要素</td><td rowspan="2">被测要素对第二定位基准的几何关系计算公式</td></tr>
<tr><td>Ⅰ①</td><td>Ⅱ②</td><td>Ⅲ③</td><td>Ⅳ④</td><td>Ⅴ⑤</td><td>Ⅵ⑥</td><td>Ⅶ⑦</td></tr>
<tr><td colspan="2">列数</td><td>1</td><td>2</td><td>3</td><td>4</td><td>5</td><td>6</td><td>7</td><td>8</td><td>9</td></tr>
<tr><td rowspan="4">定位形式</td><td>图 2-14(a)</td><td>2</td><td>绕 x</td><td>$\perp a_1$</td><td>绕 z</td><td>绕 z</td><td>$\perp \delta_N$</td><td rowspan="2">绕 x、z</td><td rowspan="2">a_2</td><td>$\delta_N=a_2$</td></tr>
<tr><td>图 2-14(b)</td><td>3</td><td>绕 x</td><td>$\perp a_1$</td><td>绕 x、z</td><td>绕 z</td><td>$// \delta_N$</td><td>$\delta_N=\sqrt{a_2^2+(a_1+a_3)^2}$</td></tr>
<tr><td>图 2-19(a)</td><td>4</td><td>绕 x</td><td>$// a_1$</td><td>绕 z</td><td>绕 z</td><td>$// \delta_N$</td><td rowspan="2">绕 x、z</td><td rowspan="2">a_2</td><td>$\delta_N=a_2$</td></tr>
<tr><td>图 2-19(b)</td><td>5</td><td>绕 x</td><td>$// a_1$</td><td>绕 x、z</td><td>绕 z</td><td>$\perp \delta_N$</td><td>$\delta_N=\sqrt{a_2^2+(a_1+a_3)^2}$</td></tr>
</table>

续表

		行数	第一定位基准		第二定位基准			被测要素		被测要素对第二定位基准的几何关系计算公式
			Ⅰ①	Ⅱ②	Ⅲ③	Ⅳ④	Ⅴ⑤	Ⅵ⑥	Ⅶ⑦	
定位形式	图 2-20(a)	6	绕 z	$// a_1$	绕 y	绕 y	$\perp \delta_N$	绕 y、z	a_2	$\delta_N = a_2$
	图 2-20(b)	7	绕 z	$// a_1$	绕 y、z	绕 y	$// \delta_N$			$\delta_N = \sqrt{a_2^2 + (a_1 + a_3)^2}$

注:①第一定位基准实际定位的旋转自由度方向;
②被测要素对第一定位基准的几何关系及其公差要求;
③第二定位基准在旋转自由度上具有定位能力的方向;
④第二定位基准实际起定位作用的旋转自由度方向;
⑤被测要素对第二定位基准应该具有的几何关系及其公差要求;
⑥被测要素需定位的旋转自由度方向;
⑦被测要素对第二定位基准上定位直线在 $2r$ 范围内的误差值;
a_1 为被测要素对第一定位基准的几何要求;
a_2 为被测要素对第二定位基准上定位直线的几何关系公差;
a_3 为第二定位基准对第一定位基准的几何公差;
δ_N 为被测要素对整个第二定位基准的几何要求公差。

表 2-1 使用说明如下。

(1)为便于工艺设计,机械产品图上最好只标注一条形位公差,确定其在旋转自由度上的位置。因每一个要素都需要在两个旋转自由度上决定其位置,当第一定位基准只能决定一个旋转自由度上的位置时,对于如何选择最合适的第二定位基准,以确定另一个自由度上的位置,表 2-1 可以帮助做出选择。

(2)表 2-1 中 2、4、6 三行,因 $\delta_N = a_2$,说明图 2-14(a)、图 2-19(a)、图 2-20(a)三种定位形式,也就是第二定位基准和被加工要素间只有一个相同的非恒定度方向,在产品设计、工艺设计时可选择上述图示标注。当然,作为基准要素的几何形状一定要严格控制。工序加工时被加工要素对第一、二定位基准的几何关系均应调整合格。工序实施后应检验被加工要素对第一、二定位基准间的几何关系都合格后放行。

(3)公差框格中显示的几何特征符号只是被测要素对第一定位基准的关系。被加工要素对第二定位基准的几何关系,应根据产品图纸判断。公差框格中标注的几何公差值是被加工要素对第一、二定位基准(定位直线)都适用的几何要求值,否则需做出特殊说明,或另行标注。

(4)从表 2-1 中的计算公式可见,基准体系的选择也需注意“误差的同度等量传递原则”。

(5)当第二定位基准、被加工要素在旋转自由度方向上具有两个相同的非恒定度方向时,实际上只能在一个旋转自由度方向起定位作用(如表 2-1 中 3、5、7 三行),在产品设计、工艺设计时尽量不要采用。但是,加工中心、镗铣床在一道工序中通过机床工作台的旋转可加工多个方向上的多个要素时,此三种定位形式可能难以避免。如图 2-21 所示,在第一工步加工平面 2 后,已经产生绕 z 轴的旋转误差,机床工作台绕 y 轴旋转 180°,平面 2 到达 3 位置,加工并获得被加工平面 4。如果平面 2 作为第二基准控制平面 4 的旋转自由度上的位置，就应用了这种基准体系。工艺人员设计工艺时必须注意表 2-1 所示的情况。为了引起注意，在绘制工序几何误差链总图时画成虚线给予警示。

（6）表 2-1 只选择机械产品设计中经常遇到的基准体系进行讨论，并未针对基准体系出现的全部可能一一讨论。在机械产品、工艺设计过程中，凡遇到第一定位基准只能限定被测要素在一个旋转自由度上的位置，另一个旋转自由度上的位置必须由第二定位基准限定时，可结合本节讨论仔细酌定第二定位基准。

（7）在选择基准体系时要注意与尺寸标注采用的基准体系统一。

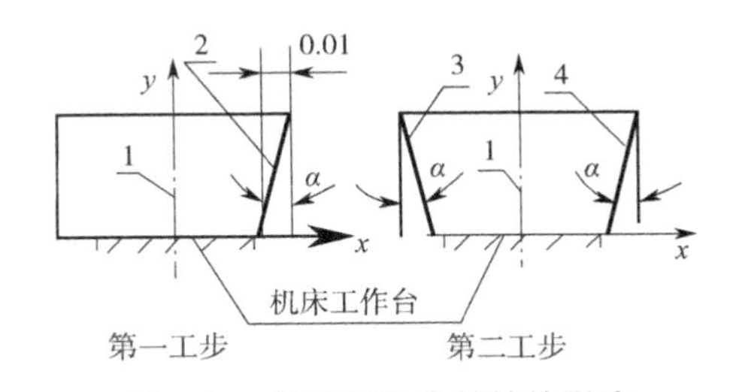

图 2-21 机床工作台旋转的影响

1—工作台旋转中心；2—第二基准；3—基准旋转 180°；4—被加工要素

2.4 几何公差标注

前面讨论了牌坊图纸上的几何公差标注存在重复标注与漏标情况，也发现基准体系使用中的问题，并做了详细讨论。下面研究几何公差标注。

2.4.1 建立基准体系

大部分机械产品上都有一个或几个主要件或关键件，在这些零件上安装着多个零件、部件或组件。为使该产品协调运行，这些零件、部件或组件间所处的位置必须准确，也就是主要件上各要素间的几何关系必须准确。按未注公差实施不能达到要求，就必须首先确定一个准确的坐标系，以确定这些要素的位置。所以，在产品设计时为确定零件上各重要要素在空间的位置，必须有意识地建立基准体系。当然，零件上的要素很多，不可能也不应该对所有要素都给予严格的尺寸、方向、位置、跳动要求，以免增加投入成本。因此，就应对零件上的要素进行分类。

2.4.2 要素重要度分类

机械产品上的要素很多，有的十分重要，必须严格控制其位置。例如，牌坊上的平面 B，其在旋转自由度上的位置稍有变化，对产品性能就有很大影响，故而以其位置作为设计基准使用；有的要素则必须标明其与平面 B 在旋转自由度上的位置关系，以确保产品能正常工作；还有一些要素根据行业习惯、尺寸及视图就能确定要素在旋转自由度上的位置，不必给出严格要求。综上所述，对要素做如下分类。

2.4.2.1　重要要素

重要要素指在机械产品上起重要作用的，空间位置必须准确限定的要素。例如图 2-2 上的平面 *B* 是整个产品的安装基准，确保两个牌坊间的相互关系，以确保产品能正常工作。设计者又选用牌坊上的平面 *E*、*E′* 为组成要素，产生的导出要素平面 *C* 为确定四根轴轴线以及各部件合适位置的设计基准，保证轧机能够平稳运转，甚至应考虑可以选作工艺定位基准的要素，如平面 *M* 作为工艺设计时的主要定位基准最稳当、合适。

牌坊的重要要素按现场使用的图纸看来有平面 *B*、*C*、*D*、*D′*、*E*、*E′*、*F*、*F′*、*H*、*H′* 等。但平面 *C* 为导出要素，其位置因平面 *E*、*E′* 的位置确定而确定，也就是平面 *C* 并不是独立的要素，在标注位置要求时平面 *C* 暂不考虑。机械产品图上未标出平面 *M* 在旋转自由度上的位置，也就是未把平面 *M* 列为重要要素。图纸上还有几个标注了方向、位置、跳动要求的要素，暂列为一般要素。

2.4.2.2　一般要素

一般要素在机械产品上作用较重要，或必须准确确定两个旋转自由度上的位置，或必须准确确定一个旋转自由度上的位置而另一个旋转自由度上的位置可不要求的要素。牌坊图纸上显示的一般要素有平面 *A*、*G* 等。

2.4.2.3　次要要素

次要要素指在旋转自由度上的位置可不明确的要素，如圆角、倒角、铸造表面、一些零件外形表面等。例如，牌坊图纸上尺寸 3 250 mm 表示牌坊的宽度，两侧面在旋转自由度上的位置就不必严格要求。如果其超出了尺寸 3 250 mm 的未注公差范围，应按不合格品处理。所以，这些要素可不标注方向、位置、跳动要求，而作为次要要素。

2.4.3　自由度分析

2.4.3.1　要素的自由度分析

如图 2-2 所示，平面 *B* 实际为坐标平面 xOy，在绕 x、y 轴的旋转自由度上是基准；平面 *E* 为平行于坐标平面 yOz 的平面，限定绕 y、z 轴旋转自由度；轴线 *G* 平行于 z 轴，绕 x、y 轴的旋转将改变其空间位置。

每一个平面、直线要素，都需要在两个旋转自由度上才能准确确定其空间位置。

2.4.3.2　方向、位置、跳动要求的自由度分析

如图 2-2 所示，平面 *E* 对平面 *B* 的垂直度，以平面 *B* 为基准，该垂直度要求限定平面 *E* 绕 y 轴的旋转；平面 *E*、*E′* 间的平行度（新版标准废止的标注方法），若以平面 *E* 为基准，则限定平面 *E′* 绕 y、z 轴的旋转。

如图 2-2 所示，平面 *H*、*H′* 的中心平面对平面 *C* 的对称度，前面已经讨论，以平面 *C* 为基准。该要求限定了平面 *H*、*H′* 的中心平面可以沿 x 轴平移，也可以绕 y、z 轴旋转。只要该中心平面在三个运动方向产生的位置误差之和不超过公差范围都属合格品。但中心平面并非实际存在的要素，该条要求只能体现在对两个组成要素的控制上。但一条几何要求只能控制一个要素的两个旋转自由度方向上的位置，对平面 *H*、*H′* 还需要增加两个旋转自由度上的位置控制。

2.4.4 方向、位置、跳动要求标注必须遵守的要求

根据尺寸标注的经验，可做出方向、位置、跳动要求标注必须遵守的规定，要素仍是机械产品上应用最多的垂直或平行于坐标平面的平面或轴线。

（1）尺寸标注中尺寸线两端的要素可以互为基准；方向、位置、跳动要求标注中的基准、被测要素非常明确，一般情况下不能混淆。

（2）方向要求反映出要素在旋转自由度上的位置，位置、跳动要求可能反映出要素在平移、旋转自由度上的位置，应结合具体情况分析。

（3）欲准确限定每一个要素在空间的位置，必须在两个旋转自由度上予以限定。但是，当不影响机械产品性能时，要素在旋转自由度上的位置允许不予限定。

（4）同一个旋转自由度上的要素只能有一个要素为基准要素，其他要素都必须与该基准要素或与已经确定位置的要素相关。一个要素上最好标注一条方向、位置、跳动要求，以限定其在一个或两个旋转自由度上的位置。

（5）任何一个要素最多可以标注两条方向、位置、跳动要求。若标注两条，每一条只能在不同的旋转自由度上限定被测要素的位置。工艺设计时，两条方向、位置、跳动要求的定位基准可组成基准体系，在一道工序中加工。如果遇到基准体系中的第二定位基准可以限定被测要素在两个旋转自由度上的位置，也只能保证被测要素需要第二定位基准的定位方向上的精度要求。

（6）执行相关标准规定。

2.4.5 牌坊标注的修改

方向、位置、跳动公差标注方案与尺寸标注方案一样有很多种，此处只是提出一种标注的思考方法。修改在尊重原设计意图的条件下进行，修改还必须遵守国家标准的有关规定，不符合国家标准的一定要调整！

2.4.5.1 建立坐标系

机械产品设计时，为使机械产品上要素的空间位置更准确，应建立一个准确、统一的基准体系。当然，可以按三个尺寸标注方向为坐标系的三轴方向。对于重要零件应该明确具体的要素为代表，使零件上的各要素都与其（或已经确定位置的要素）有明确的位置要求。

如图 2-2 所示，牌坊在轧机上是重要零件，其位置决定了整个轧机的运行。前面已经讨论，仅用平面 B、C 不能确定三维方向，同时平面 C 的位置并不准确，随着平面 E、E' 位置变化而变化，在加工、检验、装配时难以准确定位。所以，设计牌坊图纸时应考虑如何建立坐标系。根据零件功能，认为平面 B 是整个产品的安装基准，其作用非常重要，选其为一个设计基准；而导出要素平面 C 为另一个设计基准并不是理想的选择。因为平面 C 并不是一个实实在在的平面，它是由平面 E、E' 共同生成的。平面 E 或 E' 位置的任何变动，都会引起基准的变化；而且零件加工、测量时，并不容易获得准确的基准位置，要素的位置也就难以控制。为尊重设计意图，仍选用平面 C 为另一个设计基准。零件上平面 M 比较大，作为加工时的工序定位基准较为可靠、稳当，选作第三个基准最合适。这三个相互垂直的平面组成基准体系，决定其他各要素在空间的位置较为理想。因此，此时对几何要求做如下变化：原平

面 E 对平面 B 的垂直度 0.06 mm。取消“两侧”的规定，仅限定平面 E 绕 y 轴旋转；增加第二定位基准 M 控制平面 E 绕 z 轴的旋转，即改为平面 E 对平面 B、平面 M 的垂直度 0.03 mm 的要求；增加平面 M 对平面 B 的垂直度要求 0.03 mm，限制平面 M 绕 x 轴的旋转。至此明确了三个相互垂直的平面 B、E、M，建立起坐标系。

2.4.5.2　消除重复标注

根据前面讨论可知，原平面 E' 对平面 B 的垂直度 0.06 mm 取消，原平面 E、E' 间平行度 0.03 mm。原标注也不符合新国标的要求。所以，修改为平面 E' 对平面 E 的平行度 0.03 mm，限定平面 E' 绕 y、z 轴旋转自由度上的位置。

前面讨论时提及：平面 H、H' 的中心平面对平面 C 的对称度 0.03 mm 的要求，观察对称度的箭头指向两平面 H、H'。但该要求对两平面 H、H' 在绕 y、z 轴的旋转自由度上的位置并不都具有约束力，只能在平面 H、H' 的其中之一位置明确之后，确定另一平面的位置。如图 2-22 所示，提供了两种标注方法（供参考）。如图 2-22（a）所示，平面 H 对以平面 B 为第一定位基准、平面 M 为第二定位基准的垂直度 0.03 mm 的要求，平面 H 的空间位置确定后，再凭对称度可以确定平面 H' 的空间位置；如图 2-22（b）所示，实际上是以对称度要求确定平面 H 绕 y、z 轴的旋转，再保证平面 H' 对平面 H 的平行度。牌坊图纸的修改采用图 2-22（a）的标注方法。

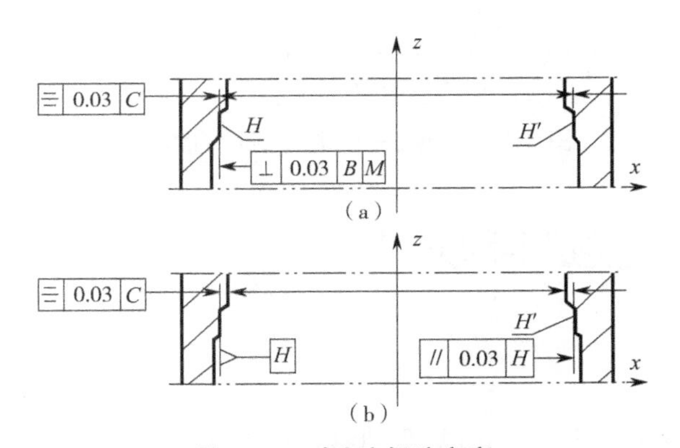

图 2-22　对称度标注方案

（a）利用对称度确定平面 H' 的位置　（b）利用对称度确定平面 H 的位置

注：各要素的代号在图 2-2 中已标明。

此处只是介绍方向、位置、跳动公差标注的思考方法。牌坊图纸上还有许多其他标注，可按同样方法处理。牌坊图纸上平面 H、H' 几何公差标注方法修改后的图纸如图 2-23 所示，图纸上其他表面的标注也按相同方法处理。

从上述现场使用的牌坊、轴承座的图纸可见，零件图上仅使用方向要求时较容易避免重复标注，若使用位置要求后（主要是对称度），易发生重复标注现象。

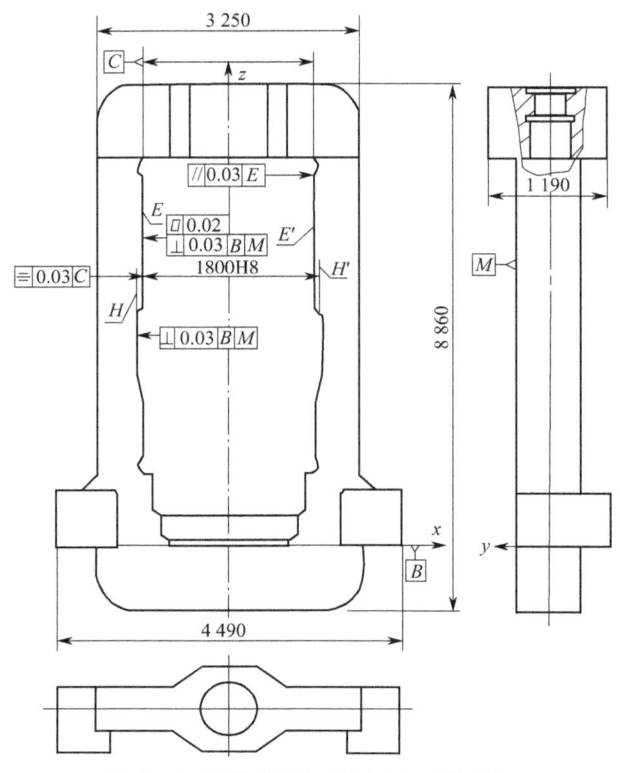

图 2-23 形位公差标注改进后的牌坊图

2.5 其他需要注意的事项

2.5.1 按标准要求标注

《产品几何技术规范（GPS）几何公差 形状、方向、位置和跳动公差标注》（GB/T 1182—2018）对几何要求的标注方法做了详细规定，应遵照执行。

2.5.2 关于导出要素

国标《产品几何技术规范（GPS）几何公差 基准和基准体系》（GB/T 17851—2022）规定，导出要素的定义为由一个或几个组成要素得到的中心点、中心线或中心面。

由此定义看，导出要素并非实际存在的要素，而是由一个或几个组成要素得到的点、线、面，如圆柱体、圆锥体的轴线、球心等。其中，圆柱体是机械行业最常用的要素之一，所以有关圆柱体的加工、测量以及用圆柱体定位、夹紧等的方法都已十分健全。近年来，相关标准的进一步深化，为了把圆柱体和其他要素间在旋转自由度上的位置关系清楚表示在图纸上，引入了导出要素的概念。于是，实践中导出要素又迅速扩充到平面要素。例如，组成要素为两个平面，导出要素为两个平面的中心平面。目前，其加工生成、检验、定位以及夹紧等，尚无合适的方法、工具、设备可供利用，质量保证方法尚待完善。产品设计时使用导出要素还是慎重些更好。

2.5.3　图纸的工艺性

机械产品设计是为了使用，若不能加工获得这种产品，设计也就失去了意义。所以，机械设计应该认真思考如何在保证产品性能的情况下，使设计的产品具有较好的工艺性。

如图 2-24 所示，因尺寸与角度的精度要求并不高，斜面的尺寸控制准确度也不会太好，*C*、*D* 两点是平面与斜面相交的点，图纸要求 *C*、*D* 两点对孔轴线的对称度 0.05 mm。因寻找 *C*、*D* 两点不易，测量起来更为困难，对称度评价也难以准确。尽管目前设备条件较好，调整可以数字控制，图纸上最好不要这样标注。前面曾讨论过的导出要素使用也需要注意。例如，行业中使用孔、轴的轴线的时间很长，且有较多的工具保证。用孔轴线定位时可用分级心轴、锥度心轴、自动定心心轴等。用轴定位时，可用弹簧夹头、自动定心夹盘等，均有自动定心作用。即使如此，用孔、轴的轴线定位加工其他要素时的精度也逊于平面定位，生产中的使用也受限。若产品中使用两平面作为组成要素产生的导出要素为基准或被测要素，配套用的工具、量具都没有那么合适的可供使用，精度就不易保证。所以，产品中使用还是慎重些好！前面也曾讨论过，重复标注与漏标也会给加工带来困难，故应避免。

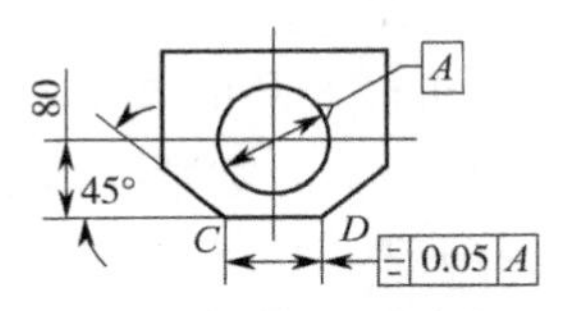

图 2-24　标注的工艺性

第 3 章　几何误差链的建立

3.1　几何误差链介绍

机械产品都是由许多处于各种不同位置的要素组成的，这些要素在旋转自由度上的位置用方向、位置、跳动关系描述，而赋予要素的方向、位置、跳动要求都不会制造得准确无误，一般都存在误差，且是几何误差中的一部分。这些旋转自由度上的位置误差都密切而有序地联系在一起，组成了几何误差链。

例如，在产品设计时，如果给出了轴套两端面对内孔轴线的垂直度均是 0.02 mm（图 3-1（a）），两端面的平行度在图纸上不应再有要求，也只能在 0~0.04 mm 变化。同样，如图 3-1（b）所示，若设计给出轴套两端面间的平行度是 0.02 mm，一个端面对内孔轴线的垂直度是 0.02 mm，轴套另一个端面对内孔轴线的垂直度也只能在 0~0.04 mm 变化。由此可见，这三条几何要求组成了一条几何误差链。机械产品的装配也同样如此，如图 3-2（a）所示，当两个小轴装入一个零件的孔中后，如孔与小轴外圆紧配（或间隙很小），小轴装入孔中后必然是轴、孔轴线贴合，两个小轴只能是 *M* 点接触。装配后两小轴对外显示：①小轴在孔中是以外圆定位的，外圆为其装配基准；② 两小轴对外的反映是 1、4 面的平行度误差，该误差应是 1 面对外圆轴线的垂直度误差和 4 面对外圆轴线的垂直度误差之和。如图 3-2（b）所示，若轴孔配合较松，两小轴在孔内可做少量旋转，达到 2′、3′ 两面完全贴合，那么小轴在孔中的位置就由其端面决定。因此，小轴的装配基准就是两平面。两小轴 1′、4′ 面的平行度误差应是 1′、2′ 面与 3′、4′ 面的平行度之和。由此可见，这三个零件装配后，对外产生影响的平行度误差就像一根链条一样由其他两个几何关系决定。当已知任意两个几何关系后，第三条几何关系就已确定。各个组成环由装配基准联系，并形成一条相互联系的几何关系链，称为装配几何误差链。机械零件加工中的几何误差也会组成几何误差链。如图 3-3 所示为轴套的加工，10 序用弹簧夹头夹外圆，精车端面、内孔、倒角，除保证工序尺寸外，还需保证端面（*B*）对外圆轴线的垂直度 0.04 mm。20 序在平面磨床上将零件上的 *B* 面紧贴在磁力夹盘上磨削平面 *C*，保证平面 *C* 对平面 *B* 的平行度 0.01 mm。加工后平面 *C* 对外圆轴线的垂直度是多少呢？由于平面 *B* 对外圆轴线的垂直度是 0.04 mm，平面 *C* 对平面 *B* 的平行度是 0.01 mm，平面 *C* 对外圆轴线的垂直度有可能达到 0.05 mm。若按自由度分析，10 序的工序几何要求限定了平面 *B* 在绕 *y*、*z* 轴旋转自由度上的位置；20 序的工序几何要求也限定了平面 *C* 在绕 *y*、*z* 轴旋转自由度上的位置。封闭环是平面 *C* 对外圆轴线的垂直度，恰好也限定了被测要素绕 *y*、*z* 轴旋转自由度上的位置，均在相同的自由度上。

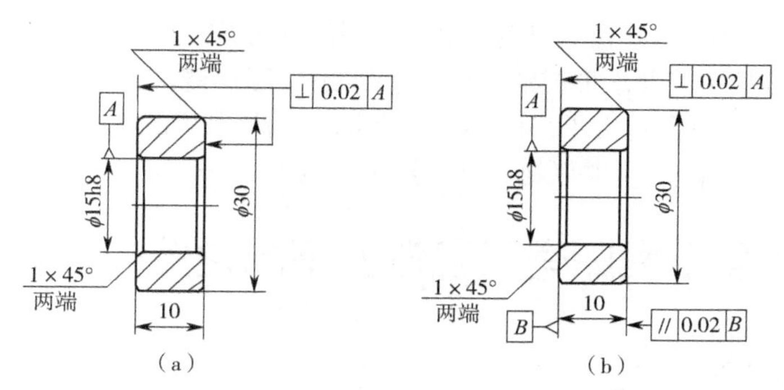

图 3-1　轴套的几何误差链

(a)分图 1　(b)分图 2

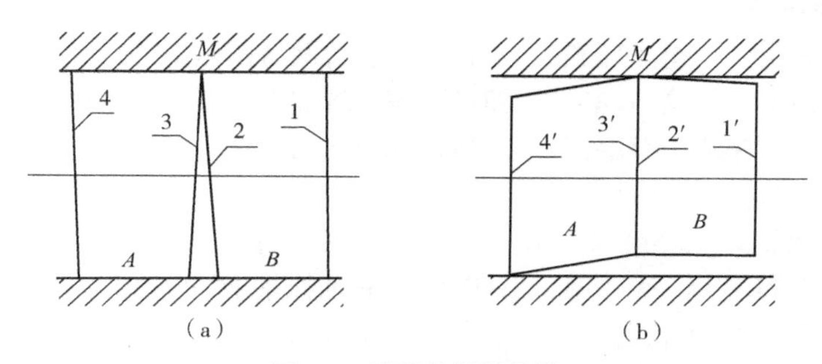

图 3-2　装配几何误差链

(a)孔与小轴外圆紧配　(b)轴孔配合较松

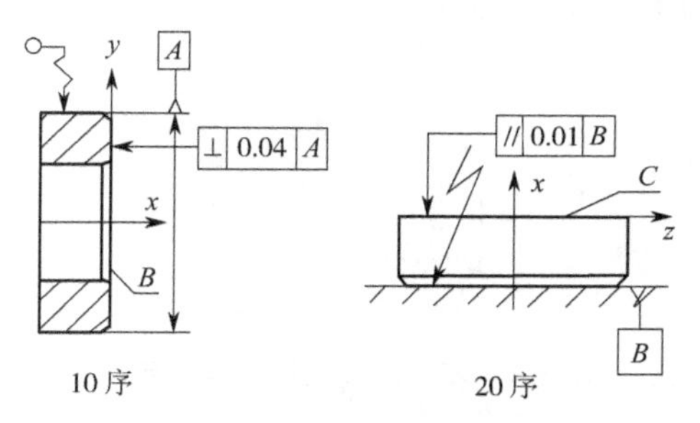

图 3-3　工序几何误差链

注：为弹簧夹头；为电磁夹紧。

上述零件设计、装配工艺设计以及加工工艺设计都涉及几何误差链，它们有以下共同的特点：

(1)几何误差链是将各个几何要求通过基准联系起来的一条封闭的链条；

(2)几何误差链的建立必须在同一自由度上。

几何误差(方向、位置、跳动要求)链建立之后，通过研究发现它们和尺寸链有许多相同的性质：

(1)用途相同，如装配几何误差链和装配尺寸链都可用于产品设计和装配工艺设计，工序尺寸链和工序几何误差链都可用于机加工工艺设计；

（2）建立的方法相同，都是通过基准将各个几何关系联系在一起，并组成链条的，工序链总图的建立都是按工艺要求形成的先后次序绘制的，工序链都是用追踪方法查找建立的；

（3）组成相同，都包含组成环、封闭环，以及组成环、封闭环的确定方法等；

（4）分类相同，如串联链、并联链，装配链、工序链，三环链、多环链等。

3.2　几何误差链和原有工艺链的不同之处

3.2.1　几何误差链的分类

为了满足几何误差链（工序几何误差链更为明显）的特殊需要，对其做如下分类。

3.2.1.1　按链的用途分

因为两环链是由一个组成环和一个封闭环组成，两者的基准与被测要素相同，即工序几何要求和设计几何要求相同，不必计算即可有解。若加工后不能达到设计要求，只能通过改变设计要求或提高工序能力解决，所以未列入其中。

1. 基准不变几何误差三环链

基准不变几何误差三环链只能由三环组成，即两个组成环、一个封闭环。基准不变，说明两个组成环的基准是统一的。就工序几何误差链来讲，两个被加工要素是在两道工序中加工，且两道工序的定位基准体系相同。如图 3-4 所示，两个被加工要素（B、C），两道工序的主要定位基准都是 A，并且封闭环是两道工序的被加工要素（B、C）间的几何关系（Δ）。由此产生的工艺链，就是基准不变三环链。因为两个被加工要素是在两个相同的定位基准体系中产生的，所以两个被加工要素的方程式也就在相同的坐标系中建立，可以直接进行比较并计算。

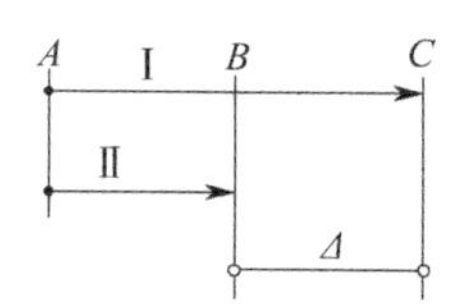

图 3-4　基准不变三环几何误差链

由于图 3-4 中的 A 只是定位基准体系中的主要定位基准，基准体系由多个要素组成，A 并不能代表整个基准体系，基准 A 不变，不能说整个基准体系不变，更不能说坐标系不变。前面已经讨论，主要定位基准是平面的，该平面为坐标系的 xOy 坐标平面；主要定位基准是轴线的，该轴线为坐标系的 z 坐标轴。所以，基准 A 不变是坐标系的 xOy 坐标平面（或 z 轴）不变。次要定位基准改变，可能引起坐标系的 x、y 轴位置变化，而 x、y 轴位置的变化，只能引起坐标系围绕 z 轴旋转一个角度。恰如图 1-2 所示，由于两销子孔位置的变化引起了工艺坐标系 x'、y' 轴绕 z' 轴旋转一个角度。但在工序实施时，操作者必须调整机床，达到工艺文件要求时才能进行加工，即达到符合基本坐标系（$O\text{-}xyz$）的要求后加工。所以，按第 1 章确立的要素方程式可以直接应用于工艺计算。

另外，若主要定位基准平面 A 只能在一个旋转自由度上定位，被加工要素的另一个非恒定度方向必须用其他要素定位，在绘制几何误差链总图时必须另有标示。被加工要素的位置可以追索出另一工序几何误差链。

2. 基准递变几何误差三环链

基准递变几何误差三环链由三环组成，零件在不同的工序中加工不同的要素，且各工序中的主要定位基准都不同。前道工序加工出的要素是后道工序的主要定位基准，一道工序一道工序地传递下去。封闭环是第一道工序的主要定位基准和最后一道工序所产生的被加工要素间的关系。这样的工艺链，就是基准递变几何误差链。如图 3-5(a)所示，Ⅰ、Ⅱ是组成环，Δ 是封闭环。这种链可能是三环链，也可能是多环链。由于每道工序的主要定位基准都在变化，研究每道工序的被加工要素的坐标系也必然发生变化。每道工序产生的被加工要素的方程式就存在于不同的坐标系中，即封闭环的两相关联要素的方程式，一个存在于第一个坐标系中，另一个存在于最后一个坐标系中，必须在坐标变换后才能进行运算。

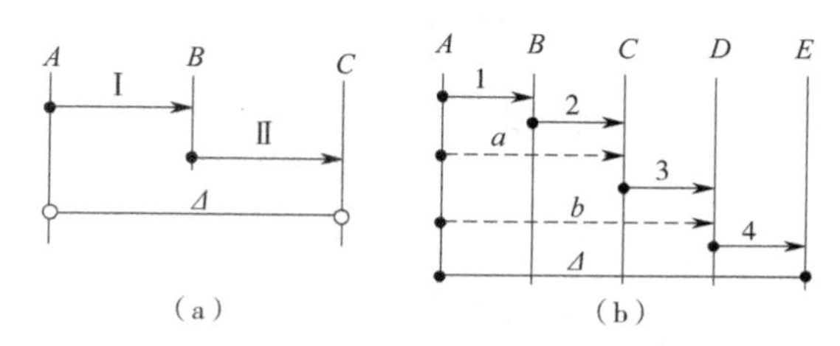

(a)　　(b)

图 3-5　基准递变三环几何误差链

(a)基准递变三环链　(b)基准递变多环链

封闭环的一个要素(若是平面)存在于第一个坐标系中，且是第一个坐标系的 xOy 坐标平面，在第一个坐标系中加工获得第二要素，第二要素和第一个坐标系的关系是明确的；并以第二要素为 xOy 坐标平面建立第二个坐标系，又在第二个坐标系中加工获得第三要素，第三要素与第二个坐标系的关系是明确的。同样，第三要素和第一个坐标系的关系也很明确。关系明确为坐标变换提供了条件，使计算封闭环成为可能。

此处单独把三环链列出，主要是为了工序几何误差链的设计与计算。例如，图 3-5(b)所示的五环链，计算时可以先以 1、2 两组成环与 A、C 两要素间的几何关系 a 为封闭环，组成基准递变三环链进行计算，获得 A、C 两要素间的几何关系 a 值；再以 3、a 两组成环与 A、D 两要素间的几何关系 b 为封闭环，又组成基准递变三环链求解，最后计算出五环链封闭环 Δ 值。

3. 混合型链

如图 3-6(a)所示为四环几何误差链，其中要素 B 和 C、C 和 D 间的几何关系 2、3 可视作组成环，要素 B、D 间的几何关系 a 可视为封闭环，三者组成一条基准递变三环链。在要素 A、B、D 中，A、B 间的几何关系 1 和前一个基准递变三环链封闭环 a(B、D 间的几何关系)为组成环，A、D 间的几何关系 Δ 为该基准不变三环链的封闭环，又是四环几何误差链的封闭环。可以看到，该链中有基准递变三环链，也有基准不变三环链，称为混合型链。这样的链都多为三环，其中只能有一个基准不变三环链，其余都是基准递变三环链。其计算时最好先计算基准递变三环链，再计算基准不变三环链。

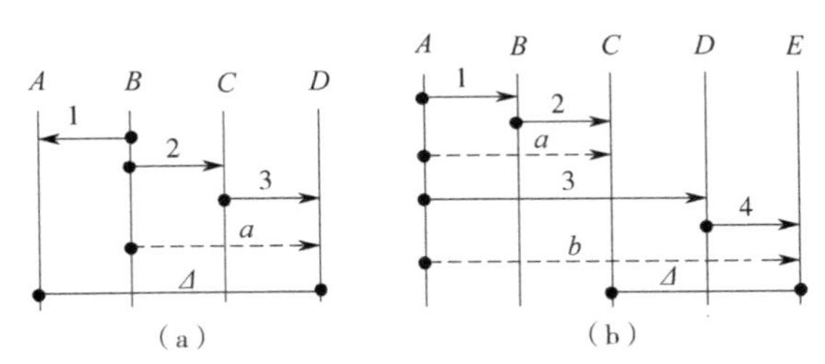

图 3-6 基准递变多环几何误差链

(a)基准递变四环链 (b)基准递变五环链

3.2.1.2 按链的环数分

1. 三环链

三环链的总环数是三,即有两个组成环、一个封闭环。基准不变三环链和基准递变三环链是典型的代表。三环链在工序几何误差链的计算中应用较多。将三环链独立出来,主要是针对工序几何误差链的计算而采取的,它是工序几何误差链的解析计算基础。在机械设计、工艺设计中也存在二环链,由于其计算简单、方便,故未独立列出。

2. 多环链

多环链的总环数超过三,但只有一个封闭环。设 n 是工艺链的总环数(多环链的 $n\geqslant4$),则组成环有($n-1$)个。应当指出,在几何链的计算中,三环链是计算的基础,多环链是由两个或两个以上的三环链组成的。

多环链有三种形式:① 基准递变链,如图 3-5(b)所示;② 一条基准递变链和一条基准不变三环链组成,如图 3-6(a)所示;③两条基准递变链和一条基准不变三环链组成,如图 3-6(b)所示。计算时应先按基准递变三环链逐个计算,最后计算基准不变三环链。

如图 3-5(b)所示基准递变链中,在 1、2、3、4 四个组成环中,前一个组成环产生的被加工要素是产生后一个组成环的主要定位基准,封闭环是最后一个组成环的被加工要素对第一个组成环的主要定位基准间的几何关系 $\varDelta$,五个环形成几何误差链。在计算时,可以由 1、2 两组成环计算获得要素 A、C 间的几何关系 a(因其并不存在,采用虚线表示,其余均相同),再由 a 和组成环 3 计算获得要素 A、D 间的几何关系 b;最后由 b 和组成环 4 计算获得要素 A、E 间的几何关系 $\varDelta$,完成该五环几何误差链的计算。

图 3-6(a)所示混合型链,在计算时,先计算要素 B、C、D 组成的基准递变三环链,计算获得要素 B、D 间的几何关系 a 和另一组成环 1 与几何链的封闭环 $\varDelta$ 组成一基准不变三环链。

图 3-6(b)所示混合型链,其中要素 A、B、C 组成一基准递变链,要素 A、D、E 又组成一基准递变链,最后以这两条链的终端要素(C、E)间的几何关系组成基准不变三环链。计算时,由组成环 1 、2 计算获得 A、C 间的几何关系 a,再由组成环 3 、4 计算获得 A、E 间的几何关系 b,最后以 a、b 计算封闭环 $\varDelta$。

由此可见,多环链的计算相当繁杂,有时还可能涉及误差方向的独立与相关,使封闭环的误差计算更加不便。

3.2.2 几何误差链的应用

几何误差链的应用和尺寸链的应用十分相似,在产品设计、装配工艺设计、机加工工艺设计中都是设计人员的有力工具，但必须关注几何误差链与尺寸链在应用中的不同。

（1）在所研究的要素中，每一个要素都必须在两个旋转自由度上控制位置，其几何要求可能涉及一个也可能涉及两个旋转自由度。讨论零件上所有要素间几何关系的几何误差链，常涉及三维空间。

（2）每一个机械产品或零件上的所有要素之间不一定存在尺寸联系；但在旋转自由度上都存在几何关系。

（3）尺寸链的计算需要计算具体尺寸，也需要计算其误差值；但几何误差链计算只计算误差值，要素的具体位置可从视图识别。

（4）机械行业中设计工艺时加工余量一般只由工序尺寸及其公差计算获得。经过分析后，旋转自由度上的误差对加工余量的影响不容忽视。

3.3　几何误差链建立

3.3.1　装配几何误差链的建立

建立装配几何误差链的作用，除帮助装配工艺设计外，还可以帮助完成机械产品设计任务。当机械产品的用途已知，如图 3-7 所示钻模，必须保证钻套孔轴线 A 垂直于平面 B，才能保证被加工零件加工后达到设计要求。例如，钻套孔轴线 A 对钻模底座上平面 B 的垂直度 ϕ0.03 mm，而轴线 A、平面 B 存在于两个并不相互接触的零件上，只能通过装配几何误差链（本节后部有讨论）找到它们之间的联系，即找到哪些零件上的哪些几何要求直接影响该条几何要求，并通过计算定量地确定相关零件的相关几何要求的值，并且将它们综合起来恰好达到垂直度 ϕ0.03 mm 的产品需要，顺利完成产品的设计任务，并交付生产。当然，也为实现 CAD、CAM 提供了条件。若没有装配几何误差链，设计者只能根据自己的经验设计，难以保证确定的各条几何要求都最合理。

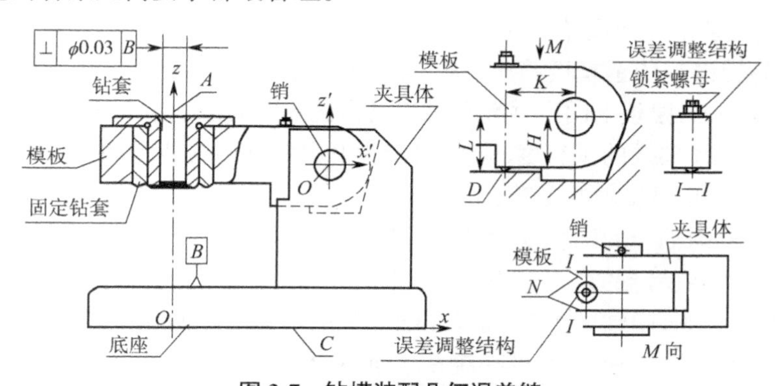

图 3-7　钻模装配几何误差链

例 3-1　以较为简单的钻模（图 3-7）为例讨论，钻模的要求必须保证钻套孔轴线 A 垂直于钻模底座上平面 B（即封闭环），因为只有孔轴线 A 与平面 B 垂直才能加工出合格的零件。该要求限定钻套孔轴线 A 绕 x、y 轴旋转自由度上的位置。查找装配几何误差链应从封闭环两端零件之一上的封闭环要素开始，用最短路线查找到封闭环的另一个零件上的另一个要素为止。按零件查找装配几何误差链的路径:底座→夹具体→销→模板→固定钻套→钻套。

装配几何误差链从钻模底座的平面 *B* 开始,平面 *B* 是被加工零件安装区域,也是零件在钻模上的基准平面,底座的平面 *C* 是钻模放在钻床工作台上的基准平面。所以,平面 *B* 上被加工零件安装区域对平面 *C* 的平行度便是第一个组成环,限定了平面 *B* 上被加工零件安装区域的绕 *x*、*y* 轴旋转自由度上的位置;而平面 *C* 对平面 *B* 上夹具体的安装区域的平行度,看起来应该是第二个组成环,该环限定被测要素(平面 *B*)绕 *x*、*y* 轴的旋转,恰和封闭环相同,并把几何误差从钻模底座平面 *C* 传递到夹具体的平面 *B* 上。其实际上不属于装配几何误差链,因为平面 *C* 不在装配几何误差链最短路线上,也就是平面 *C* 离封闭环的终端更远了。平面 *B* 上被加工零件的安装区域、夹具体的安装区域在钻模底座的同一个平面上,两个区域可以一次加工而成,两个区域间的平行度可以视作为一环。但因为钻模不大、加工精细、误差很小,而忽略不计。同时,其也不符合建立装配几何误差链的最少环数原则——与装配几何误差链相关的每一个零件在相同的方向上最好只有一个组成环,而寻找的两个组成环在同一个零件上的同一要素。

装配几何误差链的第一个组成环是平面 *B* 上被加工零件的安装区域、夹具体的安装区域间的平行度,忽略不计。

夹具体上销子孔的两端是销子的安装基准,所以销子孔两端的轴线对夹具体平面 *B* 的平行度应是装配几何误差链的第二个组成环,并把误差传递到销孔轴线处。因绕 *y* 轴旋转是销孔轴线的恒定度方向,不能传递误差,故确定第二个组成环为销孔轴线对夹具体平面 *B* 的平行度允差 0.015 mm/100 mm,限定销孔轴线绕 *x* 轴的旋转。绕 *y* 轴旋转自由度上的装配几何误差链至此中断,将有另外的路径,后面补充讨论。

装配几何误差链的销子中间是模板的装配基准,销子两端是销子装在夹具体上的基准,所以销子中间对两端轴线的同轴度以及两处的配合间隙可能造成模板绕 *x*、*z* 轴的旋转。绕 *x* 轴的旋转引起封闭环精度改变,必须关注。而绕 *z* 轴的旋转与封闭环方向不同,不予考虑。因为销子外圆大多采用磨销加工,精度较高、间隙较小(过渡配合或紧配),所以同轴度公差为 0.005 mm,其为装配几何误差链的第三个组成环。

绕 *x* 轴的旋转误差传至模板销孔(绕 *y* 轴旋转是销孔的恒定度方向)处,模板上销孔轴线为模板的安装基准,模板上固定钻套孔轴线又是固定钻套的安装基准,所以模板上固定钻套孔轴线对模板销孔轴线的垂直度(设计要求为 0.015 mm)为装配几何误差链的第四个组成环,该环也只能限定绕 *x* 轴的旋转。

固定钻套内外圆轴线的同轴度为装配几何误差链的第五个组成环,钻套内外圆轴线的同轴度为装配几何误差链的第六个组成环。固定钻套、钻套的加工可采用锥度芯轴插入内孔、内孔定位磨削外圆,同轴度定为 0.005 mm。该两环可限定两相关联要素在绕 *x*、*y* 轴旋转自由度上的误差,且第一定位基准在绕 *x*、*y* 轴两个旋转自由度上对被测轴线实施定位,易形成 ϕ 公差带。第五、六两个组成环又将两个旋转自由度方向上的装配几何误差链统一了。

装配几何误差链在绕 *x* 轴的旋转自由度上从封闭环的一端查找到了另一端,查找完成。但在第二、三、四等三个组成环处装配几何误差链绕 *y* 轴的旋转自由度中断了(图 3-7)。但是,模板上固定钻套孔轴线(*A*)对夹具体上的平面 *B* 若在绕 *y* 轴旋转自由度上产生误差(两要素在该旋转自由度上不垂直),将直接影响封闭环的精度。所以,夹具设计、制造时必须严加控制，说明几何误差链在两个自由度上都必须是连续的。由于钻模在使用过程中必须使模板绕 y 轴旋转并抬起，将被加工零件放在加工位置后，再使模板绕 y 轴旋转，到达调整结构的 D 处与夹具体的 D 处接触，钻模才能实施加工。由图 3-7 可见，在制造钻模时控制尺寸 K、L、H 的精度，只能将模板在绕 y 轴旋转自由度上的终点位置粗略定位。为了精准定位，可采用如下方法调整：钻模装配时将夹具体、销子、模板以及调整结构整体视作一个部件，当模板 D 处接触后，松开误差调整结构的锁紧螺母，调整螺钉至确保钻套孔轴线在绕 y 轴旋转自由度上的误差不超过 0.015 mm 为合格，再锁紧锁紧螺母，实现固定钻套绕 y 轴旋转自由度上的位置准确，至固定钻套轴线对底座平面 C 垂直度达到设计要求为止。

对于在绕 y 轴旋转自由度上的第二个组成环来讲，夹具体上平面 B 仍为整个部件的安装基准，固定钻套孔是固定钻套的安装基准，两者之间的关系为第二个组成环。其中，D 处只是控制模板位置的装配点，此装配几何误差链在绕 x 轴旋转自由度上有六环组成，绕 y 轴旋转自由度上却只有四环。

由此可见，装配几何误差链中绕 y 轴旋转自由度上，从平面 B 到固定钻套孔轴线为一个组成环；绕 x 轴旋转自由度上从平面 B 到固定钻套孔轴线，由夹具体上销子孔两端的轴线对平面 B 的平行度，销子两端对销子中间部位的同轴度，模板上固定钻套孔轴线对模板销孔轴线的垂直度三个组成环控制；绕 x、y 轴两个旋转自由度上的位置误差相互无关，只能形成相互独立的公差带。

图 3-7 示例的装配几何误差链计算在第 6 章中详细表述。

注意：夹具体上平面 C 对平面 B 的平行度也影响钻床的加工质量。设计钻模时应注意实际引起钻模的安装误差。加工钻模时，可以先加工平面 C，再以平面 C 为基准加工平面 B，保证平面 B 对平面 C 的平行度。

例 3-2　以立铣床（图 3-8）为例，其主轴轴线对工作台台面垂直度（a_N）要求是封闭环，限定了被测要素（主轴轴线）绕 x、y 轴旋转自由度上的位置；组成环也必须在绕 x、y 轴旋转两个方向上寻找，并采取措施使组成环能满足该要求为止。组成环的查找应从与封闭环相关的两个要素之一开始，至查找到封闭环的另一端要素为止。该立铣床的装配几何误差链从机床主轴开始查找到工作台台面。

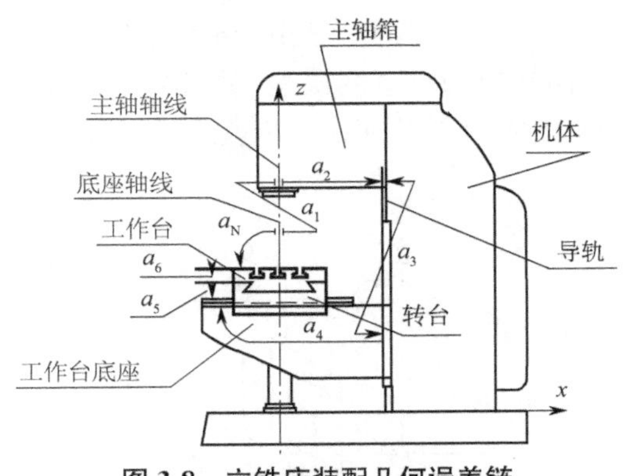

图 3-8　立铣床装配几何误差链

因为机床主轴的安装基准是其上下轴承，且上下轴承和主轴箱相连，并将几何误差传递到主轴箱上,形成组成环 1,即 a_1,也就是机床主轴安装在床身上下轴颈的同轴度误差,因此两轴线均与 z 轴平行,该项误差限定了主轴箱上主轴承孔轴线绕 x、y 两轴的旋转误差,与 a_N 方向相同。

主轴箱通过导轨和机体连接,机体上导轨是主轴箱的安装基准。所以,主轴箱上主轴承孔轴线和主轴箱上导轨间的几何关系形成组成环 2,即 a_2,也就是主轴箱上主轴承孔轴线对导轨的平行度公差(暂且如此表述)。如果主轴箱上导轨是平行于主轴的平面,如图 3-9(a)中的导轨面 1,只能限定主轴绕 y 轴的旋转;若是导轨面 2,则只能限定主轴绕 x 轴的旋转。不管用哪一个平面,同时控制绕 x、y 两轴旋转都是困难的。一般采用如图 3-9(b)所示的燕尾槽结构,在镶条的作用下保持 A 面接触。因 A 面不平行于坐标平面,可以起到限定绕 x、y 两轴旋转的作用。同时,上导轨用来安装主轴箱,控制了主轴箱的位置,主轴箱和机体没有相对运动。机床工作台安装在机体的下导轨上,并上下滑动实现加工。由于机体上下导轨的工作状态不同,磨损就有区别,上下导轨之间存在误差是必然的。机体上下导轨的平行度造成的绕 x、y 两轴旋转方向上的误差是组成环 3,即 a_3 也就是机体上的导轨是比较长的,上下导轨的加工不会绝对平直,可能存在误差。

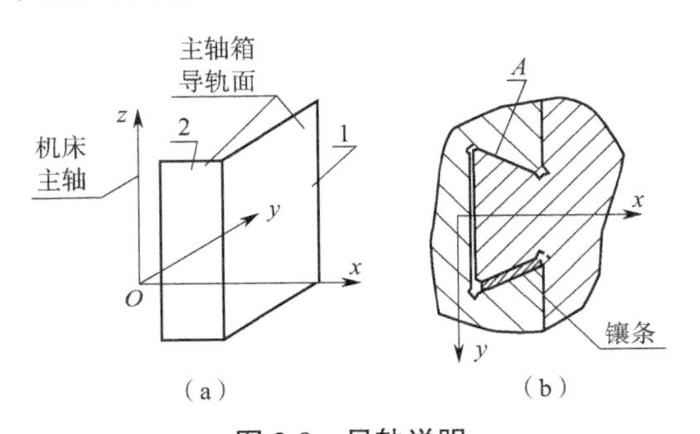

图 3-9 导轨说明

(a)导轨平行于主轴平面 (b)燕尾槽结构

几何误差链传递到机体导轨下部,机体导轨下部是工作台底座的安装基准,工作台底座的导轨面 2 和机体的下导轨面 2 密切贴合(图 3-10),误差由机体导轨下部传递到工作台底座上,工作台底座纵向导轨面又是转台的安装基准。所以,工作台底座纵向导轨对工作台底座导轨的垂直度误差(暂且如此表述)成为组成环 a_4,也可以控制绕 x、y 轴旋转方向上的误差。工作台底座纵向导轨又成为转台的安装基准,转台横向导轨是工作台的安装基准。所以,转台横向导轨对转台纵向导轨的垂直度误差(暂且如此表述)形成组成环 a_5,此误差也必须是绕 x、y 两轴旋转方向上的,并把几何误差传递到工作台上。

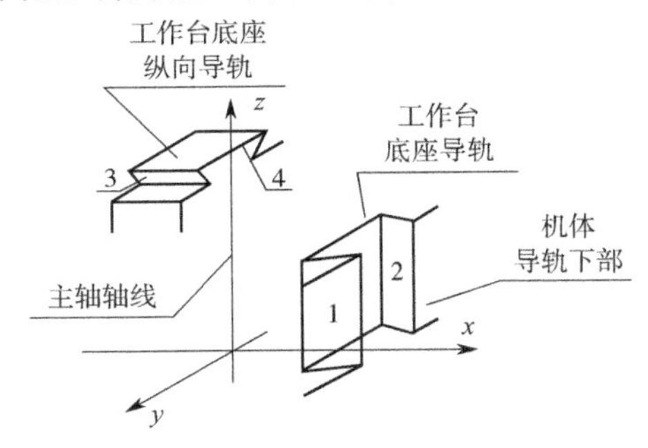

图 3-10 立铣床导轨示意图

同样，工作台台面对工作台横向导轨的平行度误差（暂且如此表述）便是组成环 a_6，此误差也必须是绕 x、y 两轴旋转方向上的。

以上六个组成环均发生在绕 x、y 两轴旋转方向上，其数量和便是封闭环公差，于是其计算式为

$$a_N = a_1 + a_2 + a_3 + a_4 + a_5 + a_6$$

例 3-3　如图 3-11 所示某专用设备的简单示意图，封闭环为主轴轴线 A 对工作台平面 D 的平行度。因其只限定主轴轴线 A 绕 x 轴的旋转，故应在此自由度上查找装配几何误差链。

其组成环的查找从主轴轴线 A 开始。组成环 a_1 为主轴回转中心对主轴箱上两轴承孔的同轴度。虽然该要求限定被测要素绕 x、z 轴的旋转，其中存在限定绕 x 轴旋转的要求，此部分误差作为第一个组成环 a_1，几何误差已经传递到主轴箱上。

组成环 a_2 的查找：若主轴箱只靠平面 B 和机体连接，主轴箱上两轴承孔的轴线对主轴箱底平面 B（机体侧平面）的平行度只能限定平面 B 绕 z 轴的旋转，不能满足封闭环绕 x 轴旋转的要求，故不能作为第二个组成环 a_2；必须增加绕 x 轴旋转的控制能力。解决方法之一是可以在 1、2 处（主轴箱和机体上）增加两个销孔，并保证两销孔中心连线对主轴箱上两轴承孔轴线的平行度，成为第二个组成环 a_2。实际上增加的两个销孔就是主轴箱的安装基准，并把几何误差传递到机体上。

由图 3-11 可见，平面 C 好像是工作台的安装基准，那么机体上平面 B、C 间的平行度可能成为第三个组成环 a_3。经分析，这两个表面间的平行度可限定被测要素绕 y、z 轴的旋转，不能满足封闭环的需要，故不能成为第三个组成环；也需要增加绕 x 轴旋转的控制能力，即在机体底平面 C 与工作台连接处增加定位孔（3、4），必须保证 1、2 两销孔中心连线及 3、4 两销孔中心连线的平行度，成为第三个组成环 a_3。

工作台上 3、4 两销孔中心连线对工作台面 D 的平行度 a_4 为第四个组成环。

因此，封闭环的计算公式为

$$a_N = a_1 + a_2 + a_3 + a_4$$

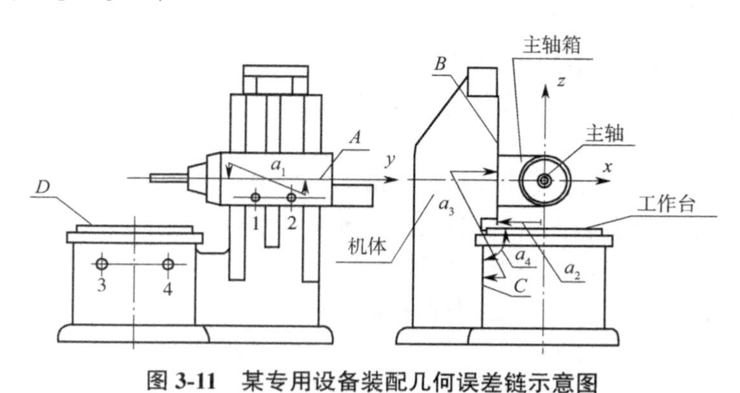

图 3-11　某专用设备装配几何误差链示意图

至此，装配几何误差链建立、查找完成。这里只介绍了思考方法，不一定为最好的方案。从上述几个实例可见，装配几何误差链的建立、查找应遵守以下几点。

（1）首先确定合适的装配几何误差链的封闭环，然后分析封闭环是哪两个零件上的哪两个要素间的关系，最后确定被测要素需要限定的是一个还是两个旋转自由度上的位置，形成公差带形状。

（2）装配几何误差链的查找方法是从封闭环相关的两个零件中的一个零件的一个要素开始查找。第一个零件在封闭环要求的（一个或两个）旋转自由度上必有第二个零件的一个要素将其定位，并将其误差通过基准传递到第二个零件上。所以，在第一个零件上的这个被定位的要素与封闭环要素间的几何要求是第一个组成环，存在于第一个零件上。同样，在相同的旋转自由度上必由第三个零件的一个要素将第二个零件定位，又将误差传递到第三个零件上。第二个零件上的前后两个定位基准间的几何关系就是第二个组成环。如此连续地查找下去，直至封闭环的另一个要素为止。

为达到装配几何误差链不断链的要求，若封闭环只限定一个旋转自由度上的位置，装配几何误差链一般可以连续查找下去；若封闭环限定两个旋转自由度上的位置，装配几何误差链在这两个旋转自由度上也必须是连续的。若找到的下一个相关零件在两个旋转方向上可作为定位基准要素的恒定度方向与封闭环要求限定的方向相同，这个要素便只能是一个旋转自由度（非恒定度方向）上的组成环，另一个方向上的组成环还必须再查找，两个旋转自由度上的组成环便不可能统一，此组成环只能形成相互独立的公差带。由于装配几何误差链封闭环的两个要素是固定的，查找的开始与结束也必须是统一的。

（3）装配几何误差链的计算，可参照第4章“4.4.2　工序几何误差链的图解计算”一节计算。如果希望更准确地掌握封闭环的误差状况，更充分地了解、利用公差带造成的影响，可参照第4章4.4.2小节相关计算。实际上，装配几何误差链可以按误差的同度等量传递原则进行计算。

（4）在产品设计时，为了提高机械产品的结构设计精度，在一个装配几何误差链中，每一个有关的零件上最好只有一个几何公差列入该装配几何误差链，也就是装配几何误差链的总环数不大于有关的零件数，这是结构设计时建立装配几何误差链的最少环数原则。

3.3.2　工序几何误差链的建立

3.3.2.1　工序几何误差链总图的建立

机械产品在装配过程中相关零件各要素间的几何位置联系形成装配几何误差链；机械零件加工后形成的旋转自由度上各要素间的位置联系形成工序几何误差链，其是机加工各工序中的被加工要素与定位基准在旋转自由度上的位置联系，也是进行产品设计、工艺设计时，帮助设计师完成设计任务的一种工具，以便准确地把设计要求合理分配到各个零件上及其各加工工序中。尽管目前加工中心、数控自动设备的广泛利用，使一道工序中可以加工多个方向的多个要素，减少了工序数量，但粗精加工总需区别对待；工序中的定位要素、被夹紧要素，难以在零件一次夹紧之后全部加工产生。若这些要素也需要加工，就必须在另一道工序中安排。也就是，要加工出精准的合格零件，可能至少需要安排两道或者更多道工序，工艺设计也许简单但必须进行。对于大批量的产品，如柴油机气缸体需要的是快节奏、易调整的自动流水生产线，工序相对较长，更离不开工艺设计；更何况生产能力一般的中小型企业，由于经济能力不足、人力资源匮乏，要生产出优质的产品，也难离开工艺。工艺设计师就需要合适的工艺理论，帮助其完成保证方向、位置、跳动要求的工艺设计任务。工序几何误差链总图就是分析工艺设计合理程度的一种工具。

工序几何误差链的建立可参照工序尺寸链进行。有些机械零件（如柴油机曲轴）上某些要素的尺寸、形状、粗糙度等的要求较高，常需要多道工序（粗、半精、精、光整）加工，工艺设计时可借助工序尺寸链的方法帮助解决。《形状和位置公差》标准发布，突出了机械产品上的另一类零件（如箱体类，不排除方向、位置、跳动要求多且高的其他类型零件）上的要素在旋转自由度上的位置精度保证。能否建立工序几何误差链，帮助解决呢？由于旋转自由度较平移自由度上的精度保证更为复杂，要建立几何误差链，必须突破以下几个难点。

（1）在垂直或平行于坐标平面的平面或轴线中，轴线在平移自由度上有两个非恒定度方向，但两个方向上的位置精度互不影响。所以，尺寸链主要解决单一尺寸方向上的精度问题。倾斜要素会引起尺寸方向的改变，因其涉及较少，暂不属于研究范围。而每一个要素在旋转自由度方向上都有两个非恒定度方向，需要控制其位置精度。任一个机械零件都有多个要素，且任何两个要素间都可能存在方向、位置、跳动要求，并且方向、位置、跳动要求可能限定被测要素在一、两个旋转自由度上的位置。有时两个方向上的位置联系还相当密切，难以分开。所以，为研究旋转自由度精度的几何误差链，不得不将三个旋转方向上的精度一起研究；有时却又相互独立。因此，建立工序几何误差链必须完成上述全部任务，才能顺利完成整个机械产品、加工工艺的设计任务。

（2）误差计算。三个旋转自由度上的误差既分别存在于各自的自由度上，不同的两个方向的误差又可能紧密地联系在一起，计算也难以将其分开。例如，平面与平面间的平行度限定被测平面在两个旋转自由度上的位置，但又说不清哪一个自由度上的误差是多少；而平面与平面间的垂直度只限定被测平面在一个旋转自由度上的位置，计算十分明确。

（3）误差的判断与补充。任何一个要素都需要在两个旋转自由度上确定位置。但按照现行工艺文件上标明的平面与平面间的垂直度，只限定了被测平面在一个旋转自由度上的位置。那么，被测平面在另一个旋转自由度上的位置似乎不必考虑。但它却影响着零件上其他要素的位置，又必须将此误差的大小计算出来，以帮助判断其他要素的位置是否合格，而工艺文件上一般并不标明此误差，必须根据实际做出判断。

（4）工艺上定位基准体系的建立与使用等。

3.3.2.2　被加工要素与定位基准体系间的关系

工序几何误差链总图较工序尺寸链总图要复杂些。除上述原因外，工序尺寸的定位基准体系较为简单，在所研究的要素中存在尺寸关系的要素，多在同一个平移自由度上，由其中一个要素为基准定位即可。绘制工序尺寸链总图时，代表工序尺寸的尺寸线可从定位基准开始直接划到被测要素。而工序几何要求则不同，由于被加工要素在空间的位置可能需要在一个或两个旋转自由度决定，也就是起定位基准作用的要素可能是一个或多个。所以，代表工序几何要求的尺寸线的起点需要慎重考虑后确定，也就是在绘制工序几何误差链总图之前，必须详查工序中被加工要素在旋转自由度上的位置，由定位基准体系中哪个基准所限定以及误差的大小等。由于决定被加工要素位置的基准不同，基准的数量不同，为了计算工序几何误差链总图的绘制方法也应有所差别。可见，工序几何误差链总图的绘制，必须弄清被加工要素与定位基准体系间的关系，其关系主要有以下几种情况。

（1）工序的第一定位基准在两个旋转自由度上决定被加工要素在旋转自由度上的位置，工序几何要求仅与第一定位基准有关，一般情况下形成相关公差带。绘制工序几何误差链总图时，代表工序几何公差的尺寸线从第一定位基准开始划向被加工要素。因该工序几何要求限定两个旋转自由度上的位置，所以在“所在自由度”一栏的两个相关旋转自由度上都应填入工序几何要求之值。又因两个方向中一个方向出现最大值，另一个方向只能是0，才能满足设计要求，填写工序几何要求时用括号括住以示区别。若两个方向的要求相互独立，公差要求不必用括号。

（2）第一定位基准只能决定被加工要素在一个旋转自由度上的位置，第二定位基准不能单独限定被加工要素在另一个旋转自由度上的位置。但工艺设计时又必须关注被加工要素在另一个旋转自由度上的位置对零件上的其他要素会不会造成影响。被加工要素在另一个旋转自由度上的位置，可能由基准组合控制，如第二、三基准共同控制（图1-2）。所以，绘制工序几何误差链总图时，代表工序几何公差的尺寸线，从第一定位基准开始划向被加工要素。被加工要素在另一个旋转自由度上的位置应由角向误差控制。工序几何公差及角向误差分别填写在第一定位基准尺寸线后的相应位置。

（3）第一定位基准只能在一个旋转自由度上控制被加工要素的空间位置。被加工要素在另一个旋转自由度上的位置必须用第二定位基准控制时情况较为复杂。再加上加工中心、镗铣床的投入，机床工作台可以360°旋转实现多工位加工多个要素，提高了加工精度、生产效率。绘制工序几何误差链总图，甚至在计算方面都有所变化。

①如图3-12（a）所示，加工中心、镗铣床投入之前，零件多方向多要素的加工很少通过机床工作台旋转实现，而是以平面 *B* 为第一定位基准定位之后，加工平面 *A* 之前可能选已经加工完成的平面 *C* 或平面 *D* 为第二定位基准；然后设计夹具保证平面 *C* 或 *D* 的定位，再加工平面 *A*。被加工要素与第二定位基准间的几何关系得到保证。

②加工中心、镗铣床投入，通过机床工作台旋转实现零件多方向多要素的加工。一般情况下，第二定位基准可能就是同工序被加工的要素之一。如图3-12（b）所示，在加工中心、镗铣床上加工，平面 *B* 已为第一定位基准，可以通过机床工作台旋转加工平面 *C*、*D*、*A*。若平面 *A* 绕 *y* 轴旋转的位置也需要控制，而平面 *B* 又不具有这个方向的控制能力，就需要在平面 *C*、*D* 中选择（保持原有工艺安排）。但因平面 *C*、*D*、*A* 为同序加工，不能设置定位基准，只有相信设备工作台旋转精度。这确实是最简单、易行的一种方法。再加上测量手段跟不上，零件合格与否也就睁一眼闭一眼了。要知道《形状和位置公差》标准发布前，设备、工具、操作实际上都很少关注零件要素在旋转自由度上的精度保证方法及能力；标准发布后，机械行业中加工中心、镗铣床投入使用，对旋转自由度误差的控制能力有所提高。但三个旋转自由度的误差都能得到准确控制吗？都能达到产品所需吗？仅仅“相信”就可以了吗？为了做好工艺设计工作，选择一台正在生产使用的进口设备进行测试（本书第5章有详细记录）后发现，机床工作台绕 *y* 轴旋转误差达到0.03 mm/1 000 mm。现场正在生产的零件要求为平面 *A* 对平面 *D* 的垂直度公差0.06 mm，平面 *C* 对平面 *A* 的平行度公差0.04 mm。因此，工艺安排为先加工平面 *D*，加工完成后机床工作台旋转90°，以平面 *D* 为第二定位基准，在绕 *y* 轴旋转自由度方向上找正，准备加工平面 *A*。找正方法：在机床主轴上安装一个磁力表座，装夹一个千分表，表头指向平面 *D*；机床主轴沿 *x* 轴方向移动（图3-12），在平面

D 两端读数差小于 0.02 mm（在 1 000 mm 长度上）。锁紧机床工作台，加工平面 A，保证平面 A 对平面 D 的垂直度公差 0.06 mm。平面 D 采用找正方法，保证其绕 y 轴旋转自由度上的位置准确，实现了第二定位基准的目的。然后，机床工作台再旋转 180°，准备加工平面 C，再按上述方法找正。只不过需要调整千分表的测量方向，使千分表测量平面 A，平面 A 两端绕 y 轴旋转误差小于 0.01。锁紧机床工作台，加工平面 C，保证平面 C 对平面 A 的平行度公差 0.04 mm。

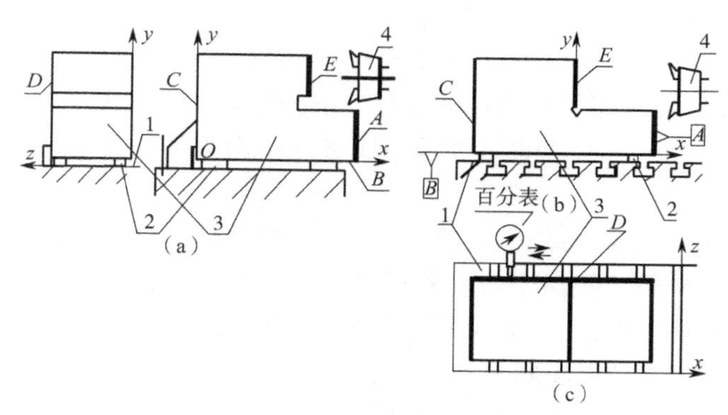

图 3-12　工序几何误差链绘制

（a）使用第二定位基准的加工法　（b）在铣床上加工一个要素　（c）可变第二定位基准

1—机床工作台；2—垫块；3—被加工零件；4—刀盘

由上述阐述可知，平面 D、平面 C 采用找正的方法都成为名副其实的第二定位基准实现了定位，机床上没有安装实质的定位基准，却起到第二定位基准的定位作用。这就是采用加工中心后的变化。图 3-12 所示的两种情况都符合图 2-14（a）所示的基准体系，可参考表 2-1 使用说明。在绘制工序几何误差链总图时，代表工序几何公差的尺寸线便可从第一、二定位基准分别划向被加工要素（划两条）。每一条尺寸线只控制被加工要素在一个旋转自由度上的位置。被测要素对两个基准的工序几何要求分别填写在相应位置，工艺设计时应按式（2-2）计算。

③在②阐述中，为保证平面 C 对平面 A 的平行度公差 0.04 mm，加工平面 C 时也可以选用平面 A 为第二定位基准。平面 A 可以在绕 y、z 轴两个旋转自由度方向上控制平面 C 的位置。绕 z 轴旋转已由第一定位基准优先选择定位，平面 A 只能在绕 y 轴旋转方向上定位。同样，如图 3-12（b）所示，在加工中心、镗铣床上加工，平面 B 为第一定位基准，可以通过机床工作台旋转加工平面 C、D、A。若平面 C 绕 y 轴旋转的位置用平面 A 为第二定位基准控制，也只能采用找正方法寻求定位。绘制工序几何误差链总图时，代表工序几何公差的尺寸线可从第一、二定位基准分别划向被加工要素（划两条）。每一条尺寸线只控制被加工要素在一个旋转自由度上的位置，被测要素对两个基准的工序几何要求分别填写在相应位置。但平面 C、A 有共同的非恒定度方向——绕 y、z 轴旋转，其绕 z 轴旋转自由度上的误差也必然影响两者之间的关系，又不能被关注。所以，绘制工序几何误差链总图时，从为第二定位基准平面 A 划向被加工要素的尺寸线划成虚线，以提醒工艺设计者的注意，工艺设计时应按式（2-4）计算。符合图 2-14（b）所示的基准体系，可参考表 2-1 使用说明。

注意：因为平面 C 对平面 A 的平行度要求较高（0.04 mm），第二定位基准通过找正也只能控制绕 y 轴旋转的误差，不能控制绕 z 轴旋转的误差，也很难达到图纸要求。被加工零件可以安装在机床工作台旋转误差最小的方向上。第 5 章中经测试机床工作台绕 x 轴旋转误差为在 1 000 mm 长度上达 0.01 mm。所以，平面 C 对平面 A 的平行度公差 0.04 mm，可以安装在绕 x 轴旋转方向上。

④如图 3-12 所示，加工平面 A 之后，零件仍于处夹紧状态，加工平面 E。因为零件处于夹紧状态，平面 A 加工之后，其绕 z、y 轴旋转自由度上的位置不会发生改变，且是固定、准确的，可以作为定位基准确定平面 E 的位置。当然，也能保持与原基准体系的关系不变。所以，绘制工序几何误差链总图时，应根据设计要求绘制。若设计要求平面 E 对平面 A 的平行度，则从平面 A 划向平面 E；若设计要求平面 E 对平面 B 的垂直度，则从平面 A 划向平面 B；其余雷同。

由第（3）条第②、③、④三款可见，在加工中心、镗铣床上加工，由于可以一次安装加工零件上多个方向多个要素，提高了效率和精度，可采用第二定位基准的方法解决。不同的是，这个第二定位基准是可变、可调的，所以命名为可变第二定位基准。

3.3.2.3 工序几何误差链总图绘制方法

绘制工序几何误差链总图的具体方法如下。

（1）绘制代表零件上各要素的尺寸界线。凡零件图、工序图上方向、位置、跳动要求涉及的要素，不管是不是在相同的平移自由度方向上，均以相互平行的尺寸界线代表。

（2）工序几何要求必须以加工形成的先后次序绘制，并分析每一个被加工要素需要限定的旋转自由度（必须保证的条件）、工序几何要求或角向误差能够限定的旋转自由度（工艺保证的条件），将相应的工序几何要求及角向误差值填写在相应位置。

（3）根据前节介绍，代表工序几何要求的尺寸线以符号“·”表箭头从定位基准开始划，以箭头结束于被加工要素。

（4）设计几何要求划在工序几何误差链总图的下方。为与前者有所区别，代表设计几何要求的尺寸线的起点以符号“◦”表示箭头，并以箭头结束于被测要素。设计时几何要素只需要在一个旋转自由度上限定其位置，绘制工序几何误差链总图不需再标出角向误差。

工序几何误差链总图绘制方法举例如下。

例 3-4 套筒，其产品几何要求如图 3-13（a）所示，主要有两条几何要求，分别为大端面对小外圆轴线的垂直度公差 0.05 mm；ϕ30 mm 内孔轴线对小外圆轴线的同轴度公差 0.1 mm。

该零件的工艺安排如图 3-13（b）所示，主要介绍与几何要求有关部分。

10 序：下料。

20 序：用自定心卡盘夹棒料，车外圆、平端面、台阶面、内孔、倒角、切断。

工艺要求：保证台阶面对小外圆轴线的垂直度公差 0.03 mm；其他工艺尺寸，因与几何要求关系不大未予标注。

30 序：用弹簧夹头夹住小外圆，顶台阶面，平端面、镗孔、挖槽。

工艺要求：内孔轴线对小外圆轴线同轴度公差 0.05 mm；端面对小外圆轴线垂直度公差 0.05 mm。

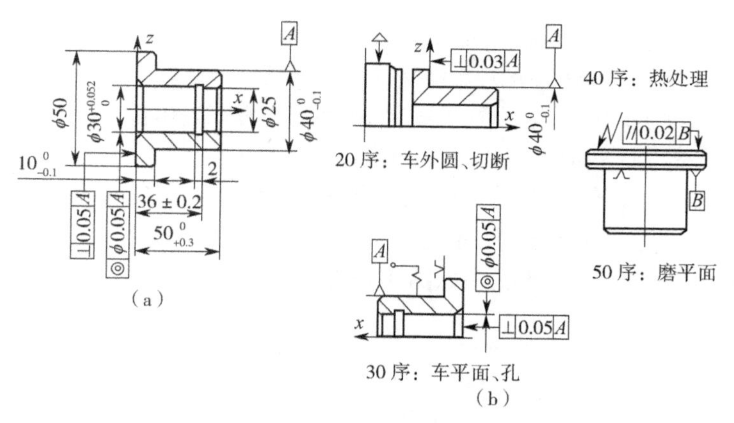

图 3-13　套筒零件图及工艺安排

(a)几何要求　(b)工艺安排

注：自动定心卡盘；弹簧卡头；电磁卡盘；定位符号。

40 序：热处理。

50 序：用磁力夹盘吸住台阶面，磨削大端面。

工艺要求：大端面对台阶面的平行度公差 0.02 mm。

根据零件加工工艺绘制工序几何误差链总图，如图 3-14 所示。

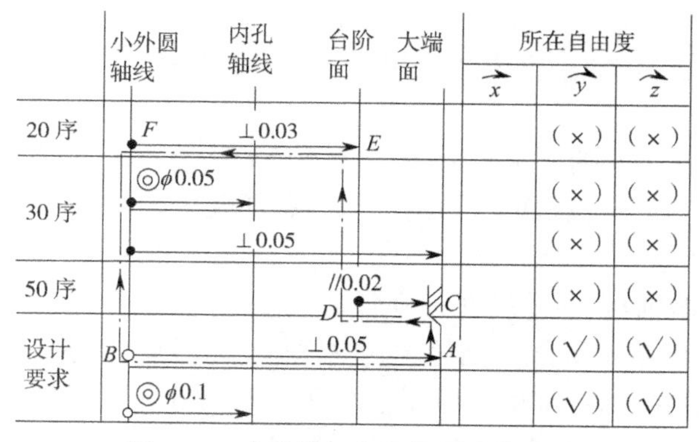

图 3-14　套筒的工序几何误差链总图

绘制方法如下。

(1)绘制代表小外圆轴线、内孔轴线、台阶面、大端面等要素的尺寸界线。

(2)该零件所有工序几何要求、设计几何要求的第一定位基准均能限定被加工零件在两个旋转自由度上的位置，符合“3.3.2.2　被加工要素与定位基准体系间的关系”中的第(1)种情况。所以，绘制代表工序几何要求的尺寸线从定位基准开始，止于被加工要素。如 20 序的工序几何要求是台阶面对小外圆轴线的垂直度公差 0.03 mm。在代表小外圆轴线的尺寸界线上用“·”代表箭头，划至代表台阶面的尺寸界线上为止。30 序的第一定位基准是小外圆轴线，本序虽采用了第二定位基准——台阶面，但台阶面不会改变零件在旋转自由度上的位置。所以，30 序的工序几何公差的始点仍为小外圆轴线，被加工要素分别是内孔轴线、大端面。按图 3-14 所示 30 序应先加工内孔，再加工大端面。因为该零件的每一道工序几何要求、设计几何要求都限定被测要素绕 y、z 旋转自由度上的位置，形成相关公差带，也就是两个旋转自由度上的误差是相互关联的。所以，"所在自由度"一栏的相应位置均填写"(×)"符号，待工艺设计完成后分别填入相应位置。

(3)为了区分设计几何要求与工序几何要求，在设计几何要求的基准处以符号"◦"表示，"所在自由度"一栏的相应位置均填写"(√)"。

例 3-5 柴油机气缸体，其产品图如图 3-15 所示，其设计几何要求主要有七条。

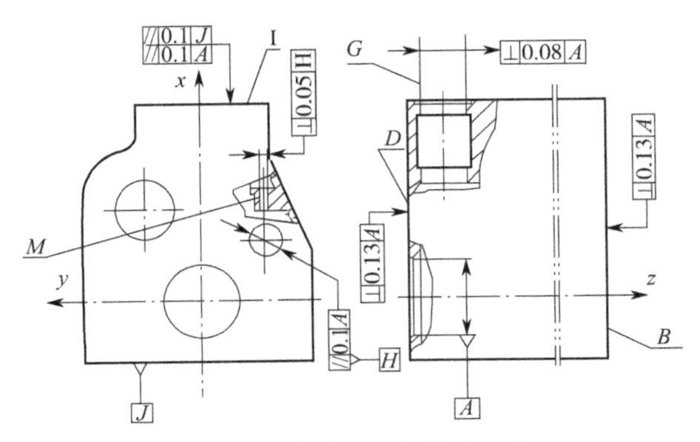

图 3-15 柴油机气缸体产品图

因其几何要求较为复杂，加工质量备受关注，且属特大批量生产，加工工艺的进步也非常迅速。目前，较为先进的企业多采用专用机床流水线生产，与老工艺相比，产品质量已有明显提高。

现行工艺安排中有关几何要求部分如下。

200 序：铰挺柱孔，一面(底面 J)两销定位。保证工序几何要求：挺柱孔轴线对底面的垂直度公差 ϕ0.04 mm。

285 序：精镗、铰曲轴孔、凸轮轴孔，一面(底面)两销定位。保证工序几何要求：曲轴孔轴线对底面的平行度公差 0.06 mm；凸轮轴孔轴线对曲轴孔轴线的平行度公差 0.1 mm。

310 序：精铣顶面，曲轴孔定位。保证工序几何要求：顶面对曲轴孔轴线的平行度公差 0.08 mm。

320 序：精镗缸孔及止口，曲轴孔定位。保证工序几何要求：缸孔对曲轴孔轴线的垂直度公差 0.08 mm。

340 序：精铣前后端面，曲轴孔定位。保证工序几何要求：前后端面对曲轴孔轴线的垂直度公差 0.13 mm。

根据上述工艺建立工序几何误差链总图，如图 3-16 所示。由工艺可见，200 序第 1 个工序几何要求的被加工要素为轴线 M，340 序的第 6、7 两个工序几何要求的被加工要素 B、D，第一定位基准均可在两个旋转自由度方向上控制其空间位置，形成相关公差带，符合"3.3.2.2 被加工要素与定位基准体系间的关系"的第(1)条要求，所以绘制代表工序几何要求的尺寸线从定位基准开始，止于被加工要素，在相应位置均填入符号"(×)"。285 序第 2 个工序几何要求的被加工要素 A，工序的第一定位基准 J 只能控制其绕 y 轴旋转自由度上的位置，另一个绕 x 轴旋转自由度上的位置由第二、三定位基准（两销）组合控制；310 序第 4 个工序几何要求的被加工要素顶面 I，工序的第一定位基准 A 只能控制其绕 y 轴旋转，绕 z 轴旋转也由基准组合控制；320 序第 5 个工序几何要求的被加工要素缸孔轴线 G，第一定位基准 A 只能控制其绕 y 轴旋转，绕 z 轴旋转也由基准组合控制，基准组合实际上控制的是角向误差。所以，此三个工序几何要求均符合“3.3.2.2　被加工要素与定位基准体系间的关系”的第（2）条要求。绘制代表工序几何要求的尺寸线从定位基准开始，止于被加工要素。在第一定位基准能控制自由度（绕 y 轴旋转）处填入“×”，用角向误差控制时填入符号“⊙”。285 序第 3 个工序几何要求是加工曲轴孔轴线 A 后，在同一道工序中，被加工零件仍处夹紧状态下加工凸轮轴轴线 H，保证凸轮轴轴线 H 对曲轴孔轴线 A 的平行度要求。因此，曲轴孔轴线 A 可以作为第一定位基准限定被加工要素的位置，符合“3.3.2.2　被加工要素与定位基准体系间的关系”节第（3）条第④款的要求。绘制工序几何误差链总图时，代表工序几何要求的尺寸线从产品图纸的设计基准（A）开始，止于被加工要素（H）。

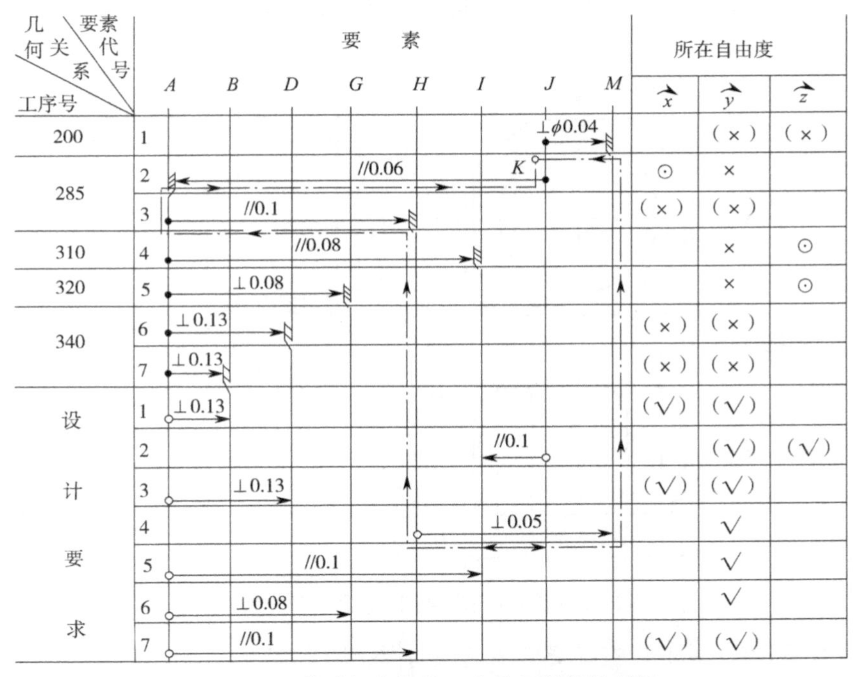

图 3-16　柴油机气缸体工序几何误差链总图

绘制时注意 285 序在同一道工序中加工两个要素：曲轴孔、凸轮轴孔。在本工序调整时必须先确定曲轴孔轴线位置，因为曲轴孔轴线是加工凸轮轴孔的基准，曲轴孔轴线不产生，凸轮轴孔也无法调整产生。所以，在绘制工序几何误差链总图时，应先划代表曲轴孔轴线的尺寸线（第 2 个工序几何要求），曲轴孔轴线对底面的平行度，并在绕 y 轴旋转自由度上填入“×”。但曲轴孔轴线绕 x 轴旋转并不是可以处在任意位置的，也应控制其角向误差“⊙”，再划代表凸轮轴孔轴线的尺寸线。设计几何要求绘制在工序几何误差链总图的下方。如 1、2、3、7 四条设计几何要求，均要求限定被测要素在两个旋转自由度上的位置，且形成关系公差带；相应位置均填写“(√)”；4、5、6 三条设计几何要求，只要求限定被测要素绕 y 轴旋转自由度上的位置准确，相应位置填入符号“√”。因设计未要求各被测要素在另一旋转自由度上的位置，工艺设计可不予考虑，不必介入角向误差。

例 3-6 轧机轴承座，其一种产品图如图 3-17 所示，其方向、位置、跳动要求较多，加工也较为复杂。该产品靠订单生产，一般批量不大，或两三台，但品种多。该企业设备能力较强，有多台加工中心、数控自动镗铣床，操作者大多为大专以上学历，但加工工艺仍凭经验设计。因工艺文件上多标明“机床保证”“工艺保证”字样，操作者也只能认真操作、精细加工，仍保持着原有习惯。再加上测量不方便，加工中与加工后能不能保证设计要求，也只能注意“机床保证”“工艺保证”，认真检查，或者等待交付装配，对产品性能影响不大，就算是合格零件。零件加工后能不能件件合格，操作者心中并无把握。研究新的理论，为工艺设计提供设计依据，就成为亟待解决的问题。为了对此理论更好理解，此处将轴承座原生产工艺及按新理论设计的新工艺介绍于后，供同行结合旋转误差的特点进行讨论，辨明其取舍。在此重点讨论工序几何误差链总图的建立、查找，其计算将在第 6 章中讨论。

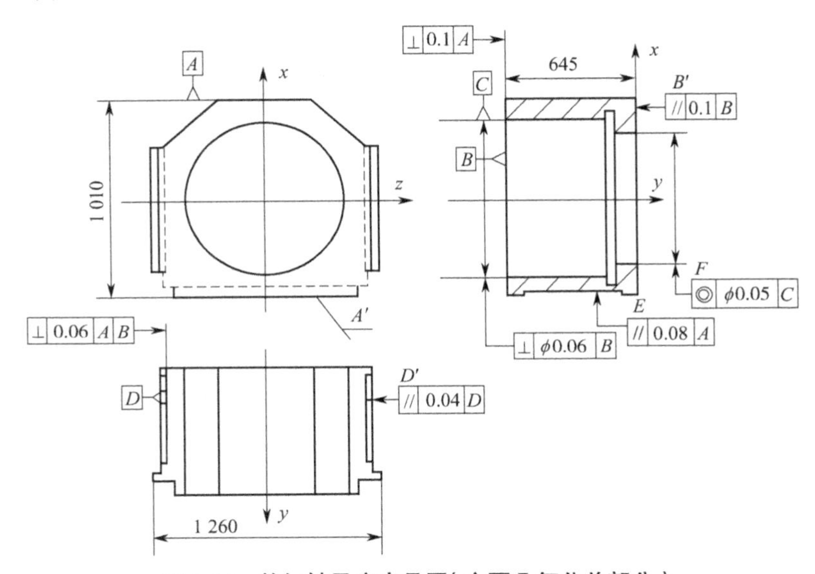

图 3-17 轧机轴承座产品图(主要几何公差部分)

轧机轴承座的新、老工艺主要安排在进口的镗铣床上加工。

老工艺安排：毛坯外委加工，外形粗加工已由协作单位完成，零件的各外形表面的精加工需要由生产单位加工，其工艺安排如下。

20 序：在自动数控镗铣床上，以平面 A' 定位加工平面 B'。

30 序：在镗铣床上，以平面 B' 为主要定位基准，与机床工作台面贴合(或支撑找平)，注意各平面的加工余量均匀；加工平面 A 后，工作台旋转 180° 加工平面 A'、E；工作台再旋转 90° 加工平面 D；工作台再旋转 180° 加工平面 D'。以上各工步的工艺要求均为达到图纸要求。

40 序：在镗铣床上，平面 A 放在机床工作台面上定位，注意平面 B 的加工余量均匀，加工平面 B；镗孔 C；镗加工孔 $\phi700$ mm。各工步的工艺要求均为达到图纸要求。

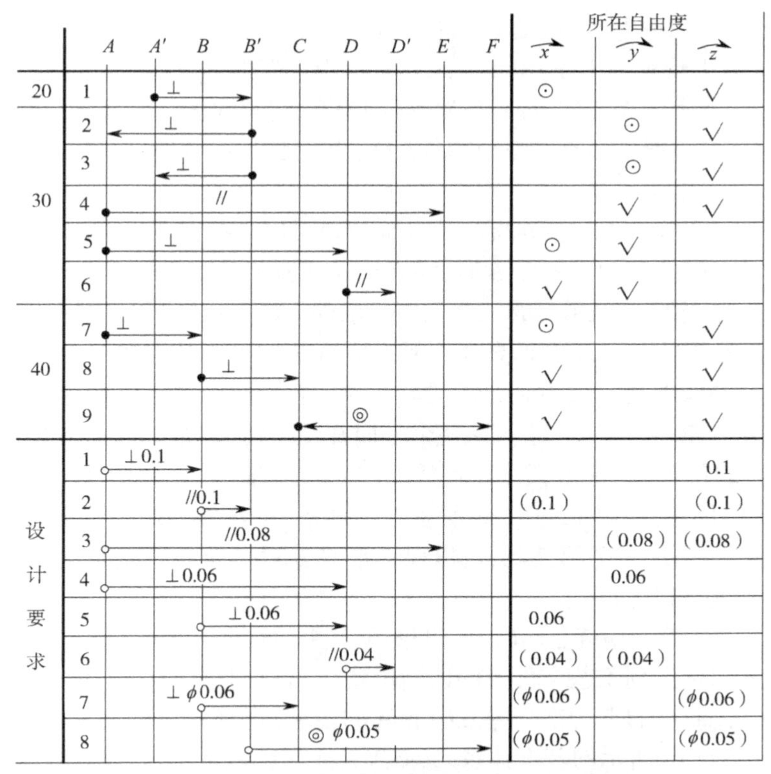

图 3-18　轧机轴承座原工艺的工序几何误差链总图

根据上述工艺安排绘制轴承座的工序几何误差链总图,如图 3-18 所示。因为没有可以参照的理论依据,绘制只能参考工序尺寸链的方法进行,绘制方法如下。

(1)按工序几何公差出现的先后次序绘制。

(2)每一道工序的第一个工序几何公差从工序的第一定位基准开始划向被加工要素,工序几何公差是被加工要素对第一定位基准间的几何关系。

(3)每一道工序从第二个工序几何公差起每一个工序几何公差的起点可以是工序的第一定位基准,也可以是已经加工产生的要素,止于该被加工要素。

(4)分析旋转自由度并注意填写。如 20 序的第一定位基准是平面 A',被加工要素是平面 B',所以该工序的第 1 个工序几何公差从平面 A' 划向平面 B',如图 3-18 所示。平面 B' 对平面 A' 的垂直度要求,仅限定平面 B' 绕 z 轴的旋转误差,所以在绕 z 轴旋转处划"√";平面 B' 绕 x 轴旋转采用角向误差控制,在相应位置填写"⊙"。同样,30、40 序的第 1 个工序几何公差也如此绘制。如图 3-18 显示的 30 序第 2 个工序几何公差,平面 A 对平面 B' 的垂直度要求;第 3 个工序几何公差,从本工序的第一定位基准平面 B' 划向被加工要素平面 A';而第 4 个工序几何公差,从本工序已经加工过的要素平面 A 划向被加工要素平面 E,需要保证平面 E 平面 A 的平行度要求。因为产品图上有这一条设计几何要求,工艺文件也有"达到图纸要求"的要求,为尽量满足这些要求而如此绘制。以下各工序几何要求均如此填写,不再一一赘述。设计几何要求填写于工序几何误差链总图的下方。

在填写“旋转自由度”一栏时遇到以下麻烦。

（1）工艺文件上规定各工序、工步的工艺要求均为“达到图纸要求”。第1、2、3三个工序几何要求，产品图上无相应的方向、位置、跳动要求，只能仅按尺寸要求绘制。但绘制工序几何误差链总图时，不能填写具体量值，暂以工序几何公差符号“√”、角向误差符号“⊙”填写于相应位置。

（2）第2、5两条设计几何要求无工序几何要求可以直接保证。例如，为保证第2、5两条设计几何要求，在40序加工平面 *B* 时，除必须保证原工艺规定的平面 *B* 对平面 *A* 的垂直度（限定平面 *B* 绕 *z* 轴旋转方向）的工序几何要求外，操作者还必须考虑保证平面 *B* 对平面 *B′* 的平行度、平面 *B* 对平面 *D* 的垂直度。因为平面 *B′*、*D* 既不是本序的定位基准，本序之后又不再加工。操作者还真找不到合适的方法执行符合图纸要求的规定。按照本书分析，可以选择平面 *B′*、*D* 中的一个（不可能两个平面都照顾到）为第二定位基准，控制平面 *B* 绕 *x* 轴旋转方向上的位置（原有习惯很少使用第二定位基准）。据分析采用平面 *D* 为第二定位基准比较合适，因为采用图2-14（a）所示基准体系，符合“3.3.2.2　被加工要素与定位基准体系间的关系”的第（3）条第②款，可以保证平面 *B* 对平面 *D* 的垂直度，但是，平面 *B′* 对平面 *B* 的平行度就难以保证。

（3）绘制工序几何误差链总图时，可以采用绘制工序尺寸链的方法，把设计几何要求直接按工序几何要求标注到工艺文件上的适当位置。例如，平面 *D*、*D′* 都在30序中加工，可以按平面 *D′* 对平面 *D* 的平行度公差0.04 mm的要求，直接标注在工艺文件上。但此处实际上使用了图2-14（b）所示的基准体系，又必须发生工作台的旋转，是否能保证该设计要求存在风险。另外，几何误差链按原工序尺寸链的绘制方法，不能提供尺寸加工的条件。例如，尺寸加工可以在尽量合适的时候，用合适的计量器具测量，适时发出调整信息。而工序几何要求的两相关联要素在同一工序加工却做不到适时测量，并且设备也很少具有在三个旋转自由度上的微调能力，而适时调整加工后的质量如何，真的心中无数。在图3-18右侧的“旋转自由度”一栏无法准确填写，暂且填入相关符号。

上述三个问题必须认真处理之后，才有可能完成工艺设计任务。在看到原工艺的不足之后，必须进行改进，因此提出改进工艺如下。

为使读者能尽快理解，甚至把工艺安排或操作过程的某些细节也都一一加以介绍。同时，为避免读者在查阅、绘制工序几何误差链总图时来回翻阅的麻烦，在叙述工艺安排时也将工序几何误差链总图绘制一并介绍。改进后的工艺（实践证明工艺可行）为零件毛坯同前，其他如下。

20序：以平面 *B* 为第一定位基准放在机床工作台上，找平、找正，注意各要素的加工余量均匀，加工平面 *A*（图3-19（a）），保证平面 *A* 对平面 *B* 的垂直度公差0.1 mm（注意：图纸要求是平面 *B* 对平面 *A* 的垂直度公差0.1 mm），符合“3.3.2.2　被加工要素与定位基准体系间的关系”的第（2）条。因此，代表工序几何要求的尺寸线从平面 *B* 划向被加工要素 *A* 为止，绕 *z* 轴旋转处填写0.1，平面 *A* 可能出现的绕 *y* 轴旋转填写角向误差符号。尽管基准要素由平面 *A* 改变为平面 *B*，但30序还是以平面 *A* 定位加工平面 *B*，所以可以保证设计要求，但需要考虑留出足够的加工余量。平面 *A* 加工后按图示方向旋转180°止于如图3-19（b）所示位置，再在机床主轴上安装一百分表，测量头指向平面 *A*，然后机床工作台按 *z* 轴方向来回移动，观察平面 A 上的 e、f 两点上的百分表读数差小于 0.02，即零件绕 y 轴旋转误差小于 0.02（全要素长度上）；再加工平面 E 及平面 A'，保证平面 E 对平面 A 的平行度公差 0.08 mm，符合 3.3.2.2 节的第（3）条第③款情况。因此，代表工序几何要求的尺寸线从产品图纸的设计基准 A 划向被加工要素 E 为止，并画成虚线。因为第二定位基准有在两个旋转自由度上定位能力，但只能在一个方向上定位。平面 A' 没有位置要求，保证尺寸要求即可。工作台再旋转 90° 止于如图 3-19（c）所示位置，调整百分表测量头指向平面 A，使其沿 z 轴方向来回运动，平面 A 上两端的 e、f 两点的百分表读数差小于 0.015，再加工平面 D，保证平面 D 对平面 A 的垂直度公差 0.06 mm、平面 D 对平面 B 的垂直度公差 0.06 mm，符合 3.3.2.2 节的第（3）条第②款情况。代表工序几何要求的尺寸线分别从第 1、2 定位基准 A、B 划向被加工要素 D 为止。工作台再旋转 180°，止于如图 3-19（d）所示位置，调整百分表测量方向，再按同样方法找正平面 D 上的 g、h 两点位置，使零件绕 y 轴旋转误差小于 0.01，再加工平面 D'，保证平面 D' 对平面 D 的平行度公差 0.04 mm，符合 3.3.2.2 节的第（3）条第③款情况。代表工序几何要求的尺寸线从产品图纸的设计基准 D 划向被加工要素 D' 为止，并画成虚线。至此，发现轴承座 20 序第 2、5 两条工序几何要求用虚线绘制，说明使用图 2-14（b）所示的基准体系，即第二定位基准与被加工要素的两个非恒定度（两个旋转自由度）方向相同，但第二定位基准只能在一个方向上采取找正的方法定位。若另一个方向上出现误差没有任何控制手段，必然会影响被加工要素的位置，而造成零件超差。不过，第 5 条工序几何要求 0.04 mm（要求较高），可以采用符合“3.3.2.2　被加工要素与定位基准体系间的关系”的第（3）条第③款所介绍的方法，考虑零件放置到工作台旋转精度好的方向上。而第 2 条工序几何要求 0.08 mm（要求较低），可以采取提高找正精度的办法解决，如找正误差小于 0.01 mm。当然，是否能达到产品要求，需要通过试验决定。轴承座 20 序第 3、4 两条工序几何要求采用图 2-14（a）所示的基准体系。平面 A 已经找正，零件绕 y 轴旋转方向上的位置就是正确的。

30 序：以平面 A 为第一定位基准，与机床工作台贴合，或垫平、定位；再以平面 D 为第二定位基准找正，控制零件绕 y 轴旋转误差小于 0.015（方法同 20 序），加工平面 B，保证平面 B 对平面 A 垂直度公差 0.1 mm 及平面 B 对平面 D 垂直度公差 0.06 mm。符合“3.3.2.2 被加工要素与定位基准体系间的关系”的第（3）条第②款情况。代表工序几何要求的尺寸线分别从第 1、2 定位基准 A、D 划向被加工要素 B 为止。机床工作台不旋转直接镗孔 C，保证孔 C 轴线对平面 B 的垂直度公差 ϕ0.06 mm，孔 C 轴线、平面 B 在同一道工序中机床工作台不旋转加工孔 C 轴线，符合“3.3.2.2　被加工要素与定位基准体系间的关系”的第（3）条第④款情况。工序几何要求直接从平面 B 划向孔 C 轴线，即第 8 条工序几何要求，保证孔 C 轴线对平面 B 的垂直度公差 ϕ0.06 mm。然后镗孔 F 轴线，保证孔 F 轴线对孔 C 轴线的同轴度公差 ϕ0.05 mm。同第 8 条工序几何要求的画法。工作台旋转 180° 加工平面 B'，保证平面 B' 对平面 B 的平行度公差 0.1 mm，符合“3.3.2.2　被加工要素与定位基准体系间的关系”的第（3）条第③款情况。代表工序几何要求的尺寸线从产品图纸的设计基准 B 划向被加工要素 B' 为止，并画成虚线（第 10 条工序几何要求）。

新工艺是在尽量保持原工艺意图的基础上设计的。根据上述工艺绘制工序几何误差链总图,如图 3-20。工序几何要求中画成虚线的第 2、5、10 三条,设计工艺时应考察选用设备的精度是否符合工艺要求,必要时应进行工艺验证,确保被加工零件的质量后,工艺才可以投产。

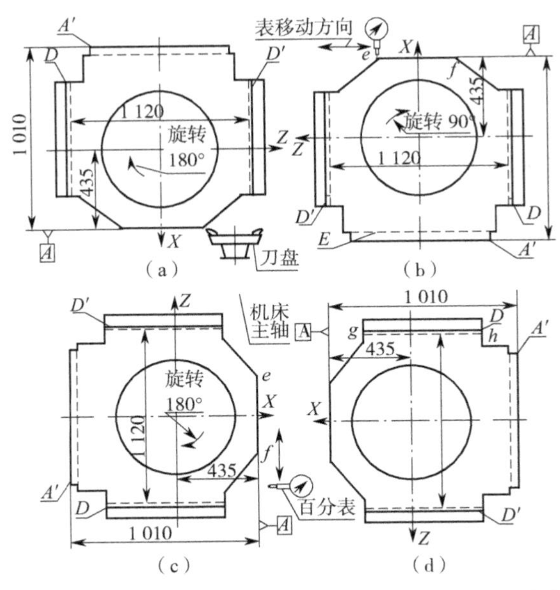

图 3-19　轴承座工艺调整后的工序操作说明(20 序)

(a)加工平面 A　(b)加工平面 A 后旋转 180° 再加工平面 E

(c)加工平面 E 后旋转 90° 再加工平面 D　(d)加工平面 D 后旋转 180° 再加工平面 D'

序号		A A' B B' C D D' E F	所在自由度 $\overset{\frown}{x}$	所在自由度 $\overset{\frown}{y}$	所在自由度 $\overset{\frown}{z}$
20	1	⊥0.1		⊙	0.1
	2	//0.08		(0.08)	(0.08)
	3	⊥0.06	0.06		
	4	⊥0.06		0.06	
	5	//0.04	(0.04)	(0.04)	
30	6	⊥0.1 B			0.1
	7	A ⊥0.06	0.06		
	8	⊥ ϕ0.06	(0.06)		(0.06)
	9	◎ ϕ0.05	(0.05)		(0.05)
	10	//0.1	(0.1)		(0.1)
设计要求	1	⊥0.1			0.1
	2	//0.1	(0.1)		(0.1)
	3	//0.08		(0.08)	(0.08)
	4	⊥0.06		0.06	
	5	⊥0.06	0.06		
	6	//0.04	(0.04)	(0.04)	
	7	⊥ ϕ0.06	(0.06)		(0.06)
	8	◎ ϕ0.05	(0.05)		(0.05)

图 3-20　轧机轴承座工艺改进后的工序几何误差链总图

新、老两种工艺的比较如下。

(1)改进工艺有意识地采用了可变第二定位基准,并明确了操作方法。此处使用的第二定位基准是变化的。例如，加工平面 D' 时采用平面 D 为第二定位基准；加工平面 E、D 时采用平面 A 为第二定位基准。由于加工平面 E、D 时工位不同，平面 A 的位置也有变化，每次都需要找正。所以，每一个零件、每一道工序、每一个工步都需要保证第二定位基准的位置准确，都需要找正，着实麻烦。不同于原来的在夹具上使用的第二定位基准，在安装夹具时确定其位置后，就固定不变了，故称之为“可变第二定位基准”，以示区别。

（2）改进工艺调整了加工顺序，使每一个设计几何要求都有一个工序几何要求直接予以保证，未发生基准转换；使加工工艺更为合理，零件质量获得保证。仅设计几何要求平面 D 对平面 B 的垂直度，由第 7 工序几何要求平面 B 对平面 D 的垂直度保证，使基准与被测要素发生了变换。但平面 D、B 间的几何关系都是限定被测要素绕 x 轴旋转，对产品质量无影响，平面 D、B 的角向误差不影响轴承座的其他要素的位置。所以，工艺可行。

（3）改进工艺克服了原工艺的“达到图纸要求”的模糊规定，使操作者、检查员易于实施。

（4）改进工艺中用虚线标示的第 2、5、10 三条工序几何要求需要关注设备能力，或者进行工艺验证，取得试验数据后生产。

3.3.3　工序几何误差链的查找

建立工序几何误差链总图的目的如下。

（1）寻找保证设计方向、位置、跳动要求的工序几何误差链。根据该链合理确定各组成环的几何公差，必要时的角向误差要求。根据该链可以看出工艺设计是否合理，存在基准转换与否，分配到每一个组成环的公差要求是否适合本工序的工序能力，必要的角向误差是提出工艺装备设计任务书的条件之一等。

（2）必要时查看加工余量是否合适。根据工序几何误差链总图的追踪查找法与工序尺寸链查找法略有区别。

以套筒图 3-13（a）为例，为保证大端面对小外圆轴线的垂直度公差 0.05 mm 的设计要求。如图 3-14 所示，从封闭环的两端要素（大端面、小外圆轴线）开始，沿尺寸界线向上查找，右端到 50 序遇到箭头，查找路线沿工序几何公差左拐，达到该工序几何公差的定位基准（台阶面），再向上拐，查找到达 20 序的 E 点右端遇到箭头，向左查找两端在 F 点封闭，查找结束。50 序的工序几何公差（大端面对台阶面的平行度）、20 序的工序几何公差（台阶面对小外圆轴线的垂直度）是组成环，如图 3-21 所示。为保证内孔轴线对小外圆轴线的同轴度，经查 30 序可直接保证设计要求，如图 3-22 所示。

	小外圆轴线	台阶面	大端面	所在自由度 $\overset{\frown}{x}$	$\overset{\frown}{y}$	$\overset{\frown}{z}$
20序	F ⊥0.03	E			(×)	(×)
50序		//0.02 D	C		(×)	(×)
设计	B	⊥0.05	A		(√)	(√)

图 3-21　套筒大端面对小外圆轴线垂直度的工序几何误差链图

工序号
小外圆轴线
内孔轴线
所在自由度
x
y
z
30 序
◎ϕ0.05
(×)
(×)
设计要求
◎ϕ0.1
(√)
(√)

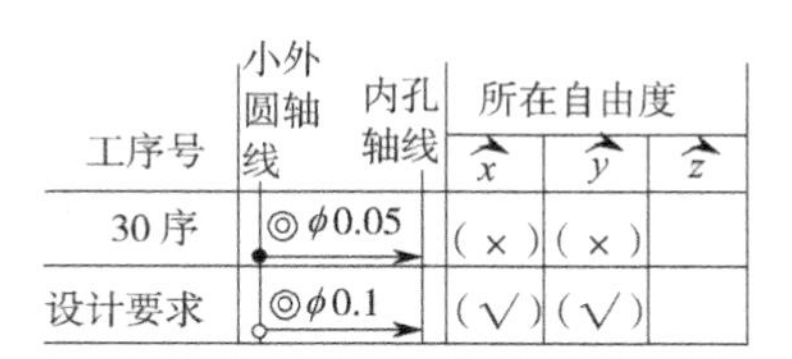

图 3-22 套筒工序几何误差链

对于柴油机气缸体，挺柱孔轴线对凸轮轴孔轴线垂直度的工序几何误差链的追踪查找，在图 3-16 中采用点画线所示。具体查找路线：从设计要求的两端的尺寸界线开始向上查找，到 285 序左端遇到箭头，即凸轮轴孔轴线对曲轴孔轴线的平行度（为一组成环）；查找路线左拐，到达该组成环的定位基准曲轴孔轴线 *A* 向上拐，再到本序的曲轴孔轴线对底面 *J* 的平行度（又一组成环）遇到箭头再向右拐；沿该组成环查找到达本组成环的定位基准（底面）查找路线两端向上查找，到达 200 序右端遇到箭头，左拐。两端的查找路线在 *K* 点封闭，完成查找，如图 3-23 所示。该工序几何误差链图共有三个环组成。由该链可见，在 285 序有两个工序几何要求影响该封闭环，对封闭环精度的提高产生较大影响。于是产生了工序几何误差链的最少环数原则。在设计加工工艺时，应尽量做到一道工序只有一个工序几何要求影响封闭环的值，也就是工序几何误差链的组成环数等于涉及的工序数。这是建立工序几何误差链的最少环数原则。285 序就有两个工序几何要求影响封闭环，不符合建立工序几何误差链的最少环数原则。

几何关系
要素代号
工序号
要素
所在自由度
A
H
J
M
x
y
z
200 序
⊥ ϕ0.04
(×)
(×)
285 序
//0.06
K
⊙
×
//0.1
(×)
(×)
设计要求
⊥0.05
√

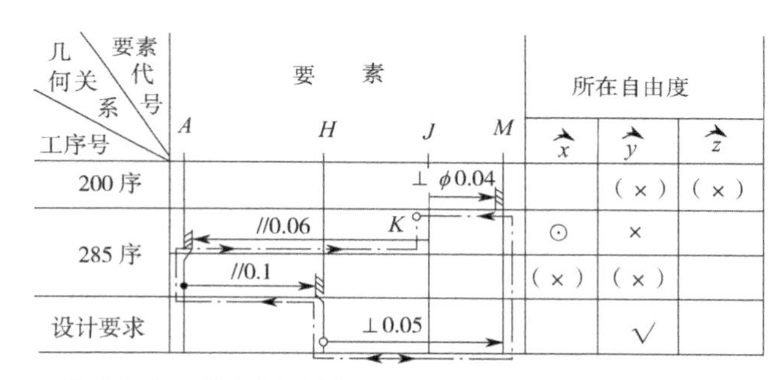

图 3-23 柴油机气缸体挺柱孔轴线对凸轮轴孔轴线垂直度的几何误差链图

几何误差有时反映两个旋转自由度上的位置要求，有可能在两个旋转自由度上都有一条影响封闭环的工序几何误差链。

图 3-16 中柴油机气缸体顶面 *I* 对底面 *J* 的平行度公差 0.1 mm 的工序几何误差链如图 3-24 所示。轴承座原工艺工序几何误差链的查找。

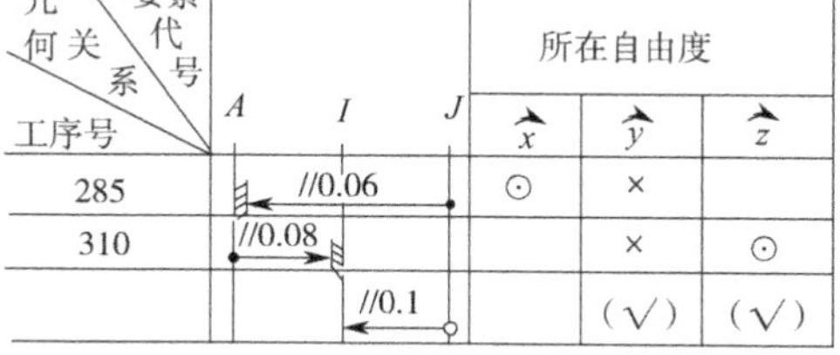

几何关系
要素代号
工序号
所在自由度
A
I
J
x
y
z
285
//0.06
⊙
×
310
//0.08
×
⊙
//0.1
(√)
(√)

图 3-24 柴油机气缸体顶面对底面平行度的几何误差链图

查阅图 3-18 可以发现，只有平面 B' 对平面 B 的平行度及平面 D 对平面 B 的垂直度两条设计几何要求将发生基准转换，此两条必须查找工序几何误差链，进行工艺设计计算。经查找，平面 B' 对平面 B 的平行度的工序几何误差链如图 3-25 所示，平面 D 对平面 B 的垂直度工序几何误差链如图 3-26 所示。其余几条都可以直接保证设计要求。如果不能保证，就需要提高工序能力或精细操作。

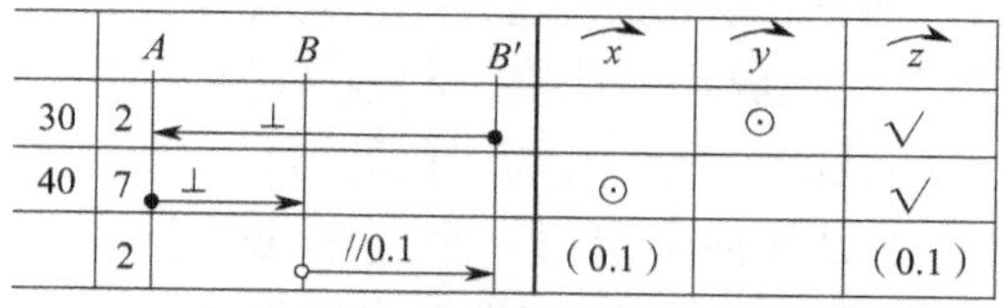

		A　　B　　B′	$\vec{x}$	$\vec{y}$	$\vec{z}$
30	2	⊥		⊙	√
40	7	⊥	⊙		√
	2	//0.1	(0.1)		(0.1)

图 3-25　轴承座原工艺中平面 **B′** 对平面 **B** 平行度的几何误差链

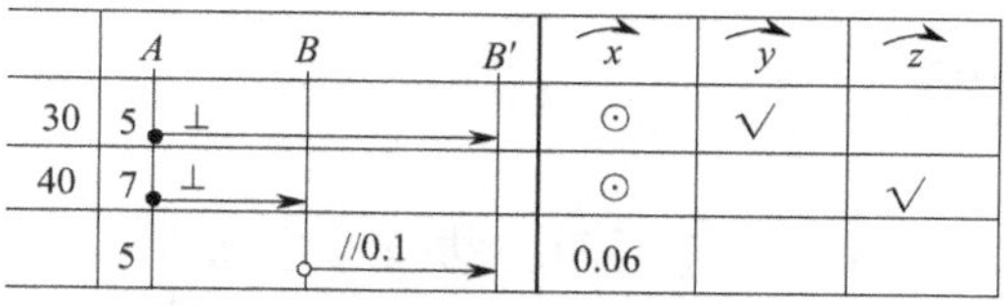

		A　　B　　B′	$\vec{x}$	$\vec{y}$	$\vec{z}$
30	5	⊥	⊙	√	
40	7	⊥	⊙		√
	5	//0.1	0.06		

图 3-26　轴承座原工艺中平面 D 对平面 B 垂直度的几何误差链

工艺改进后，采用了先进设备加工，一道工序加工多个要素，出现如图 2-14 所示的定位形式，追踪查找方法一定要严格按自由度进行。如图 3-27 所示，为保证平面 B 对平面 A 的垂直度公差 0.1 mm 的工序几何误差链总图。因为该条设计几何要求限定平面 B 绕 z 轴旋转，查找时从设计几何要求的两端要素平面 A、B 开始向上查找，到 M 处右端遇到箭头但不能右拐；该条工序几何要求平面 B 对平面 D 的垂直度只限定平面 B 绕 x 轴的旋转，与设计几何要求限定绕 z 轴旋转不在同一自由度方向上，不能作为组成环使用。继续向上查找，到 N 处平面 B 对平面 A 的垂直度可以左拐，工序几何误差链封闭。可见，第 6 条工序几何要求是保证平面 B 对平面 A 的垂直度公差 0.1 mm 的组成环。

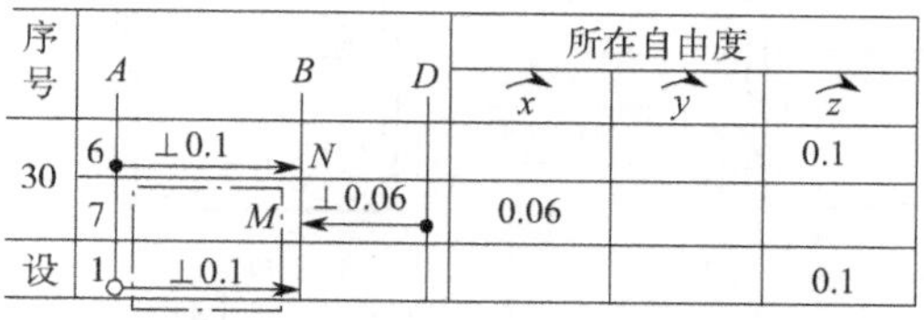

序号		A　　B　　D	所在自由度		
			$\vec{x}$	$\vec{y}$	$\vec{z}$
30	6	⊥0.1　N			0.1
	7	M　⊥0.06	0.06		
设	1	⊥0.1			0.1

图 3-27　轴承座工艺改进后平面 **B** 对平面 **A** 垂直度的几何误差链图

第 4 章　几何误差链计算准备

前一章根据机械产品性能、机械加工工艺建立了几何误差链，也就找到了影响机械产品性能、机械加工精度的环节——组成环。严格控制组成环的精度，就能保证机械加工质量满足设计要求，并保证机械产品性能的顺利实现。在已知封闭环要求后，如何将封闭环的要求分配到每一个组成环上，加工时如何确定每一个工序几何公差，就成为必须解决的一个问题。长期以来，设计者一直是凭经验估计，定性地自发处理，难以获得理想数值。本章对旋转自由度上的要求分配方法进行详细介绍。

4.1　计算方法介绍

前面介绍了几何误差链的建立，其计算方法较尺寸链的计算方法也要复杂许多。虽然计算仍然主要采用极值法、概率法、全微分法等，但对于旋转自由度上的方向、位置、跳动公差工艺保证的计算，必须按它的特点进行。例如，同一个要素必须关注在两个旋转自由度上的位置，并且其误差的联系可能很紧密，也可能较为松散，仅采用尺寸精度计算的办法不一定十分合适。如图 4-1 所示，圆销的两端面平行度设计要求为 0.1 mm，需要在车床上夹外圆分两道工序加工，只要 10 序、20 序分别保证被加工端面对外圆轴线的垂直度公差要求 0.05 mm。按极值法计算，两道工序的工序几何公差之和等于封闭环公差，满足图纸要求。计算实际上是参照工序尺寸公差的方法计算的，这只适用于一些特殊情况。工序几何公差计算应针对可能涉及的各种工艺情况。

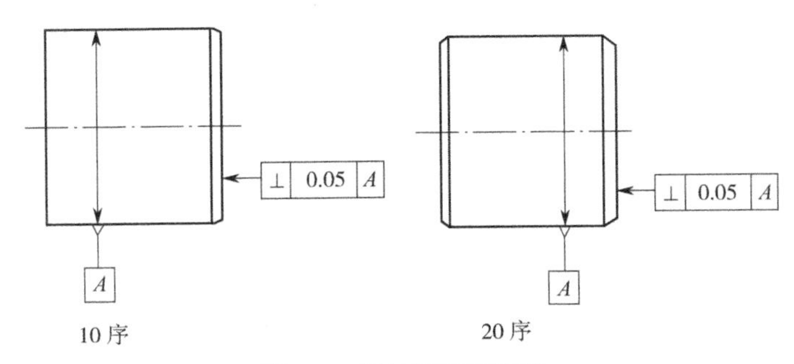

图 4-1　圆柱销工艺安排

另外，在方向、位置、跳动公差保证的计算中，定位误差计算也是必须关注的。如图 4-2 所示，采用一面（M 面）两销（1 为圆柱销，2 为菱形销）定位，加工零件上的各个表面。被加工零件装在夹具上后，由于两定位销的配合间隙引起零件绕 z 轴的旋转，从而就产生了旋转定位误差，加工时还可能发生绕 z 轴旋转的加工误差，两者之和构成本工序的绕 z 轴旋转误差的主要内容，影响本序的加工精度，在计算旋转自由度上的误差时不能忽视。但在尺寸公差保证中该项误差关注的就比较少，尤其是目前数控自动设备的应用，一道工序可加工多个方向多个要素，一般靠机床工作台的旋转或多个方向上有多个工位加工实现。但是，工作台的旋转精度、多方向多工位间的位置精度都难以做到"零误差"。这些误差将以定位误差的形式，毫不保留地传递到被加工要素上，从而影响它们的位置，改变被加工零件被加工要素的工序方向、位置、跳动误差。因此，设计工艺时是必须关注的。

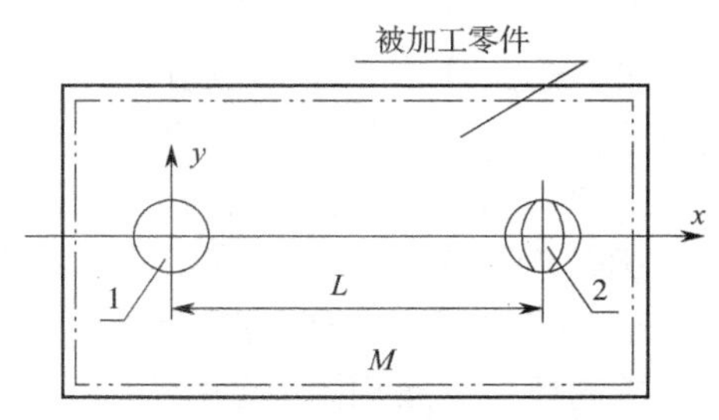

图 4-2　一面两销定位误差分析

1—圆柱销；2—菱形销

4.2　三环工序几何误差链的解析计算

由于方向、位置、跳动关系的特殊性，使得几何误差链的计算不像尺寸链计算那样易于进行。通过研究，本书提出采用数学解析计算的方法可以取得满意的结果，就是因为机械加工中必须将被加工零件放在定位基准体系中，通过加工获得每一个所需要的几何要素。前面已有讨论，基准体系可以视为坐标系，每一个被加工要素都存在于该坐标系中，每一个被加工要素的方程式按第 1 章的阐述都可建立，因而两相关联要素间的几何关系就可以通过数学计算获得。

为达到上述目的，必须解决两相关联要素间的方程式存在于同一坐标系中，于是产生了第 3 章中几何误差链的不同分类，即基准不变几何误差三环链、基准递变几何误差三环链两种。对于前者，两相关联要素存在于同一坐标系中，可以直接计算；对于后者，两相关联要素不存在于同一坐标系中，必须通过坐标变换之后才能计算。因此，几何误差链的计算也就分两种情况进行。

在工序几何误差链计算公式推导之前需要明确：

（1）为了简化推导过程，直线要素可用平面要素取代；

（2）要素在平移自由度上的位置变化不影响要素在旋转自由度上的位置，所以在推导工序几何误差链的计算公式时，将各相关要素平移到通过坐标原点计算较为方便，计算中平面要素方程式的常数项均为 0；

（3）从产品图投影关系可知，本书研究的要素的位置都是与坐标平面的夹角为 0°（180°）、90°（270°）的要素，而要素在旋转自由度上出现误差后，则必然引起它和基准要素间的夹角产生微量改变，即其夹角不再是 0°、90°，但仍接近 0°、90°；

（4）计算中产生的高阶无穷小（二次以上的误差）忽略不计；

（5）精度计算的顺序是先计算基准递变工序几何误差三环链，再计算基准不变三环链，多环工序几何误差链的计算也就完成了。

4.2.1　基准不变工序几何误差三环链的计算

4.2.1.1　基准不变工序几何误差三环链可能出现的工艺安排

基准不变工序几何误差三环链可能出现的工艺安排全部列于表4-1中。如表4-1中第2行，第一道工序产生了第一组成环，即平面Ⅰ以基准平面定位加工，保证平面Ⅰ对基准平面的平行度（用符号∥表示）；第二道工序产生了第二组成环，即平面Ⅱ以基准平面定位加工，保证平面Ⅱ对基准平面的垂直度（用符号⊥表示）；则封闭环是平面Ⅱ对平面Ⅰ的垂直度（用符号⊥表示）。该加工工艺产生的几何误差链，符合第Ⅱ种链型。因讨论的基准不变工序几何误差三环链，两道工序的定位基准不变，工序的先后次序允许变化，也就是第一组成环可以是平面Ⅱ对基准平面的垂直度，第二组成环是平面Ⅰ对基准平面的平行度，结果相同。表4-1中其余各行工艺安排的填写方法相同，不再赘述。每一种工艺安排的组成环，都可以根据各要素在工序中允许产生的误差，依照第1章"1.1.6　几何要素的数学表达式"确定被加工要素的方程式，然后直接计算两要素间的夹角，并通过此夹角计算出两要素间的几何关系。

表4-1　基准不变工序几何误差三环链可能出现的工艺安排表

序号	第一组成环			第二组成环			封闭环			链型
	基准	被加工要素	几何关系	基准	被加工要素	几何关系	基准	被加工要素	几何关系	
1	平面	平面Ⅰ	∥	平面	平面Ⅱ	∥	平面Ⅱ	平面Ⅰ	∥	Ⅰ
2	平面	平面Ⅰ	∥	平面	平面Ⅱ	⊥	平面Ⅱ	平面Ⅰ	⊥	Ⅱ
3	平面	平面Ⅰ	⊥	平面	平面Ⅱ	⊥	平面Ⅱ	平面Ⅰ	∥	Ⅲ
4	平面	平面Ⅰ	⊥	平面	平面Ⅱ	⊥	平面Ⅱ	平面Ⅰ	⊥	Ⅳ
5	平面	直线	∥	平面	平面Ⅰ	∥	平面Ⅰ	直线	∥	Ⅱ
6	平面	直线	∥	平面	平面Ⅰ	⊥	平面Ⅰ	直线	∥	Ⅳ
7	平面	直线	∥	平面	平面Ⅰ	⊥	平面Ⅰ	直线	⊥	Ⅲ
8	平面	直线	⊥	平面	平面Ⅰ	∥	平面Ⅰ	直线	⊥	Ⅰ
9	平面	直线	⊥	平面	平面Ⅰ	⊥	平面Ⅰ	直线	∥	Ⅱ
10	平面	直线Ⅰ	⊥	平面	直线Ⅱ	⊥	直线Ⅱ	直线Ⅰ	∥	Ⅰ
11	平面	直线Ⅰ	⊥	平面	直线Ⅱ	∥	直线Ⅱ	直线Ⅰ	⊥	Ⅱ
12	平面	直线Ⅰ	∥	平面	直线Ⅱ	∥	直线Ⅱ	直线Ⅰ	∥	Ⅲ
13	平面	直线Ⅰ	∥	平面	直线Ⅱ	∥	直线Ⅱ	直线Ⅰ	⊥	Ⅳ
14	直线	直线Ⅰ	∥	直线	直线Ⅱ	∥	直线Ⅱ	直线Ⅰ	∥	Ⅰ
15	直线	直线Ⅰ	∥	直线	直线Ⅱ	⊥	直线Ⅱ	直线Ⅰ	⊥	Ⅱ
16	直线	直线Ⅰ	⊥	直线	直线Ⅱ	⊥	直线Ⅱ	直线Ⅰ	∥	Ⅲ
17	直线	直线Ⅰ	⊥	直线	直线Ⅱ	⊥	直线Ⅱ	直线Ⅰ	⊥	Ⅳ

续表

序号	第一组成环			第二组成环			封闭环			链型
	基准	被加工要素	几何关系	基准	被加工要素	几何关系	基准	被加工要素	几何关系	
18	直线	直线Ⅰ	//	直线	平面	//	平面	直线Ⅰ	//	Ⅱ
19	直线	直线Ⅰ	//	直线	平面	⊥	平面	直线Ⅰ	⊥	Ⅰ
20	直线	直线Ⅰ	⊥	直线	平面	//	平面	直线Ⅰ	//	Ⅳ
21	直线	直线Ⅰ	⊥	直线	平面	//	平面	直线Ⅰ	⊥	Ⅲ
22	直线	直线Ⅰ	⊥	直线	平面	⊥	平面	直线Ⅰ	//	Ⅱ
23	直线	平面Ⅰ	//	直线	平面Ⅱ	//	平面Ⅱ	平面Ⅰ	//	Ⅲ
24	直线	平面Ⅰ	//	直线	平面Ⅱ	//	平面Ⅱ	平面Ⅰ	⊥	Ⅳ
25	直线	平面Ⅰ	⊥	直线	平面Ⅱ	⊥	平面Ⅱ	平面Ⅰ	//	Ⅰ
26	直线	平面Ⅰ	⊥	直线	平面Ⅱ	//	平面Ⅱ	平面Ⅰ	⊥	Ⅱ

注:① 基准不变工序几何误差三环链,两个组成环的先后次序变化不影响计算结果。

②表中所列直线要素是指圆柱体轴线、圆锥体轴线,并非平面上(或空间)两点间的连线。

③工艺安排不同,工序几何误差三环链计算公式也不同,共分为Ⅰ、Ⅱ、Ⅲ、Ⅳ四种链型。

④ 表中所列要素是机械产品在生产实际中使用最多的两种要素,但不能排除可能出现的其他要素及其所处的其他特殊位置。如有出现请结合实际情况,考虑本书介绍的方法计算处理。

4.2.1.2　公式类别

生产实际中的工艺安排可能发生的基准不变工序几何误差三环链有表 4-1 中所列出的 26 种之多。若按表 4-1 所列工艺逐一计算求解会太麻烦,列出此表主要是为了工艺人员设计工艺时能对号使用,并减少公式推导的工作量。因此,需要分析、归纳、研究,以将其“分类”。

通过第 1 章“1.1.6　几何要素的数学表达式”的讨论发现。

(1)根据前面利用矢量的概念与方法讨论后,可知直线与平面可以互相取代,下面选取平面要素作为代表计算。

(2)平面方程只有两种。

①与基准平面平行的平面方程式:

$$a\cos\xi x+a\sin\xi y+2rz=0 \tag{1-1}$$

②与基准平面垂直的平面方程式:

$$2r\cos\eta x+2r\sin\eta y+az=0 \tag{1-2}$$

公式推导自然需要这两种平面方程式的组合,经研究只有以下四种情况:

(1)两个组成环的被加工要素的方程式全是式(1-1),恰适合于表 4-1 中的“链型Ⅰ”;

(2)两个组成环的被加工要素的方程式一个是式(1-1)、一个是式(1-2),恰适合于表 4-1 中的“链型Ⅱ”;

(3)两个组成环的被加工要素垂直于基准平面时,即两个平面的方程式全是式(1-2)时,如图 4-3 所示,被加工要素(平面Ⅱ)垂直于坐标平面 xOy,可以发生在平面Ⅱ、平面Ⅱ′的两种位置,如果,另一个组成环的被加工要素平面Ⅲ也垂直于坐标平面 xOy,平面Ⅱ就可能垂直于平面Ⅲ，平面Ⅱ′却平行于平面Ⅲ，所以若两个平面的方程式全是式(1-2)，封闭环可能是平行度要求，适合于表4-1中的“链型Ⅲ”；

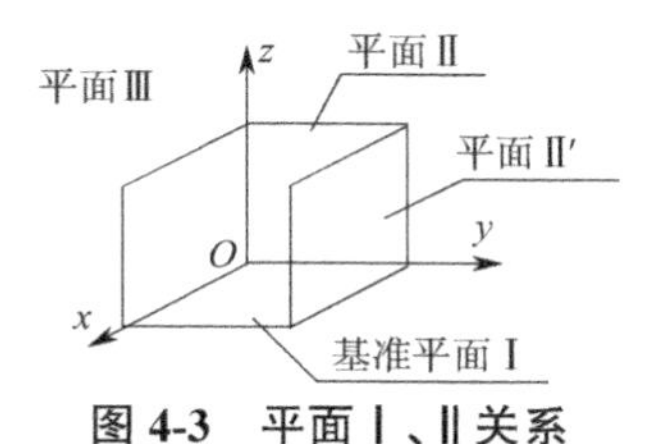

图4-3 平面Ⅰ、Ⅱ关系

(4)两个组成环的被加工要素的方程式全是式(1-2)，封闭环是垂直度要求，恰适合于表4-1中的“链型Ⅳ”。

以下按此四种情况推导几何误差链的计算公式。

4.2.1.3 四种几何关系的计算公式

1. 两个相关联的平面表达式均应采用式(1-1)

平面Ⅰ对基准平面的平行度公差 $a_1/2r$，平面Ⅱ对基准平面的平行度公差 $a_2/2r$，计算平面Ⅰ、Ⅱ平行度 $\delta_N/2r$。

平面Ⅰ：

$$a_1\cos\xi_1 x + a_1\sin\xi_1 y + 2rz = 0$$

平面Ⅱ：

$$a_2\cos\xi_2 x + a_2\sin\xi_2 y + 2rz = 0$$

恰如表4-1中几何误差链分型的第Ⅰ种。

根据解析几何介绍，若两平面的方程式分别为

$$A_1x+B_1y+C_1z=0$$

$$A_2x+B_2y+C_2z=0$$

其中，平面Ⅰ的法向量 $n_1=(A_1, B_1, C_1)$，平面Ⅱ的法向量 $n_2=(A_2, B_2, C_2)$，则两平面间的夹角 θ 满足：

$$\cos\theta=\frac{n_1\cdot n_2}{|n_1||n_2|}=\frac{A_1A_2+B_1B_2+C_1C_2}{\sqrt{A_1^2+B_1^2+C_1^2}\sqrt{A_2^2+B_2^2+C_2^2}}$$

因为平面Ⅰ、Ⅱ的方程式均为式(1-1)，所以两者间的夹角 θ 满足：

$$\cos\theta=\frac{a_1a_2\cos(\xi_1-\xi_2)+4r^2}{\sqrt{4r^2+a_1^2}\sqrt{4r^2+a_2^2}}$$

封闭环要求平面Ⅰ对平面Ⅱ的平行度公差 δ_N，故其夹角 θ 应采用式(2-3)：

$$\cos\theta=\frac{2r}{\sqrt{4r^2+\delta_N^2}}$$

所以

$$\frac{a_1a_2\cos(\xi_1-\xi_2)+4r^2}{\sqrt{4r^2+a_1^2}\sqrt{4r^2+a_2^2}}=\frac{2r}{\sqrt{4r^2+\delta_N^2}}$$

展开整理可得

$$\delta_N^2=\frac{4r^2\left(4r^2+a_1^2\right)\left(4r^2+a_2^2\right)-4r^2\left[a_1a_2\cos\left(\xi_1-\xi_2\right)+4r^2\right]^2}{\left[a_1a_2\cos\left(\xi_1-\xi_2\right)+4r^2\right]^2}$$

忽略无穷小后,可得

$$\delta_N=\sqrt{a_1^2+a_2^2-2a_1a_2\cos\left(\xi_1-\xi_2\right)} \tag{4-1}$$

针对该式的讨论如下。

(1)封闭环公差不但与组成环公差(a_1、a_2)有关,还与组成环最大误差发生的位置(ξ_1、ξ_2)有关。

(2)ξ_1、ξ_2 均为 0°~360° 的角度,所以 ξ_1-ξ_2 也为 0°~360° 的角度,因此 $-1\leqslant\cos(\xi_1-\xi_2)\leqslant1$。工艺设计时采用的极限误差(一般极值法计算时可采用):

$$\delta_N=a_1+a_2 \tag{4-2}$$

当封闭环的最大误差($\delta_N=a_1+a_2$)发生于 0° 位置时,90° 位置的误差只能是 0;当最大误差($\delta_N=a_1+a_2$)发生于 90° 位置时,0° 位置的误差只能是 0,可见两个方向的误差是相关的。

(3)根据两相关联要素间的关系可见,在表 4-1 中的第 I 种链型均适合用此公式。

(4)两平面的平行度限定被测要素在两个旋转自由度上的位置,两个组成环的误差不会因为分别限定的两个旋转自由度相同就可以在两个旋转自由度之间相互传递到封闭环上。如图 4-4 所示,封闭环 δ_N 在 x 轴上的投影 δ_{Nx} 只能是两个组成环分别在 x 轴上的投影(a_{1x}、a_{2x})之和,a_{1x}、a_{2x} 不会影响到 δ_N 在 y 轴上的投影。同样,δ_N 在 y 轴上的投影(a_{1y}、a_{2y})也不会影响 a_{1x}、a_{2x}。由此可得,误差只能传递到相同的自由度上。

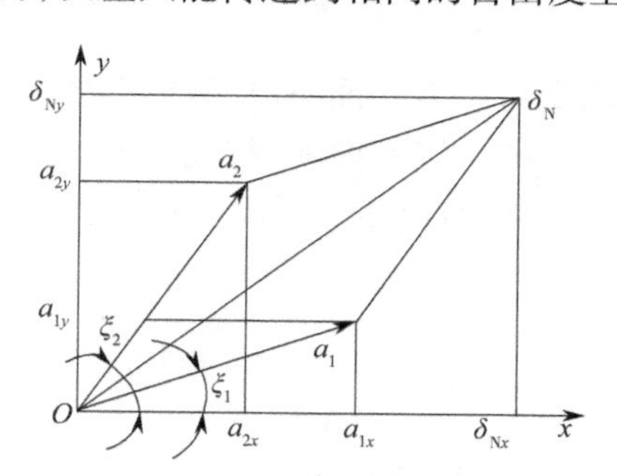

图 4-4　误差按各自由度传递

2. 两个相关联的平面表达式分别采用式(1-1)、式(1-2)

平面 I 对基准平面的平行度公差 $a_1/2r$,平面 II 对基准平面的垂直度公差 $a_2/2r$,计算平面 I 对平面 II 的垂直度 $\delta_N/2r$。

平面 I 方程式:

$$a_1\cos\xi_1x+a_1\sin\xi_1y+2rz=0$$

平面 II 方程式:

$$2r\cos\eta_2x+2r\sin\eta_2y+a_2z=0$$

恰如表 4-1 中几何误差链分型的第Ⅱ种。

根据解析几何可得，平面Ⅰ、Ⅱ间的夹角 θ 满足：

$$\cos\theta=\frac{2ra_1\cos(\xi_1-\eta_2)+2ra_2}{\sqrt{4r^2+a_1^2}\sqrt{4r^2+a_2^2}}$$

封闭环为平面Ⅰ对平面Ⅱ的垂直度公差 δ_N，应采用式(2-1)：

$$\cos\theta=\frac{\delta_N}{\sqrt{4r^2+\delta_N^2}}$$

所以

$$\frac{2ra_1\cos(\xi_1-\eta_2)+2ra_2}{\sqrt{4r^2+a_1^2}\sqrt{4r^2+a_2^2}}=\frac{\delta_N}{\sqrt{4r^2+\delta_N^2}}$$

等式两端根号内，前项特大，后项很小，故后项可以忽略不计，再经约分之后，可得

$$\delta_N=a_2+a_1\cos(\xi_1-\eta_2)$$

当 $\eta_2\approx0°$ 时，有

$$\delta_N=a_2+a_1\cos\xi_1 \tag{4-3}$$

当 $\eta_2\approx90°$ 时，有

$$\delta_N=a_2+a_1\sin\xi_1 \tag{4-4}$$

式(4-3)、式(4-4)极值法计算时采用公式与式(4-2)相同。

针对式(4-3)、式(4-4)的讨论如下。

(1)对于基准不变几何误差三环链，其产生组成环的先后次序不影响封闭环公(误)差的大小。组成环是垂直度要求的，误差全部传递给封闭环；平行度要求的误差按方向角决定传递给封闭环的多少。

(2)第一个组成环是平面Ⅰ对基准平面(xOy 坐标平面)的平行度，限定平面Ⅰ绕 x、y 轴的旋转。如图 4-5(a)所示，平面Ⅰ绕 x 轴旋转 β 角、绕 y 轴旋转 α 角后，达到 BCD 位置，产生 ξ 角。因为平面Ⅰ对基准平面(xOy 坐标平面)的平行度为 a_1($2r$ 范围内)，则有

$$OA=2r$$

$$OD=a_1$$

$$OA/\cos\xi=OC$$

$$OA/\sin\xi=OB$$

所以，平面Ⅰ绕 x 轴旋转的角度 β 满足 $\tan\beta=a_1\sin\xi/2r$，即绕 x 轴在 $2r$ 范围内旋转量为 $a_1\sin\xi$；平面Ⅰ绕 y 轴旋转的角度 α 满足 $\tan\alpha=a_1\cos\xi/2r$，即绕 y 轴在 $2r$ 范围内旋转量为 $a_1\cos\xi$。

第二个组成环是平面Ⅱ对基准平面的垂直度，若平面Ⅱ的方向角 $\eta_2\approx90°$，由图 4-5(b)所示，平面Ⅱ对基准平面的垂直度限定平面Ⅱ绕 x 轴的旋转，旋转量在 $2r$ 范围内为 a_2。

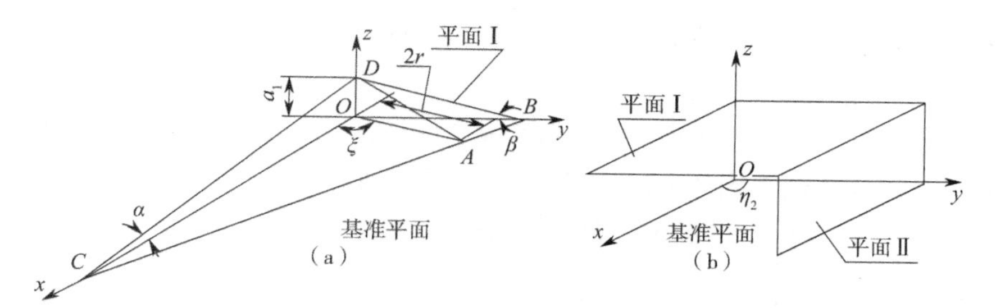

图 4-5　平行度与垂直度误差传递

(a)平行度的误差传递　(b)垂直度的误差传递

注:xOy 坐标平面为基准平面。

封闭环是平面 I 对平面 II 的垂直度。第一组成环绕 x 轴旋转量为 $a_1\sin\xi$,第二组成环的平面 II 的方向角 $\eta_2\approx 90°$,处于和坐标平面 xOz 近似平行的位置,其误差为该平面绕 x 轴旋转的量 a_2。封闭环的公差恰是此两部分之和,与式(4-4)相同;当平面 II 的方向角 $\eta_2\approx 0°$,处于和坐标平面 yOz 近似平行的位置,其误差为该要求限定平面 II 绕 y 轴旋转的量 a_2,第一个组成环绕 y 轴旋转量为 $a_1\cos\xi$,封闭环公差等于两组成环公差之和,恰和式(4-3)一致。符合同度等量传递原则。

(3)方向角 ξ_1 在 0°~360° 变化,在工艺设计时一般取其最大值。所以,采用极值法计算封闭环时,不管 $\eta_2\approx 0°$ 或 $\eta_2\approx 90°$,均应按公式 $\delta_N=a_2+a_1$ 计算。

(4)根据两相关联要素间的关系可见,在表 4-1 的链型 II 均适合用此公式。

3. 两个相关联的平面表达式均应采用式(1-2)情况 1

平面 I 对基准平面的垂直度公差 $a_1/2r$,平面 II 对基准平面的垂直度公差 $a_2/2r$,计算平面 I 对平面 II 的平行度公差 $\delta_N/2r$。

平面 I 方程式:

$$2r\cos\eta_1 x+2r\sin\eta_1 y+a_1 z=0$$

平面 II 方程式:

$$2r\cos\eta_2 x+2r\sin\eta_2 y+a_2 z=0$$

恰如表 4-1 中几何误差链分型的第 III 种。

平面 I、II 间的夹角 θ 满足:

$$\cos\theta=\frac{4r^2\cos(\eta_1-\eta_2)+a_1a_2}{\sqrt{4r^2+a_1^2}\sqrt{4r^2+a_2^2}}$$

封闭环平面 I 对平面 II 的平行度公差 δ_N 应采用式(2-3):

$$\cos\theta=\frac{2r}{\sqrt{4r^2+\delta_N^2}}$$

所以

$$\frac{4r^2\cos(\eta_1-\eta_2)+a_1a_2}{\sqrt{4r^2+a_1^2}\sqrt{4r^2+a_2^2}}=\frac{2r}{\sqrt{4r^2+\delta_N^2}}$$

等式两端平方、整理,并忽略高阶无穷小后,可得

$$\delta_N^2 = 4r^2\sin^2(\eta_1 - \eta_2) + a_1^2 + a_2^2 - 2a_1a_2\cos(\eta_1 - \eta_2)$$

针对该式的讨论如下。

（1）当平面Ⅰ的方向角 η_1=0° ±γ_1（或 η_1=90° ±γ_1）时，平面Ⅱ的方向角只能是 η_2=0° ±γ_2（或 η_2=90° ±γ_2），才能使封闭环平面Ⅰ对平面Ⅱ平行，则有

$$\eta_1-\eta_2=0° \pm(\gamma_1-\gamma_2)\text{或}\ \eta_1-\eta_2=180° \pm(\gamma_1-\gamma_2)$$

所以

$$\sin(\eta_1-\eta_2)=\sin(\gamma_1-\gamma_2)\approx 0$$

$$\cos(\eta_1-\eta_2)=\cos(\gamma_1-\gamma_2)\approx 1$$

上式可简化为

$$\delta_N = \sqrt{4r^2\sin^2(\gamma_1 - \gamma_2) + (a_1 + a_2)^2 \cdots\cdots} \tag{4-5}$$

式（4-5）中，$4r^2\sin^2(\gamma_1 - \gamma_2)$ 的 $\sin(\gamma_1-\gamma_2)\approx 0$（似是无穷小），而 $4r^2$ 很大，两者只乘积可能是与几何公差相当的量，故无穷小不能忽略。又因为每一道工序的工序几何公差（a_1、a_2）不可能小于 0 以及（a_1+a_2）^{2} 也必大于 0，所以根号内前项必须小于 δ_N，等式才能成立，设计的工艺才能满足封闭环要求。

（2）封闭环要求两平面的平行度，限定被测要素绕 y、z 轴的旋转。为达到平面Ⅰ、Ⅱ平行的要求，两个组成环产生的平面Ⅰ、Ⅱ的方向角必须同时等于 0° 或 90°。图 4-6 绘制了平面Ⅰ、Ⅱ的方向角同时为 0° 的情况。若第二组成环，平面Ⅱ绕 y 轴旋转 a_2 到达平面Ⅱ′后，平面Ⅱ′不再垂直于坐标平面 xOy，改变了封闭环平面Ⅰ、Ⅱ的平行。同样，第一组成环平面Ⅰ绕 z 轴旋转 a_1 到达平面Ⅰ′后，平面Ⅰ′垂直于坐标平面 xOy，不再垂直于坐标平面 xOz，仍会改变封闭环平面Ⅰ、Ⅱ的平行。由此可见，平面Ⅰ、Ⅱ不管绕 y（或 z）轴旋转都会改变平面Ⅰ、Ⅱ的平行。同样，可以看到当平面Ⅰ、Ⅱ的方向角同时为 90° 时，也会产生类似结果，即和式（4-5）是一致的。

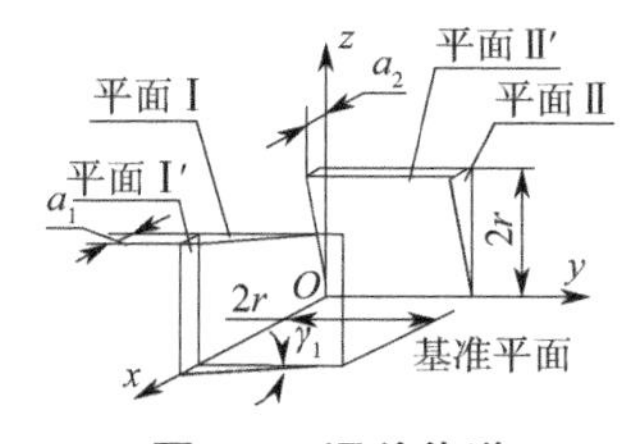

图 4-6　误差传递

注：xOy 坐标平面为基准平面。

（3）应用式（4-5）时应注意，由图 1-16 可知，当平面垂直于坐标平面 xOy 时，平面的方向角可能在 0°（或 90°）附近做微小变化，其角向误差可正可负。在计算封闭环的实际误差时，应按平面的实际位置计算，即两个组成环的被加工要素（平面）的角向误差同向时，两个组成环的被测要素的方向角分别为 γ_1、γ_2（或$-\gamma_1$、$-\gamma_2$），异向时则为 γ_1、$-\gamma_2$（或$-\gamma_1$、γ_2），可按式 $4r^2\sin^2(\gamma_1 - \gamma_2)$ 直接计算；当在工艺设计时应取被加工要素可能产生最大误差的位置，其中的 $4r^2\sin^2(\gamma_1 - \gamma_2)$ 中的角度应采用角度绝对值之和计算。

（4）根据两相关联的要素间的关系可见，在表 4-1 的链型Ⅲ均适合用此公式。

4. 两个相关联的平面表达式均应采用式（1-2）情况 2

平面Ⅰ对基准平面的垂直度公差 $a_1/2r$，平面Ⅱ对基准平面的垂直度公差 $a_2/2r$，计算平面Ⅰ对平面Ⅱ的垂直度公差 $\delta_N/2r$。

平面Ⅰ方程式：

$$2r\cos\eta_1 x + 2r\sin\eta_1 y + a_1 z = 0$$

平面Ⅱ方程式：

$$2r\cos\eta_2 x + 2r\sin\eta_2 y + a_2 z = 0$$

平面Ⅰ、Ⅱ间的夹角 θ 满足：

$$\cos\theta = \frac{4r^2\cos(\eta_1 - \eta_2) + a_1 a_2}{\sqrt{4r^2 + a_1^2}\sqrt{4r^2 + a_2^2}}$$

封闭环平面Ⅰ对平面Ⅱ的垂直度公差 δ_N 应采用式（2-1）：

$$\cos\theta = \frac{\delta_N}{\sqrt{4r^2 + \delta_N^2}}$$

所以

$$\frac{4r^2\cos(\eta_1 - \eta_2) + a_1 a_2}{\sqrt{4r^2 + a_1^2}\sqrt{4r^2 + a_2^2}} = \frac{\delta_N}{\sqrt{4r^2 + \delta_N^2}}$$

等式两端平方、整理，并忽略高阶无穷小后，可得

$$\delta_N = 2r\cos(\eta_1 - \eta_2)$$

针对该式的讨论如下。

（1）封闭环要求平面Ⅰ对平面Ⅱ的垂直度，只有当第一组成环的平面Ⅰ的方向角 $\eta_1=0°\pm\gamma_1$（或 $\eta_1=90°\pm\gamma_1$）时，第二组成环的平面Ⅱ的方向角只能是 $\eta_2=90°\pm\gamma_2$（或 $\eta_2=0°\pm\gamma_2$），才能实现平面Ⅰ对平面Ⅱ垂直的要求，则有

$$\eta_1 - \eta_2 = 90° \pm (r_1 - r_2)$$

因此，上式应为

$$\delta_N = 2r\sin(\gamma_1 - \gamma_2) \tag{4-6}$$

其中角向误差的处理和式（4-5）相似。封闭环的实际误差用式（4-6）计算，封闭环的公差计算（工艺设计时）应按式 $\delta_N = 2r\sin(\gamma_1 + \gamma_2)$ 计算。

（2）封闭环要求平面Ⅰ对平面Ⅱ的垂直度限定了平面Ⅰ环绕 z 轴旋转，如图 4-7 所示。第一组成环平面Ⅰ对基准平面的垂直度 a_1，平面Ⅰ可以绕 y 轴旋转到点画线位置，平面Ⅰ仍垂直于平面Ⅱ，因为两者所限定的自由度不同。同样，第二组成环的工序几何公差 a_2 限定的是平面Ⅱ环绕 x 轴旋转，也与封闭环要求限定的自由度不同，所以不能传递到封闭环上。若第二组成环的角向误差是平面Ⅱ可以绕 z 轴旋转到虚线位置，不改变平面Ⅱ对工序基准平面的垂直度，但可以改变封闭环要求的平面Ⅱ对平面Ⅰ垂直度，因为两者的自由度相同。同样，第一组成环的角向误差所限定的自由度也和封闭环要求的一致，两者均可传递到封闭环上。

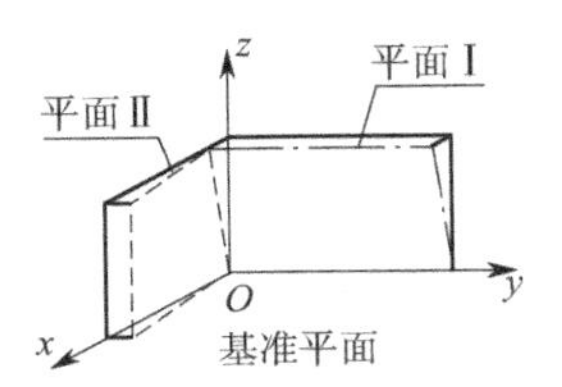

图 4-7　自由度与误差传递

注：xOy 坐标平面为基准平面。

（3）由式（4-6）知，组成环的工序几何公差（a_1、a_2）与封闭环的精度无关，那么是否可以任意给出，或者可不赋予了呢？这与零件的几何形状有关。首先，应该强调的是 a_1、a_2 都是在 0° 或 90° 附近做微小变化的量；其次，还应该考虑被加工要素和其他要素间的关系。

（4）根据两相关联要素间的关系可见，在表 4-1 的链型Ⅳ均适合用此公式。

至此，基准不变工序几何误差三环链的计算公式全部推导完成，四个公式有一个共同的特点，即组成环要求的自由度和封闭环所要求的自由度相同时才能等量传递，自由度不同不能传递。

4.2.2　基准递变工序几何误差三环链的计算

由于基准递变工序几何误差三环链中封闭环的两相关联要素存在于不同的坐标系中，不能直接进行计算。也就是以第一要素为基准（即第一坐标系的 $x_1O_1y_1$ 坐标平面）加工第二要素，第二要素存在于第一坐标系中；又以第二要素为第二坐标系的 $x_2O_2y_2$ 坐标平面，加工第三要素；封闭环是第三要素（第二坐标系中的被加工要素）对第一要素（第一坐标系的 $x_1O_1y_1$ 坐标平面）间的几何关系。两要素不在同一坐标系中，但第二坐标系存在于第一坐标系中，且两个坐标系的关系十分密切。由此可得：①封闭环的要求必须通过坐标变换之后才能计算；②两个坐标系的关系密切，为坐标变换提供了可能。

4.2.2.1　选择坐标变换使用的坐标系

如果能把第三要素变到第一坐标系中，或把第一要素变到第二坐标系中，便可直接进行计算。如何将要素方程式变换到同一坐标系中呢？

机械加工中被加工要素存在于以定位基准体系所决定的坐标系中，本书“1.1.6　几何要素的数学表达式”中所建立的被加工要素的方程式，都是接近于平行或垂直坐标平面的各种平面的方程式群，或者说被加工要素都必须调整到基本符合基本坐标系要求之后才能加工。所以，在选择坐标变换所使用的坐标系时，应当达到基本坐标系的要求。因为第一要素是基准要素，必定符合基本坐标系要求。以第一要素为基准建立的第一坐标系与第二坐标系相比，应视为最符合基本坐标系条件的。生产出的第二要素相对于基本坐标系只有很小的、可控的误差（或者说必须调整到相对于基本坐标系，只允许出现在很小（允许）的误差范围内后才能生产）。或者说，若第二要素（若是平面）的垂线为 z_2 轴，与基本坐标系的坐标轴（z_1）接近于重合。第二坐标系的 x_2、y_2 轴应存在于第二要素（平面）上，且应选择尽量接近第一坐标系的另两个坐标轴（只相差一个很小且固定的角度）。即使如此，也必须调整到符合基本坐标系要求才能生产。所以，依此坐标系讨论并建立坐标变换时应用的第二坐标系，也就最接近于基本坐标系。此坐标系有以下两种情况。

（1）如图 4-8 所示，如果第二要素平行于第一要素，坐标系 O_1-$x_1y_1z_1$ 已经建立，第一要素是 $x_1O_1y_1$ 坐标平面，第二要素 ABC 接近平行于第一要素，第二要素加工后 z_2 轴随之产生。坐标变换时用的 x_2（y_2）轴如何选择？由图 4-8 可见，较为典型并易于找到的、最接近于基本坐标系的是第二要素和第一坐标系的三个坐标平面的交线 AC、AB、BC，第一、二要素的交线 BC 不可选用。因为由于 ξ 角的变化，BC 的变化太大，且与第一机加工艺坐标系的 x_1（y_1）轴相距太远，即不易达到符合基本坐标系的要求。而第二要素和 $x_1O_1z_1$ 或 $y_1O_1z_1$ 坐标平面的交线（AB、AC）的位置变化小，离第一机加工艺坐标系的 x_1（或 y_1）轴距离也近，（AC 与 y_1 轴相距近，AB 与 x_1 轴相距近）可被选择。若选择 AB 为 x_2 轴，则第二坐标系的 x_2、z_2 轴已经确定，y_2 轴随之也被确定。

（2）第二要素垂直于第一要素时，又存在方向角为 0°、90° 的两种情况。图 4-9 所示为方向角接近 0°，坐标变换时所采用的坐标系。第二要素的垂线仍是第二机加工艺坐标系的 z_2 轴，其 x_2 或 y_2 轴也在第二要素和第一坐标系的三个坐标平面的交线 AC、BC、AB 中选择，且交线 AB 不可选用，也是因为角度 η 小有变化，AB 变化太大，而 AC 或 BC 的变化很小，且距第一坐标系的两轴较近，故可选用。若选择 AC 为 x_2 轴，第二坐标系的 x_2、z_2 轴已经确定，y_2 轴随之也被确定。当第二要素的方向角为 90° 时，按同样的方法也可找到第二坐标系三轴的位置，不再赘述。

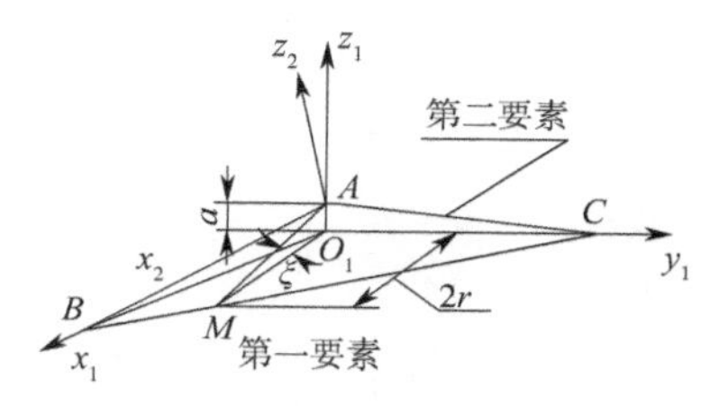

图 4-8　两个坐标系的 xOy 坐标平面平行时第二坐标系选择

注：1. $x_1O_1y_1$ 为第一坐标系的 xOy 坐标平面；2. ABC 为第二坐标系的 xOy 坐标平面。

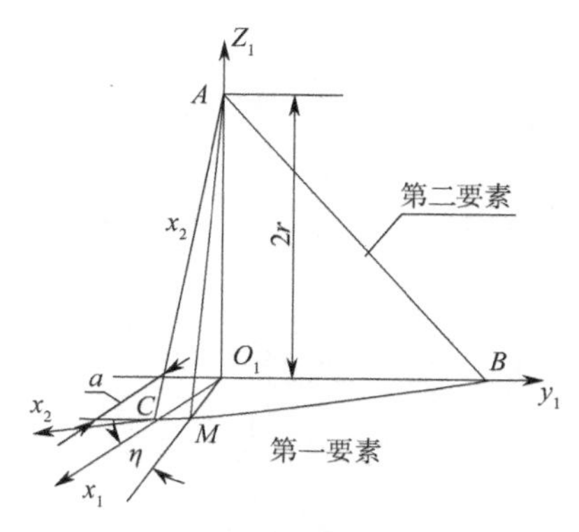

图 4-9　两个坐标系的 xOy 坐标平面垂直（$\eta \approx 0°$）时第二坐标系选择

注：1. $x_1O_1y_1$ 为第一坐标系的 xOy 坐标平面；2. ABC 为第二坐标系的 xOy 坐标平面。

4.2.2.2　第一、二坐标系间的变换

第一要素为第一坐标系的 $x_1O_1y_1$ 坐标平面，其方程式为

$$z_1=0 \tag{4-7}$$

令第二要素的方程式为

$$A_1x_1+B_1y_1+C_1z_1=0$$

第二要素是第二坐标系的 $x_2O_2y_2$ 坐标平面，其垂线为 z_2 轴。为公式推导方便，将 z_2 轴平移至通过坐标原点，所以 z_2 轴的方程式为

$$\frac{x_1}{A_1}=\frac{y_1}{B_1}=\frac{z_1}{C_1} \tag{4-8}$$

第二坐标系的 x_2、y_2 轴必在第二要素（$z_2=0$ 平面）内，并由次要定位基准决定，但被加工要素必须调整到符合基本坐标系的要求后才能开始加工。所以，第二坐标系应分以下两种情况讨论。

（1）如图 4-8 所示，当第二要素（平面 ABC）对 z_1 轴垂直时（即第一要素和第二要素平行时）。平面 ABC 即为第二要素，其垂线为第二坐标系的 z_2 轴；另两轴 x_2 及 y_2 轴在平面 ABC 上。而选平面 ABC 上的 AB 作为 x_2 轴，则 y_2 轴垂直第二坐标系的 x_2、z_2 轴，第二坐标系由此而定。

令平面 ABC 与坐标平面 $x_1O_1z_1$ 的交线 AB 为 x_2 轴，则 x_2 轴方程式为平面 ABC（$A_1x_1+B_1y_1+C_1z_1=0$）和平面 $x_1O_1z_1$（$y_1=0$）的交线，可得 x_2 轴方程式为

$$\frac{x_1}{C_1}=\frac{-z_1}{A_1}$$

设 y_2 轴方程式为

$$\frac{x_1}{M}=\frac{y_1}{N}=\frac{z_1}{P}$$

因为 y_2 轴垂直于 z_2 轴，则

$$A_1M+B_1N+C_1P=0$$

因为 y_2 轴垂直于 x_2 轴，则

$$C_1M-A_1P=0$$

所以，有方程组：

$$\begin{cases}A_1M+B_1N+C_1P=0\\C_1M-A_1P=0\end{cases}$$

则有

$$M=\frac{\begin{vmatrix}-B_1 & C_1\\0 & -A_1\end{vmatrix}}{\begin{vmatrix}A_1 & C_1\\C_1 & -A_1\end{vmatrix}}N$$

$$P=\frac{\begin{vmatrix}A_1 & -B_1\\C_1 & 0\end{vmatrix}}{\begin{vmatrix}A_1 & C_1\\C_1 & -A_1\end{vmatrix}}N$$

故 y_2 轴方程式为

$$\frac{x_1}{\begin{vmatrix} -B_1 & C_1 \\ 0 & -A_1 \end{vmatrix}} = \frac{y_1}{\begin{vmatrix} A_1 & C_1 \\ C_1 & -A_1 \end{vmatrix}} = \frac{z_1}{\begin{vmatrix} A_1 & -B_1 \\ C_1 & 0 \end{vmatrix}}$$

第二坐标系的三轴在第一坐标系中可视为三个向量。

根据 x_2 轴的方程式可知,x_2 轴相对于第一坐标系的 x_1、y_1、z_1 轴的方向余弦分别为

$$x_{x2} = \frac{C_1}{\sqrt{A_1^2 + C_1^2}}$$

$$y_{x2} = 0$$

$$z_{x2} = \frac{-A_1}{\sqrt{A_1^2 + C_1^2}}$$

y_2 轴相对于第一坐标系的 x_1、y_1、z_1 轴的方向余弦分别为

$$x_{y2} = \frac{\begin{vmatrix} -B_1 & C_1 \\ 0 & -A_1 \end{vmatrix}}{\sqrt{\begin{vmatrix} -B_1 & C_1 \\ 0 & -A_1 \end{vmatrix}^2 + \begin{vmatrix} A_1 & C_1 \\ C_1 & -A_1 \end{vmatrix}^2 + \begin{vmatrix} A_1 & -B_1 \\ C_1 & 0 \end{vmatrix}^2}}$$

$$y_{y2} = \frac{\begin{vmatrix} A_1 & C_1 \\ C_1 & -A_1 \end{vmatrix}}{\sqrt{\begin{vmatrix} -B_1 & C_1 \\ 0 & -A_1 \end{vmatrix}^2 + \begin{vmatrix} A_1 & C_1 \\ C_1 & -A_1 \end{vmatrix}^2 + \begin{vmatrix} A_1 & -B_1 \\ C_1 & 0 \end{vmatrix}^2}}$$

$$z_{y2} = \frac{\begin{vmatrix} A_1 & -B_1 \\ C_1 & 0 \end{vmatrix}}{\sqrt{\begin{vmatrix} -B_1 & C_1 \\ 0 & -A_1 \end{vmatrix}^2 + \begin{vmatrix} A_1 & C_1 \\ C_1 & -A_1 \end{vmatrix}^2 + \begin{vmatrix} A_1 & -B_1 \\ C_1 & 0 \end{vmatrix}^2}}$$

z_2 轴相对于第一坐标系的 x_1、y_1、z_1 轴的方向余弦分别为

$$x_{z2} = \frac{A_1}{\sqrt{A_1^2 + B_1^2 + C_1^2}}$$

$$y_{z2} = \frac{B_1}{\sqrt{A_1^2 + B_1^2 + C_1^2}}$$

$$z_{z2} = \frac{C_1}{\sqrt{A_1^2 + B_1^2 + C_1^2}}$$

第二坐标系三轴的方向余弦矩阵为

$$(A) = \begin{pmatrix} x_{x2} & x_{y2} & x_{z2} \\ y_{x2} & y_{y2} & y_{z2} \\ z_{x2} & z_{y2} & z_{z2} \end{pmatrix}$$

坐标变换公式（第一、二坐标系间的关系）：

$$\begin{pmatrix} x_1 \\ y_1 \\ z_1 \end{pmatrix} = \begin{vmatrix} x_{x2} & x_{y2} & x_{z2} \\ y_{x2} & y_{y2} & y_{z2} \\ z_{x2} & z_{y2} & z_{z2} \end{vmatrix} \begin{pmatrix} x_2 \\ y_2 \\ z_2 \end{pmatrix} \tag{4-9}$$

式（4-9）说明了第一、二坐标系间的关系，即可相互转换。

当第二要素加工完成后，实际上第二坐标系就为已知。第一、二坐标系相互转换的关系就已确定。根据第一、二要素即可计算出坐标变换关系式如下。

第一要素方程式为

$$z_1 = 0$$

第二要素（存在于第一坐标系中，并与第一要素平行）方程式为

$$a_1\cos\xi_1 x_1 + a_1\sin\xi_1 y_1 + 2rz_1 = 0$$

将第二要素方程式分别代入第二坐标系三根坐标轴的方向余弦计算式，则第二坐标系与第一坐标系的关系可根据式（4-9）得到：

$$x_2 = x_{x2}x_1 + y_{x2}y_1 + z_{x2}z_1$$
$$y_2 = x_{y2}x_1 + y_{y2}y_1 + z_{y2}z_1$$
$$z_2 = x_{z2}x_1 + y_{z2}y_1 + z_{z2}z_1$$

y_2 轴相对于第一坐标系的 x_1、y_1、z_1 轴的方向余弦的分母计算：

$$\sqrt{\begin{vmatrix} -B_1 & C_1 \\ 0 & -A_1 \end{vmatrix}^2 + \begin{vmatrix} A_1 & C_1 \\ C_1 & -A_1 \end{vmatrix}^2 + \begin{vmatrix} A_1 & -B_1 \\ C_1 & 0 \end{vmatrix}^2} = \sqrt{\left(4r^2 + a_1^2\right)\left(4r^2 + a_1^2\cos^2\xi_1\right)}$$

第二坐标系与第一坐标系的关系：

$$x_2 = \frac{2rx_1}{\sqrt{4r^2 + a_1^2\cos^2\xi_1}} - \frac{a_1\cos\xi_1 z_1}{\sqrt{4r^2 + a_1^2\cos^2\xi_1}} \tag{4-10}$$

$$y_2 = \frac{a_1^2\cos\xi_1\sin\xi_1}{\sqrt{\left(4r^2 + a_1^2\cos^2\xi\right)\left(4r^2 + a_1^2\right)}}\,x_1 - \frac{a_1^2\cos^2\xi_1 + 4r^2}{\sqrt{\left(4r^2 + a_1^2\cos^2\xi\right)\left(4r^2 + a_1^2\right)}}\,y_1 + \frac{2ra_1\sin\xi_1}{\sqrt{\left(4r^2 + a_1^2\cos^2\xi\right)\left(4r^2 + a_1^2\right)}}\,z_1 \tag{4-11}$$

$$z_2 = \frac{a_1\cos\xi_1}{\sqrt{4r^2 + a_1^2}}\,x_1 + \frac{a_1\sin\xi_1}{\sqrt{4r^2 + a_1^2}}\,y_1 + \frac{2r}{\sqrt{4r^2 + a_1^2}}\,z_1 \tag{4-12}$$

至此，确定了当第二要素平行于第一要素时，即第二坐标系的 $x_2O_2y_2$ 坐标平面和第一坐标系的 $x_1O_1y_1$ 坐标平面接近于平行时，把第二坐标系转换为第一坐标系的方法。

（2）第二要素（平面 ABC）垂直于第一坐标系的 $x_1O_1y_1$ 坐标平面时，平面 ABC 的方向角有 $\eta\approx 0°$ 和 $\eta\approx 90°$ 两种位置，分别讨论如下。

①当第二要素（平面 ABC）的方向角 $\eta\approx 0°$，即第二要素垂直于 x_1 轴时，第二要素的垂线是第二坐标系的 z_2 轴，如图 4-9 所示，计算方法同前。

第二要素方程式为

$$2r\sin\eta_1 x_1 + 2r\cos\eta_1 y_1 + a_1 z_1 = 0$$

则第二坐标系与第一坐标系的关系为

$$x_2=\frac{a_1x_1}{\sqrt{4r^2\cos^2\eta_1+a_1^2}}-\frac{2r\cos\eta_1z_1}{\sqrt{4r^2\cos^2\eta_1+a_1^2}} \tag{4-13}$$

$$y_2=\frac{4r\cos\eta_1\sin\eta_1x_1}{\sqrt{\left(4r^2\cos^2\eta_1+a_1^2\right)\left(4r^2+a_1^2\right)}}-\frac{\left(a_1^2+4r^2\cos^2\eta_1\right)y_1}{\sqrt{\left(4r^2\cos^2\eta_1+a_1^2\right)\left(4r^2+a_1^2\right)}}+\frac{2ra_1\sin\eta_1z_1}{\sqrt{\left(4r^2\cos^2\eta_1+a_1^2\right)\left(4r^2+a_1^2\right)}} \tag{4-14}$$

$$z_2=\frac{2r\cos\eta_1x_1}{\sqrt{4r^2+a_1^2}}+\frac{2r\sin\eta_1y_1}{\sqrt{4r^2+a_1^2}}+\frac{a_1z_1}{\sqrt{4r^2+a_1^2}} \tag{4-15}$$

②当第二要素（平面 ABC）的方向角 $\eta\approx90°$ 时，即第二要素垂直于 y_1 轴时，第二要素的垂线是第二坐标系的 z_2 轴，如图 4-10 所示。

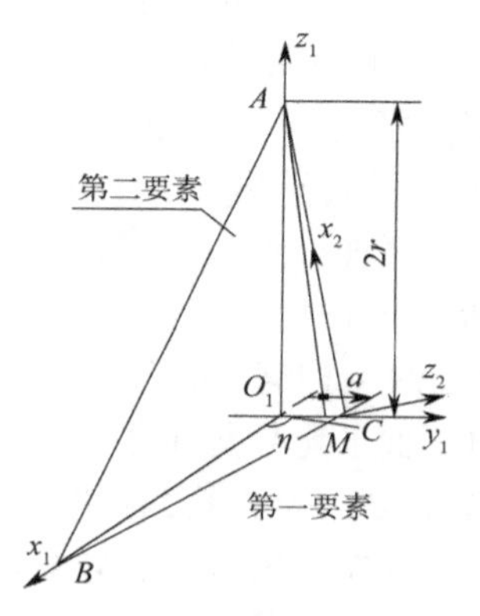

图 4-10　两坐标系的 xOy 平面垂直且 $\eta\approx90°$ 时的第二坐标系

注：1. $x_1O_1y_1$ 为第一坐标系的 xOy 坐标平面；2. ABC 为第二坐标系的 xOy 坐标平面。

第二要素方程式为

$$2r\cos\eta_1x_1+2r\sin\eta_1y_1+a_1z_1=0$$

第二坐标系与第一坐标系的关系为

$$x_2=\frac{a_1y_1}{\sqrt{4r^2\sin^2\eta_1+a_1^2}}-\frac{2r\sin\eta_1z_1}{\sqrt{4r^2\sin^2\eta_1+a_1^2}} \tag{4-16}$$

$$y_2=-\frac{\left(4r^2\sin^2\eta_1+a_1^2\right)x_1}{\sqrt{\left(4r^2\sin^2\eta_1+a_1^2\right)\left(4r^2+a_1^2\right)}}+\frac{4r^2\sin\eta_1\cos\eta_1y_1}{\sqrt{\left(4r^2\sin^2\eta_1+a_1^2\right)\left(4r^2+a_1^2\right)}}+\frac{2ra_1\cos\eta_1z_1}{\sqrt{\left(4r^2\sin^2\eta_1+a_1^2\right)\left(4r^2+a_1^2\right)}} \tag{4-17}$$

$$z_2=\frac{2r\cos\eta_1x_1}{\sqrt{4r^2+a_1^2}}+\frac{2r\sin\eta_1y_1}{\sqrt{4r^2+a_1^2}}+\frac{a_1z_1}{\sqrt{4r^2+a_1^2}} \tag{4-18}$$

以上两小节讨论了第二要素平行或垂直于第一要素时坐标变换的三种基本情况，并针对每种情况计算出第二坐标系与第一坐标系的关系。

4.2.2.3 基准递变工序几何误差三环链可能出现的工艺安排

由于机械产品的多种多样、生产现场及其能力的千变万化,必然造成工艺安排的五花八门,而工艺设计又必须针对每一种安排提出相应的工艺参数。为了不遗漏可能的工艺安排及方便工艺设计时的应用,把可能发生的基准递变工序几何误差三环链的工艺安排汇总于表 4-2 中。根据所设计工艺,在表中查取相同的安排,选择适当的计算公式,计算确定所需的工艺参数,完成工艺设计任务。

列表之前的说明:要素只有平面与直线两种,要素的作用分被加工要素与基准,要素间的关系主要讨论平行度与垂直度。因为是基准递变工序几何误差三环链,所以组成环的先后顺序不能变更。例如,表 4-2 中的序号 4,第一道工序后形成第一组成环,以平面Ⅰ为定位基准,加工平面Ⅱ,保证平面Ⅱ对平面Ⅰ的垂直度;第二道工序形成第二组成环,以平面Ⅱ定位加工平面Ⅲ,保证平面Ⅲ对平面Ⅱ的垂直度,封闭环为平面Ⅲ对平面Ⅰ的平行度,如图 4-11 所示。该加工工艺产生的工序几何误差链符合基准递变三环链的第Ⅲ′种链型,两组成环先后顺序不能改变。因为第一道工序加工后形成的平面Ⅱ是第二道工序加工平面Ⅲ的基准,如果第二道工序先于第一道工序实施,平面Ⅱ尚未精加工,第二道工序只有毛基准,如果加工后零件的精度足够,就不需要再安排第一道工序;如果零件的精度稍差,工艺就必须调整。如图 4-11(a)所示,第一道工序加工形成"一环",后一道工序加工形成"二环",几何误差链查找时从封闭环两端 *A*、*B* 向上查找,右端到 *D* 处遇箭头左拐,到达第Ⅱ要素后向上拐,到 *E* 处再左拐经"一环"到 *C* 处两端相遇,组成一个封闭的链条。如果工艺安排变化为如图 4-11(b)所示,第一道工序以平面Ⅱ定位加工平面Ⅲ,第二道工序以平面Ⅰ为定位基准加工平面Ⅱ,查找时从封闭环两端 *A*、*B* 向上查找,右端到 *D* 处遇箭头左拐,到达第Ⅱ要素后向上拐,左端顺要素Ⅰ一直向上,两边难以相遇。这样会形成什么样的几何误差链,能不能保证封闭环要求,需要思考。

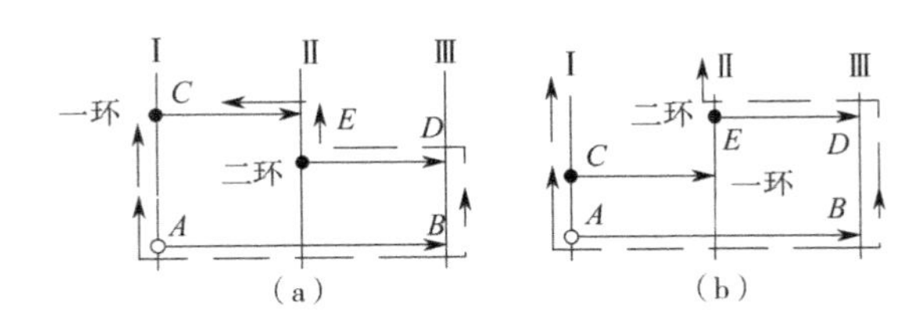

图 4-11 基准递变工序几何误差三环链组成环形成顺序

表 4-2 基准递变几何误差三环链可能出现的工艺安排表

序号	第一组成环			第二组成环			封闭环			链型
	基准	被加工要素	几何关系	基准	被加工要素	几何关系	基准	被加工要素	几何关系	
1	平面Ⅰ	平面Ⅱ	//	平面Ⅱ	平面Ⅲ	//	平面Ⅰ	平面Ⅲ	//	Ⅰ′
2	平面Ⅰ	平面Ⅱ	//	平面Ⅱ	平面Ⅲ	⊥	平面Ⅰ	平面Ⅲ	⊥	Ⅱ′-1
3	平面Ⅰ	平面Ⅱ	⊥	平面Ⅱ	平面Ⅲ	//	平面Ⅰ	平面Ⅲ	⊥	Ⅱ′-2

续表

序号	第一组成环			第二组成环			封闭环			链型
	基准	被加工要素	几何关系	基准	被加工要素	几何关系	基准	被加工要素	几何关系	
4	平面Ⅰ	平面Ⅱ	⊥	平面Ⅱ	平面Ⅲ	⊥	平面Ⅰ	平面Ⅲ	//	Ⅲ′
5	平面Ⅰ	平面Ⅱ	⊥	平面Ⅱ	平面Ⅲ	⊥	平面Ⅰ	平面Ⅲ	⊥	Ⅳ′
6	平面Ⅰ	平面Ⅱ	//	平面Ⅱ	直线Ⅲ	//	平面Ⅰ	直线Ⅲ	//	Ⅱ′-1
7	平面Ⅰ	平面Ⅱ	//	平面Ⅱ	直线Ⅲ	⊥	平面Ⅰ	直线Ⅲ	⊥	Ⅰ′
8	平面Ⅰ	平面Ⅱ	⊥	平面Ⅱ	直线Ⅲ	//	平面Ⅰ	直线Ⅲ	//	Ⅳ′
9	平面Ⅰ	平面Ⅱ	⊥	平面Ⅱ	直线Ⅲ	//	平面Ⅰ	直线Ⅲ	⊥	Ⅲ′
10	平面Ⅰ	平面Ⅱ	⊥	平面Ⅱ	直线Ⅲ	⊥	平面Ⅰ	直线Ⅲ	//	Ⅱ′-2
11	直线Ⅰ	平面Ⅱ	//	平面Ⅱ	平面Ⅲ	//	直线Ⅰ	平面Ⅲ	//	Ⅱ′-2
12	直线Ⅰ	平面Ⅱ	//	平面Ⅱ	平面Ⅲ	⊥	直线Ⅰ	平面Ⅲ	//	Ⅳ′
13	直线Ⅰ	平面Ⅱ	//	平面Ⅱ	平面Ⅲ	⊥	直线Ⅰ	平面Ⅲ	⊥	Ⅲ′
14	直线Ⅰ	平面Ⅱ	⊥	平面Ⅱ	平面Ⅲ	//	直线Ⅰ	平面Ⅲ	⊥	Ⅰ′
15	直线Ⅰ	平面Ⅱ	⊥	平面Ⅱ	平面Ⅲ	⊥	直线Ⅰ	平面Ⅲ	//	Ⅱ′-1
16	平面Ⅰ	直线Ⅱ	//	直线Ⅱ	平面Ⅲ	//	平面Ⅰ	平面Ⅲ	//	Ⅲ′
17	平面Ⅰ	直线Ⅱ	//	直线Ⅱ	平面Ⅲ	//	平面Ⅰ	平面Ⅲ	⊥	Ⅳ′
18	平面Ⅰ	直线Ⅱ	//	直线Ⅱ	平面Ⅲ	⊥	平面Ⅰ	平面Ⅲ	⊥	Ⅱ′-2
19	平面Ⅰ	直线Ⅱ	⊥	直线Ⅱ	平面Ⅲ	//	平面Ⅰ	平面Ⅲ	⊥	Ⅱ′-1
20	平面Ⅰ	直线Ⅱ	⊥	直线Ⅱ	平面Ⅲ	⊥	平面Ⅰ	平面Ⅲ	//	Ⅰ′
21	直线Ⅰ	直线Ⅱ	//	直线Ⅱ	平面Ⅲ	//	直线Ⅰ	平面Ⅲ	//	Ⅱ′-1
22	直线Ⅰ	直线Ⅱ	//	直线Ⅱ	平面Ⅲ	⊥	直线Ⅰ	平面Ⅲ	⊥	Ⅰ′
23	直线Ⅰ	直线Ⅱ	⊥	直线Ⅱ	平面Ⅲ	//	直线Ⅰ	平面Ⅲ	//	Ⅳ′
24	直线Ⅰ	直线Ⅱ	⊥	直线Ⅱ	平面Ⅲ	//	直线Ⅰ	平面Ⅲ	⊥	Ⅲ′
25	直线Ⅰ	直线Ⅱ	⊥	直线Ⅱ	平面Ⅲ	⊥	直线Ⅰ	平面Ⅲ	//	Ⅱ′-2
26	平面Ⅰ	直线Ⅱ	//	直线Ⅱ	直线Ⅲ	//	平面Ⅰ	直线Ⅲ	//	Ⅱ′-2
27	平面Ⅰ	直线Ⅱ	//	直线Ⅱ	直线Ⅲ	⊥	平面Ⅰ	直线Ⅲ	//	Ⅳ′
28	平面Ⅰ	直线Ⅱ	//	直线Ⅱ	直线Ⅲ	⊥	平面Ⅰ	直线Ⅲ	⊥	Ⅲ′
29	平面Ⅰ	直线Ⅱ	⊥	直线Ⅱ	直线Ⅲ	//	平面Ⅰ	直线Ⅲ	⊥	Ⅰ′
30	平面Ⅰ	直线Ⅱ	⊥	直线Ⅱ	直线Ⅲ	⊥	平面Ⅰ	直线Ⅲ	//	Ⅱ′-1
31	直线Ⅰ	平面Ⅱ	//	平面Ⅱ	直线Ⅲ	//	直线Ⅰ	直线Ⅲ	//	Ⅲ′
32	直线Ⅰ	平面Ⅱ	//	平面Ⅱ	直线Ⅲ	//	直线Ⅰ	直线Ⅲ	⊥	Ⅳ′
33	直线Ⅰ	平面Ⅱ	//	平面Ⅱ	直线Ⅲ	⊥	直线Ⅰ	直线Ⅲ	⊥	Ⅱ′-2
34	直线Ⅰ	平面Ⅱ	⊥	平面Ⅱ	直线Ⅲ	//	直线Ⅰ	直线Ⅲ	⊥	Ⅱ′-1
35	直线Ⅰ	平面Ⅱ	⊥	平面Ⅱ	直线Ⅲ	⊥	直线Ⅰ	直线Ⅲ	//	Ⅰ′
36	直线Ⅰ	直线Ⅱ	//	直线Ⅱ	直线Ⅲ	//	直线Ⅰ	直线Ⅲ	//	Ⅰ′

续表

序号	第一组成环			第二组成环			封闭环			链型
	基准	被加工要素	几何关系	基准	被加工要素	几何关系	基准	被加工要素	几何关系	
37	直线Ⅰ	直线Ⅱ	//	直线Ⅱ	直线Ⅲ	⊥	直线Ⅰ	直线Ⅲ	⊥	Ⅱ′-1
38	直线Ⅰ	直线Ⅱ	⊥	直线Ⅱ	直线Ⅲ	//	直线Ⅰ	直线Ⅲ	⊥	Ⅱ′-2
39	直线Ⅰ	直线Ⅱ	⊥	直线Ⅱ	直线Ⅲ	⊥	直线Ⅰ	直线Ⅲ	//	Ⅲ′
40	直线Ⅰ	直线Ⅱ	⊥	直线Ⅱ	直线Ⅲ	⊥	直线Ⅰ	直线Ⅲ	⊥	Ⅳ′

注：① 基准递变几何误差三环链中的组成环先后次序改变将影响计算结果。

② 表中所列直线要素指圆柱体轴线、圆锥体轴线，并非平面上（或空间）两点间的连线。

③ 基准递变几何误差三环链分型为Ⅰ′、Ⅱ′、Ⅲ′、Ⅳ′四型（实际上链型Ⅱ′又分两种情况），与基准不变三环几何误差链的Ⅰ、Ⅱ、Ⅲ、Ⅳ四型相似但有区别。

④ 第Ⅱ′链型中的直线要素用平面要素取代后，凡第一组成环是平行度要求的属于Ⅱ′-1型；第一组成环是垂直度要求的属于Ⅱ′-2型。如表中的序号37的第一组成环为直线Ⅱ对直线Ⅰ的平行度，直线Ⅱ用平面Ⅱ取代后，平面Ⅱ与直线Ⅰ间的几何关系就应改为垂直度，然后用平面Ⅰ取代直线Ⅰ，则平面Ⅰ与平面Ⅱ间的几何关系就成为平行度。所以，序号37属于Ⅱ′-1型。其余均如此变化，不再赘述。

⑤ 表中所列要素是机械产品在生产实际中使用最多的两种要素，但不能排除可能出现的其他要素及其所处的其他特殊位置。如有出现，应结合实际情况，考虑本书介绍的方法计算处理。

4.2.2.4　基准递变工序几何误差三环链的公式类别

按表4-2所列，对40种工艺安排逐一进行工艺计算过于麻烦，但又不能遗漏任何一种工艺安排，以免造成工艺设计困难。在轴线采用平面要素替代后，第一要素已经固定为第一坐标系的 $x_1O_1y_1$ 坐标平面；加工产生的第二要素就可能分别是第一坐标系的 $x_1O_1y_1$、$x_1O_1z_1$、$y_1O_1z_1$ 坐标平面；第二要素是第二坐标系的 $x_2O_2y_2$ 坐标平面后，第三要素又可能是第二坐标系的三个坐标平面的方向。所以，计算公式应按表4-3所列的九种情况分别进行推导。

表4-3　基准递变工序几何误差三环链链型分类

序号	第一组成环公差 a_1 第一坐标系		第二组成环公差 a_2 第二坐标系		封闭环公差 δ_N 平面Ⅲ对平面Ⅰ间的几何关系	
	平面Ⅰ为第一坐标系的	平面Ⅱ平行于第一坐标系的	平面Ⅱ为第二坐标系的	平面Ⅲ平行于第二坐标系的	几何关系	计算公式
1	$x_1O_1y_1$ 坐标平面	$x_1O_1y_1$ 坐标平面	$x_2O_2y_2$ 坐标平面	$x_2O_2y_2$	//	$\delta_N=\sqrt{a_1^2+a_2^2+2a_1a_2\cos(\xi_1+\xi_2)}$
2				$y_2O_2z_2$ $\eta_2\approx0°$	⊥	$\delta_N=a_2-a_1\cos\xi_1$，$\tan\gamma_N=\sin\gamma_2$
3				$x_2O_2z_2$ $\eta_2\approx90°$	⊥	$\delta_N=a_2-a_1\sin\xi_1$，$\tan\gamma_N=\sin\gamma_2$

续表

序号	第一组成环公差 a_1 第一坐标系		第二组成环公差 a_2 第二坐标系		封闭环公差 δ_N 平面Ⅲ对平面Ⅰ间的几何关系	
	平面Ⅰ为第一坐标系的	平面Ⅱ平行于第一坐标系的	平面Ⅱ为第二坐标系的	平面Ⅲ平行于第二坐标系的	几何关系	计算公式
4	$x_1O_1y_1$ 坐标平面	$y_1O_1z_1$ 坐标平面 $\eta_1 \approx 0°$	$x_2O_2y_2$ 坐标平面	$x_2O_2y_2$	⊥	$\delta_N = a_1 - a_2\cos\xi_2$, $\tan\gamma_N = \frac{a_2}{2r} - \sin\gamma_1$
5				$y_2O_2z_2$ $\eta_2 \approx 0°$	//	$\delta_N = \sqrt{(a_1 + a_2)^2 + 4r^2\sin^2\gamma_2}$
6				$x_2O_2z_2$ $\eta_2 \approx 90°$	⊥	$\delta_N = 2r\sin\gamma_2$, $\tan\gamma_N = \frac{a_2}{2r} + \sin\gamma_1$
7		$x_1O_1z_1$ 坐标平面 $\eta_1 \approx 90°$	$x_2O_2y_2$ 坐标平面	$x_2O_2y_2$	⊥	$\delta_N = a_1 - a_2\cos\xi_2$, $\tan\gamma_N = \frac{a_2}{2r} - \sin\gamma_1$
8				$x_2O_2z_2$ $\eta_2 \approx 90°$	⊥	$\delta_N = 2r\sin\gamma_2$, $\tan\gamma_N = \sin\gamma_1 + \frac{a_2}{2r}$
9				$y_2O_2z_2$ $\eta_2 \approx 0°$	//	$\delta_N = \sqrt{(a_1 + a_2)^2 + 4r^2\sin^2\gamma_2}$

注：如序号 4，第一组成环的平面Ⅰ是第一坐标系的 $x_1O_1y_1$ 坐标平面，平面Ⅱ是平行于第一坐标系的 $y_1O_1z_1$ 坐标平面，且 $\eta_1 \approx 0°$，所以第一组成环是平面Ⅱ对平面Ⅰ的垂直度公差为 a_1。第二组成环的平面Ⅱ是第二坐标系的 $x_2O_2y_2$，平面Ⅲ平行于第二坐标系的 $x_2O_2y_2$ 坐标平面，所以第二组成环是平面Ⅲ对平面Ⅱ的平行度公差为 a_2。封闭环要求平面Ⅲ对平面Ⅰ的垂直度公差为 δ_N，封闭环公差采用公式 $\delta_N = a_1 - a_2\cos\xi_2$ 计算，可能发生的角向误差采用公式 $\tan\gamma_N = -\sin\gamma_1 + a_2/2r$ 计算。

4.2.2.5　坐标变换后封闭环的计算

对于基准递变工序几何误差三环链，总是第三要素相对于第一要素间的几何要求。又因第一要素是第一坐标系的 $x_1O_1y_1$ 坐标平面的特殊情况，使公式计算得以简化。一般封闭环只有平行度、垂直度两种情况。

第一要素方程式为

$$z_1 = 0$$

第三要素方程式为

$$A_2x_2 + B_2y_2 + C_2z_2 = 0$$

则两平面间的夹角 θ 满足：

$$\cos\theta = \frac{A_1A_2 + B_1B_2 + C_1C_2}{\sqrt{A_2^2 + B_2^2 + C_2^2}\sqrt{A_1^2 + B_1^2 + C_1^2}} = \frac{C_2}{\sqrt{A_2^2 + B_2^2 + C_2^2}}$$

1. 平行度计算

若两要素（第一、三要素）间平行，且平行度公差为 δ_N，则两要素间的夹角应采用式（2-3）计算，即

$$\cos\theta = \frac{2r}{\sqrt{4r^2 + \delta_N^2}}$$

则：

$$\frac{C_2}{\sqrt{A_2^2+B_2^2+C_2^2}}=\frac{2r}{\sqrt{4r^2+\delta_N^2}}$$

封闭环公差：

$$\delta_N^2=\frac{4r^2\left(A_2^2+B_2^2\right)}{C_2^2} \tag{4-19}$$

2. 垂直度计算

两要素垂直时，两要素间的夹角采用式(2-1)计算，即

$$\cos\theta=\frac{\delta_N}{\sqrt{4r^2+\delta_N^2}}$$

则

$$\frac{C_2}{\sqrt{A_2^2+B_2^2+C_2^2}}=\frac{\delta_N}{\sqrt{4r^2+\delta_N^2}}$$

封闭环公差：

$$\delta_N^2=\frac{4r^2C_2^2}{A_2^2+B_2^2} \tag{4-20}$$

4.2.2.6 工序几何关系及角向误差计算

(1)平面Ⅱ平行于平面Ⅰ，且平行度公差 $a_1/2r$，平面Ⅲ对平面Ⅱ平行，且平行度公差 $a_2/2r$；形成的封闭环为平面Ⅲ对平面Ⅰ的平行度，求其公差 $\delta_N/2r$ 的计算公式。相当于表4-3所列第1种情况。

平面Ⅰ(为第一坐标系的 $x_1O_1y_1$ 坐标平面)的方程式为

$$z_1=0$$

根据平面Ⅰ的方程式建立起第一坐标系，并加工平面Ⅱ，平面Ⅱ存在于第一坐标系中，其方程式为

$$a_1\cos\xi_1x_1+a_1\sin\xi_1y_1+2rz_1=0$$

根据平面Ⅱ建立的第二坐标系加工平面Ⅲ，平面Ⅲ存在于第二坐标系中，其方程式为：

$$a_2\cos\xi_2x_2+a_2\sin\xi_2y_2+2rz_2=0$$

因为平面Ⅱ平行于平面Ⅰ，采用坐标变换公式，即式(4-10)、式(4-11)、式(4-12)代入存在于第二坐标系中的平面Ⅲ的方程式后，可将其变换到第一坐标系中。

平面Ⅲ变换后的方程式为

$$(a_2\cos\xi_2+a_1\cos\xi_1)x_1+(-a_2\sin\xi_2+a_1\cos\xi_1)y_1+2rz_1=0$$

则三个系数分别为

$$A_2=a_2\cos\xi_2+a_1\cos\xi_1$$

$$B_2=-a_2\sin\xi_2+a_1\sin\xi_1$$

$$C_2=2r$$

封闭环为平面Ⅰ($z_1=0$)、平面Ⅲ间的平行度，计算采用式(4-19)：

$$\delta_N^2=\frac{4r^2\left(A_2^2+B_2^2\right)}{C_2^2}$$

将计算获得的 A_2、B_2、C_2 代入上式，则封闭环公差为

$$\delta_N = \sqrt{a_1^2 + a_2^2 + 2a_1a_2\cos(\xi_1 + \xi_2)} \tag{4-21}$$

式中　δ_N——封闭环公差；

a_1、a_2——第一、第二组成环公差；

ξ_1、ξ_2——第一、第二组成环被加工要素的方向角。

由式（4-21）可知：

①封闭环公差计算公式与基准不变链的计算公式基本相同，每一组成环的最大误差发生的位置的方向角在0°~360°变动，所以 $\xi_1+\xi_2$ 也只能在0°~360°变动，封闭环误差的极限值是 $\delta_N=a_1+a_2$，极值法计算封闭环公差采用的公式为 $\delta_N=a_1+a_2$；

②该公式和式（4-1）一样，不同自由度的误差不能相互传递；

③符合表4-2中Ⅰ′链型者均可采用此公式进行工艺设计。

（2）平面Ⅱ平行于平面Ⅰ，且平行度公差 $a_1/2r$；平面Ⅲ对平面Ⅱ垂直，且垂直度公差 $a_2/2r$，方向角为 $\eta_2\approx0°$；形成的封闭环为平面Ⅲ对平面Ⅰ的垂直度，求其公差 $\delta_N/2r$ 的计算公式。相当于表4-3所列第2种情况。

平面Ⅰ（为第一坐标系的 $x_1O_1y_1$ 坐标平面）的方程式为

$$z_1=0$$

以下七种情况均如此，不再重述。

存在于第一坐标系中的平面Ⅱ的方程式为

$$a_1\cos\xi_1x_1 + a_1\sin\xi_1y_1 + 2rz_1 = 0$$

存在于第二坐标系中的平面Ⅲ的方程式为

$$2r\cos\eta_2x_2 + 2r\sin\eta_2y_2 + a_2z_2 = 0$$

因为平面Ⅱ平行于平面Ⅰ，采用坐标变换公式，即式（4-10）、式（4-11）、式（4-12）代入存在于第二坐标系中的平面Ⅲ的方程式后，可将其变换到第一坐标系中。但是，平面Ⅲ可能有 $\eta_2\approx0°$ 或 $\eta_2\approx90°$ 两个位置。若 $\eta_2\approx0°$，则 $\cos\eta_2\approx1$，$\sin\eta_2\approx0$。

平面Ⅲ变换后的方程式为

$$2rx_1 - 2r\sin\eta_2y_1 + [a_2 - a_1\cos(\xi_1 + \eta_2)]z_1 = 0$$

变换后平面Ⅲ方程式的三个系数分别为

$$A=2r$$

$$B=-2r\sin\eta_2$$

$$C=a_2 - a_1\cos(\xi_1 + \eta_2)$$

封闭环为平面Ⅲ对平面Ⅰ（$z_1=0$）的垂直度，计算采用式（4-20），即

$$\delta_N^2 = \frac{4r^2C_2^2}{A_2^2 + B_2^2}$$

由于 $A>>B$，B 可忽略，计算后可得

$$\delta_N = a_2 - a_1\cos(\xi_1 + \eta_2)$$

当 $\eta_2\approx0°$ 时，有

$$\delta_N = a_2 - a_1\cos\xi_1 \tag{4-22}$$

式中 δ_N——封闭环公差；

a_1、a_2——第一、第二组成环公差；

ξ_1——第一组成环被加工要素的方向角。

由于方向角 ξ_1 是 0°~360° 的任意位置，所以 $\cos\xi_1 = \pm 1$。封闭环公差采用极值法计算时为

$$\delta_N = a_2 + a_1$$

由于平面Ⅲ对平面Ⅰ的垂直度只能限定一个自由度上的位置，另一个自由度上的位置必须通过角向误差 γ 控制。尤其多环几何误差链计算时，可能需要计算被测要素的角向误差 γ。根据公式推导可知，平面Ⅲ的方向角 η_2 是平面Ⅲ和平面Ⅰ（坐标平面 xOy）交线与 x 轴的夹角的余角，其正切为交线的斜率。方向角计算如下。

平面Ⅰ的方程式为

$$z_1 = 0$$

平面Ⅲ和平面Ⅰ交线的方程式（化简后）为

$$x_1 - \sin\eta_2 y_1 = 0$$

交线的斜截式为

$$y_1 = \frac{1}{\sin\eta_2}x_1$$

交线的斜率为 $1/\sin\eta_2$，则

$$\tan\alpha = \frac{1}{\sin\eta_2}$$

因为 $\eta_2 \approx 0°$，则 $\sin\eta_2 \approx 0$，$\tan\alpha \approx \infty$，$\alpha \approx 90°$，$\alpha$ 为平面Ⅲ和平面Ⅰ交线与 x 轴夹角。

交线的垂线与 x 轴夹角 η_N 与 α 互余，即 $\eta_N + \alpha = 90°$，则 $\eta_N \approx 0°$。

根据式（1-5）知，$\eta_N = 0° \pm \gamma_N$，即 $\gamma_N \approx 0°$，$\alpha = 90° - \gamma_N$，则

$$\tan\alpha = \tan(90° - \gamma_N) = 1/\sin\eta_2$$

$$\cot\gamma_N = 1/\sin\gamma_2$$

$$\tan\gamma_N = \sin\gamma_2 \tag{4-23}$$

式（4-22）和式（4-23）说明（图 4-12），此公式的第一组成环平面Ⅱ、Ⅰ间的平行度，限定被测要素绕 x、y 轴的旋转，且两个方向上的误差相关；第二组成环平面Ⅲ、Ⅱ间的垂直度，且当被测要素的 $\eta_2 \approx 0°$ 时，工序几何要求限定其绕 y 轴的旋转，角向误差限定被测要素绕 z 轴的旋转；封闭环要求平面Ⅲ、Ⅰ间的垂直度 δ_N，限定被测要素绕 y 轴的旋转，可见第一组成环的工序几何误差（a_1）影响封闭环的大小，但是与绕 x 轴旋转方向上的误差相关。所以，计入封闭环部分为 $a_1\cos\xi_1$。第二组成环的工序几何误差和封闭环要求同向，应全部计入，恰和式（4-22）相同；封闭环的被测要素平面Ⅲ的角向误差 γ_N，限定被测要素绕 z 轴的旋转，仅与第二组成环形成的角向误差有关，且方向相同。说明此两个公式也都符合误差的相同自由度等量传递的规律。

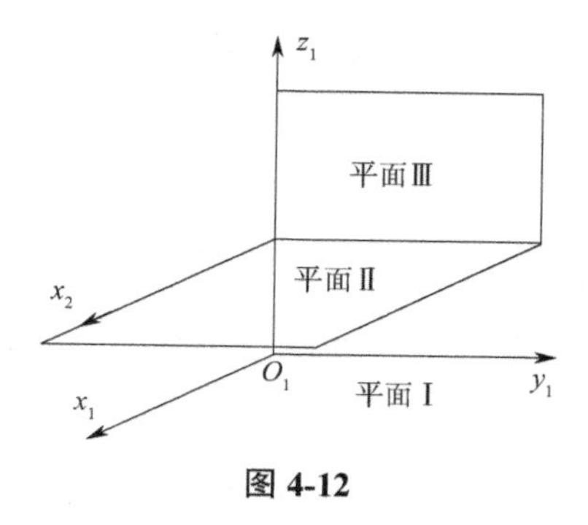

图 4-12

(3)平面Ⅱ平行于平面Ⅰ,且平行度公差 $a_1/2r$;平面Ⅲ对平面Ⅱ垂直,且垂直度公差 $a_2/2r$($\eta_2 \approx 90°$),形成的封闭环为平面Ⅲ对平面Ⅰ的垂直度,求其公差 $\delta_N/2r$ 的计算公式。相当于表 4-3 所列第 3 种情况。

存在于第一坐标系中的平面Ⅱ的方程式为

$$a_1\cos\xi_1 x_1 + a_1\sin\xi_1 y_1 + 2rz_1 = 0$$

存在于第二坐标系中的平面Ⅲ的方程式为

$$2r\cos\eta_2 x_2 + 2r\sin\eta_2 y_2 + a_2 z_2 = 0$$

因为平面Ⅱ平行于平面Ⅰ,采用坐标变换公式,即式(4-10)、式(4-11)、式(4-12)代入存在于第二坐标系中的平面Ⅲ方程式后,可将其变换到第一坐标系中。但是,平面Ⅲ可能有 $\eta_2 \approx 0°$ 或 $\eta_2 \approx 90°$ 两个位置。若 $\eta_2 \approx 90°$,则 $\cos\eta_2 \approx 0$、$\sin\eta_2 \approx 1$。

平面Ⅲ变换后的方程式为

$$2r\cos\eta_2 x_1 - 2ry_1 + [a_2 - a_1\cos(\xi_1 + \eta_2)]z_1 = 0$$

平面Ⅲ对平面Ⅰ的垂直度 δ_N 为

$$\delta_N^2 = \left[a_2 - a_1\cos(\xi_1 + \eta_2)\right]^2$$

当 $\eta_2 \approx 90°$ 时,有

$$\delta_N = a_2 - a_1\sin\xi_1 \tag{4-24}$$

式(4-24)极值法计算时采用公式与式(4-2)相同。方位角计算如下。

平面Ⅰ的方程式为

$$z_1 = 0$$

平面Ⅲ和平面Ⅰ交线的方程式(化简后)为

$$\cos\eta_2 x_1 - y_1 = 0$$

交线的斜截式为

$$y_1 = \cos\eta_2 x_1$$

则交线的斜率 $\tan\alpha = \cos\eta_2$。

因 $\eta_2 \approx 90°$,则

$$\cos\eta_2 \approx 0$$

所以 $\alpha \approx 0°$。

由于 α 为平面Ⅲ和平面Ⅰ的交线与 x 轴的夹角，η_N 为 α 的余角，即

$$\alpha+\eta_N=90°$$

则

$$\eta_N\approx 90°$$

根据式(1-5)可知：

$$\eta_N=90° \pm \gamma_N$$

$$\eta_2=90°-\gamma_2$$

则

$$\tan\gamma_N=\sin\gamma_2$$

恰和式(4-23)相同。

第一、二两要素平行时的计算公式讨论如下。

(1)采用平面要素替代直线要素后，凡第一组成环是平行度、第二组成环是垂直度时(表 4-2 中Ⅱ′链型的一部分)，垂直度公差全部传递给封闭环，平行度公差作为工艺设计时可全部计入。进行误差计算时，注意平行度最大误差发生的位置；封闭环的角向误差等于第二组成环的角向误差。

(2)组成环和封闭环误差限定的自由度方向一致时，组成环才可以把这个方向相同的误差传递给封闭环的同一方向上。

(4)平面Ⅱ垂直于平面Ⅰ，且垂直度公差 $a_1/2r$($\eta_1\approx 0°$)；平面Ⅲ对平面Ⅱ平行，且平行度公差 $a_2/2r$，形成的封闭环为平面Ⅲ对平面Ⅰ的垂直度，求其公差 $\delta_N/2r$ 的计算公式。相当于表 4-3 所列第 4 种情况。

存在于第一坐标系中的平面Ⅱ的方程式为

$$2r\cos\eta_1x_1+2r\sin\eta_1y_1+a_1z_1=0$$

存在于第二坐标系中的平面Ⅲ的方程式为

$$a_2\cos\xi_2x_2+a_2\sin\xi_2y_2+2rz_2=0$$

因为平面Ⅱ垂直于平面Ⅰ，且 $\eta_1\approx 0°$，采用坐标变换公式，即式(4-13)、式(4-14)、式(4-15)代入存在于第二坐标系中的平面Ⅲ方程式后，可将其变换到第一坐标系中。

平面Ⅲ变换后的方程式为

$$2r\cos\eta_1x_1+(2r\sin\eta_1-a_2\sin\xi_2)y_2+(a_1-a_2\cos\xi_2)z_1=0$$

封闭环为平面Ⅲ对平面Ⅰ的垂直度，计算采用式(4-20)。因为 $\eta_1\approx 0°$，则 $\cos\eta_1\approx 1$。所以，忽略高阶无穷小后封闭环公差为

$$\delta_N=a_1-a_2\cos\xi_2 \tag{4-25}$$

极值法计算：

$$\delta_N=a_1+a_2$$

与式(4-2)相同。

方向角计算：当 $\eta_1\approx 0°$ 时，平面Ⅲ和平面Ⅰ的交线方程(化简后)为

$$2rx_1+(2r\sin\eta_1-a_2\sin\xi_2)y_1=0$$

则

$$y_1 = \frac{-2r}{2r\sin\eta_1 - a_2\sin\xi_2}x_1$$

交线的斜率为

$$\tan\alpha = \frac{-2r}{2r\sin\eta_1 - a_2\sin\xi_2}$$

因 $2r>>2r\sin\eta_1-a_2\sin\xi_2$，则 $\alpha\approx 90°$。

α 为平面Ⅲ和平面Ⅰ交线与 x 轴夹角，η_N 为 α 的余角，即 $\alpha+\eta_N=90°$，则

$$\alpha=90°-\eta_N$$

因为 $\eta_N\approx 0°$，则

$$\tan\alpha=\cot\eta_N$$

根据式（1-5）可知：

$$\eta_N=\gamma_N$$

$$\eta_1=\gamma_1$$

则

$$\tan\gamma_N = -\sin\eta_1 + \frac{a_2}{2r}$$

$$\tan\gamma_N = \frac{a_2}{2r} - \sin\gamma_1 \tag{4-26}$$

此部分讨论如下。

①此种链型参见图 4-13，封闭环平面Ⅲ对平面Ⅰ的垂直度限定平面Ⅲ绕 y 轴的旋转，角向误差限定被测要素绕 z 轴的旋转，第一组成环平面Ⅱ对平面Ⅰ的垂直度限定被测要素绕 y 轴的旋转。所以，a_1 全部传递到封闭环上。角向误差限定被测要素绕 z 轴的旋转，也可传递到封闭环的角向误差方向上；第二组成环平面Ⅲ对平面Ⅱ的平行度，限定被测要素绕 y、z 轴的旋转，平行度误差中绕 y 轴旋转部分的误差传递给封闭环，所以式（4-25）中用符号"$a_2\cos\xi_2$"标示；绕 z 轴旋转部分的误差传递到封闭环的角向误差上，所以用符号"$a_2/2r$"标示。由此可见，误差方向分析与式（4-25）、式（4-26）相同，也完全符合同度等量传递原则。

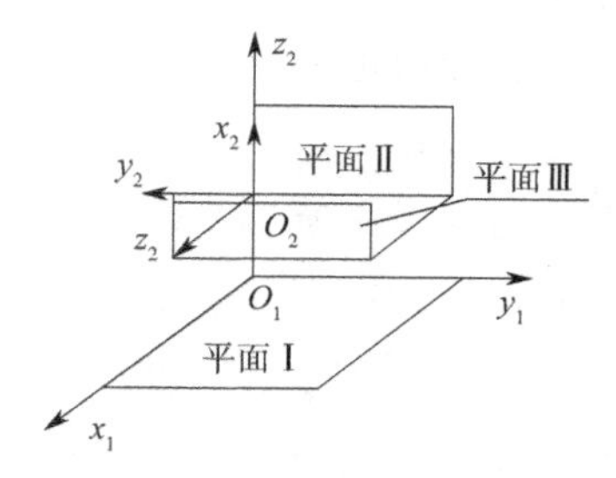

图 4-13　基准递变三环链误差传递示意图

注：平面Ⅰ为第一坐标系的 $x_1O_1y_1$ 坐标平面。

②采用平面要素替代直线要素后，凡第一组成环是垂直度（$\eta_1\approx 0°$）、第二组成环是平行度时（表 4-2 中Ⅱ′链型的一部分），垂直度公差全部传递给封闭环，平行度公差在工艺设计

时公差应全部计入。进行误差计算时，注意平行度最大误差发生的位置。封闭环角向误差的最大值是两个组成环同向误差的和。

（5）平面Ⅱ垂直于平面Ⅰ，且垂直度公差 $a_1/2r$（$\eta_1 \approx 0°$）；平面Ⅲ对平面Ⅱ垂直，且垂直度公差 $a_2/2r$（$\eta_2 \approx 0°$）；形成的封闭环为平面Ⅲ对平面Ⅰ的平行度，求其公差 $\delta_N/2r$ 的计算公式。相当于表 4-3 所列第 5 种情况。

存在于第一坐标系中的平面Ⅱ的方程式为

$$2r\cos\eta_1 x_1 + 2r\sin\eta_1 y_1 + a_1 z_1 = 0$$

存在于第二坐标系中的平面Ⅲ的方程式为

$$2r\cos\eta_2 x_2 + 2r\sin\eta_2 y_2 + a_2 z_2 = 0$$

因为平面Ⅱ垂直于平面Ⅰ且 $\eta_1 \approx 0°$，采用坐标变换公式，即式（4-13）、式（4-14）、式（4-15）代入存在于第二坐标系中的平面Ⅲ的方程式进行坐标变换。

平面Ⅲ变换后的方程式为

$$(a_1 + a_2)x_1 - 2r\sin\eta_2 y_1 - 2rz_1 = 0$$

因为 $\eta_1 \approx 0°$、$\eta_2 \approx 0°$，则 $\cos\eta_1 \approx 1$、$\cos\eta_2 \approx 1$。

封闭环采用式（4-19）计算，即

$$\delta_N^2 = (a_1 + a_2)^2 + 4r^2\sin^2\eta_2$$

则

$$\delta_N = \sqrt{(a_1 + a_2)^2 + 4r^2\sin^2\gamma_2} \tag{4-27}$$

此部分讨论如下。

（1）符合同度等量传递原则。

（2）采用平面要素替代直线要素后，凡第一、二组成环都是垂直度（$\eta_1 \approx 0°$ 或 $\eta_2 \approx 0°$），封闭环是平行度要求时（表 4-2 中Ⅲ′链型的一部分），组成环的工序几何公差全部传递到封闭环上；第二组成环的角向误差等量的传递到封闭环上。

（6）平面Ⅱ垂直于平面Ⅰ，且垂直度公差 $a_1/2r$（$\eta_1 \approx 0°$）；平面Ⅲ对平面Ⅱ垂直，且垂直度公差 $a_2/2r$（$\eta_2 \approx 90°$）；形成的封闭环为平面Ⅲ对平面Ⅰ的垂直度，求其公差 $\delta_N/2r$ 的计算公式。相当于表 4-3 所列第 6 种情况。

存在于第一坐标系中的平面Ⅱ的方程式为

$$2r\cos\eta_1 x_1 + 2r\sin\eta_1 y_1 + a_1 z_1 = 0$$

存在于第二坐标系中的平面Ⅲ的方程式为

$$2r\cos\eta_2 x_2 + 2r\sin\eta_2 y_2 + a_2 z_2 = 0$$

因为平面Ⅱ垂直于平面Ⅰ且 $\eta_1 \approx 0°$，采用坐标变换公式，即式（4-13）、式（4-14）、式（4-15）代入存在于第二坐标系中的平面Ⅲ的方程式进行坐标变换。

平面Ⅲ方程式变换后为

$$(a_2 + 2r\sin\eta_1)x_1 - 2ry_1 - 2r\cos\eta_2 z_1 = 0$$

因为 $\eta_1 \approx 0°$、$\eta_2 \approx 90°$，则 $\cos\eta_1 \approx 1$、$\sin\eta_2 \approx 1$。

平面Ⅲ方程式简化后的三个系数分别为

$A= a_2 + 2r\sin\eta_1$

$B= -2r$

$C= -2r\cos\eta_2$

垂直度计算采用式(4-20),系数 $A<<B$,A 可以忽略,则

$$\delta_N^2 = \frac{4r^2C_2^2}{A_2^2 + B_2^2} = 4r^2\cos^2\eta_2$$

$$\delta_N = 2r\cos\eta_2$$

因为 $\eta_2\approx 90°$,则

$$\delta_N = 2r\cos(\mu \pm \gamma_2) = 2r\sin\gamma_2$$

则

$$\delta_N = 2r\sin\gamma_2 \tag{4-28}$$

方向角计算,平面Ⅲ和平面Ⅰ的交线方程为

$$(a_2 + 2r\sin\eta_1)x_1 - 2ry_1 = 0$$

则

$$y_1= \left(\frac{a_2}{2r} + \sin\eta_1\right)x_1$$

因为 $\left(\frac{a_2}{2r} + \sin\eta_1\right)$ 很小,则 $\alpha\approx 0°$。

因为 $\alpha+\eta_N=90°$,则 $\alpha=90°-\eta_N$,$\tan\alpha=\cot\eta_N$,$\eta_N\approx 90°$,$\eta_N\approx 90° \pm\gamma_N$,则 $\cot\eta_N=\tan\gamma_N$。

因 $\eta_1\approx 0°$,则

$$\eta_1\approx \pm\gamma_1$$

$$\tan\gamma_N = \frac{a_2}{2r} + \sin\gamma_1 \tag{4-29}$$

仍然遵守同度等量传递原则。

表 4-2 中Ⅳ′链型的应采用此组公式。

(7)平面Ⅱ垂直于平面Ⅰ,且垂直度公差 $a_1/2r$($\eta_1\approx 90°$);平面Ⅲ对平面Ⅱ平行,且平行度公差 $a_2/2r$;形成的封闭环为平面Ⅲ对平面Ⅰ的垂直度,求其公差 $\delta_N/2r$ 的计算公式。相当于表 4-3 所列第 7 种情况。

存在于第一坐标系中的平面Ⅱ的方程式为

$$2r\cos\eta_1x_1 + 2r\sin\eta_1y_1 + a_1z_1 = 0$$

存在于第二坐标系中的平面Ⅲ的方程式为

$$a_2\cos\xi_2x_2 + a_2\sin\xi_2y_2 + 2rz_2 = 0$$

因为平面Ⅱ垂直于平面Ⅰ且 $\eta_1\approx 90°$,采用坐标变换公式,即式(4-16)、式(4-18)代入存在于第二坐标系中的平面Ⅲ方程式,将其变换到第一坐标系中。

平面Ⅲ变换后的方程式为

$$(2r\cos\eta_1 - a^2\sin\xi_2)x_1 - 2ry_1 + (-a_2\cos\xi_2 + a_1)z_1 = 0$$

因 $\eta_1\approx 90°$,$\sin\eta_1\approx 1$,则

$A = 2r\cos\eta_1 - a^2\sin\xi_2$

$B = -2r$

$C = -a_2\cos\xi_2 + a_1$

垂直度计算采用式(4-20),系数 $A<<B$,A 可以忽略,则

$$\delta_N^2 = \frac{4r^2C_2^2}{A_2^2 + B_2^2} = (-a_2\cos\xi_2 + a_1)^2$$

$$\delta_N = a_1 - a_2\cos\xi_2$$

恰和式(4-25)相同。

方向角计算,平面Ⅲ和平面Ⅰ的交线方程为

$$(2r\cos\eta_1 - a^2\sin\xi_2)x_1 - 2ry_1 = 0$$

则

$$y_1 = \left(\frac{a_2}{2r}\sin\xi_2 - \cos\eta_1\right)x_1$$

由该式可见,$\tan\alpha$ 很小,则 $\alpha\approx0°$。

因为 $\alpha+\eta_N=90°$,则 $\alpha=90°-\eta_N$,$\tan\alpha=\cot\eta_N$,$\eta_N\approx90°$,$\eta_N\approx90°\pm\gamma_N$,则 $\cot\eta_N=\tan\gamma_N$。

因为 $\eta_1\approx90°$,则

$$\eta_1\approx90°\pm\gamma_1$$

$$\tan\gamma_N = \frac{a_2}{2r} - \sin\gamma_1$$

恰和式(4-26)相同。

遵守同度等量传递原则。

表 4-2 中Ⅱ′链型的应采用此组公式。

(8)平面Ⅱ垂直于平面Ⅰ,且垂直度公差 $a_1/2r$($\eta_1\approx90°$);平面Ⅲ对平面Ⅱ垂直,且垂直度公差 $a_2/2r$($\eta_2\approx90°$);形成的封闭环为平面Ⅲ对平面Ⅰ的垂直度,求其公差 $\delta_N/2r$ 的计算公式。相当于表 4-3 所列第 8 种情况。

存在于第一坐标系中的平面Ⅱ的方程式为

$$2r\cos\eta_1x_1 + 2r\sin\eta_1y_1 + a_1z_1 = 0$$

存在于第二坐标系中的平面Ⅲ的方程式为

$$2r\cos\eta_2x_2 + 2r\sin\eta_2y_2 + a_2z_2 = 0$$

因为平面Ⅱ垂直于平面Ⅰ且 $\eta_1\approx90°$,采用坐标变换公式,即成(4-16)、式(4-17)、式(4-18)代入存在于第二坐标系中的平面Ⅲ方程式,将其变换到第一坐标系中。

平面Ⅲ变换后的方程式为

$$-2rx_1 + (2r\cos\eta_1 + a_2)y_1 - 2r\cos\eta_2z_1 = 0$$

因为 $\eta_1\approx90°$、$\eta_2\approx90°$,所以 $\sin\eta_1\approx1$、$\sin\eta_2\approx1$。

平面Ⅲ方程式的三个系数分别为

$A = -2r$

$B = 2r\cos\eta_1 + a_2$

$$C = -2r\cos\eta_2$$

垂直度计算采用式(4-20),系数 $B \ll A$,B 可以忽略,则

$$\delta_N^2 = \frac{4r^2C_2^2}{A_2^2 + B_2^2} = 4r^2\cos^2\eta_2$$

$$\delta_N = 2r\cos\eta_2$$

因为 $\eta_2 \approx 90°$,则

$$\delta_N = 2r\sin\gamma_2$$

恰和式(4-28)相同。

方向角计算,平面Ⅲ和 $z_1=0$ 坐标平面的交线方程式为

$$-2rx_1 + (2r\cos\eta_1 + a_2)y_1 = 0$$

则

$$y_1 = \frac{2r}{2r\cos\eta_1 + a_2}x_1$$

式中 $\cos\eta_1 \approx 0$,所以分子较分母大得多,因此该交线的斜率趋于无穷大。交线和 x_1 轴的夹角(α)接近于 90°,$\tan\alpha = \tan(90° \pm \gamma_N)$所以

$$\tan\gamma_N = \cos\eta_1 + \frac{a_2}{2r}$$

因为 $\eta_1 \approx 90°$,所以

$$\tan\gamma_N = \sin\gamma_1 + \frac{a_2}{2r}$$

恰和式(4-29)相同。

是否遵守同度等量传递原则,可参看图 4-14。自由度按基本坐标系进行分析。第一组成环,平面Ⅱ对平面Ⅰ垂直,限定被测要素绕 x 轴的旋转,角向误差限定平面Ⅱ绕 z 轴的旋转;第二组成环,平面Ⅲ对平面Ⅱ垂直,限定平面Ⅲ绕 z 轴的旋转,角向误差限定平面Ⅱ绕 y 轴的旋转;封闭环为平面Ⅲ对平面Ⅰ的垂直度,限定平面Ⅲ绕 y 轴的旋转,角向误差限定平面Ⅲ绕 z 轴的旋转。可见,第一组成环的工序几何要求不会传递到封闭环上,但第一组成环的角向误差可以传递给封闭环的角向误差;第二组成环的工序几何误差可以传递给封闭环的角向误差,第二组成环的角向误差却与封闭环的工序几何要求限定的自由度相同,能传递给封闭环。分析结果与计算公式相同。可见,此类型也遵守误差的同度等量传递原则。

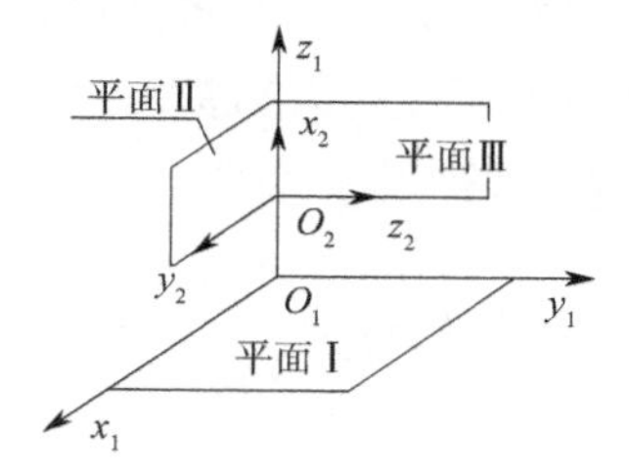

图 4-14　基准递变三环链误差传递示意图

注:平面Ⅰ为第一坐标系的 $x_1O_1y_1$ 坐标平面。

表 4-2 中Ⅳ′链型的应采用此组公式。

（9）平面Ⅱ垂直于平面Ⅰ，且垂直度公差 $a_1/2r$（$\eta_1 \approx 90°$）；平面Ⅲ对平面Ⅱ垂直，且垂直度公差 $a_2/2r$（$\eta_2 \approx 0°$）；形成的封闭环为平面Ⅲ对平面Ⅰ的平行度，求其公差 $\delta_N/2r$ 的计算公式。相当于表 4-3 所列第 9 种情况。

存在于第一坐标系中的平面Ⅱ的方程式为

$$2r\cos\eta_1 x_1 + 2r\sin\eta_1 y_1 + a_1 z_1 = 0$$

存在于第二坐标系中的平面Ⅲ的方程式为

$$2r\cos\eta_2 x_2 + 2r\sin\eta_2 y_2 + a_2 z_2 = 0$$

因为平面Ⅱ垂直于平面Ⅰ且 $\eta_1 \approx 90°$，采用坐标变换公式，即式（4-16）、式（4-17）、式（4-18）代入存在于第二坐标系中的平面Ⅲ方程式，将其变换到第一坐标系中。

转换后的方程式为

$$-2r\sin\eta_2 x_1 + (a_1 + a_2)y_1 - 2rz_1 = 0$$

因为 $\eta_1 \approx 90°$、$\eta_2 \approx 0°$，所以 $\sin\eta_1 \approx 1$、$\cos\eta_2 \approx 1$。

封闭环采用式（4-19）计算

$$\delta_N^2 = \frac{4r^2\left(A_2^2 + B_2^2\right)}{C_2^2} = (a_1 + a_2)^2 + (2r\sin\eta_2)^2$$

$$\delta_N = \sqrt{(a_1 + a_2)^2 + 4r^2\sin^2\eta_2}$$

因为 $\eta_2 \approx 0°$，所以

$$\delta_N = \sqrt{(a_1 + a_2)^2 + 4r^2\sin^2\gamma_2}$$

恰和式（4-27）相同。

遵守同度等量传递原则。

表 4-2 中Ⅲ′链型的应采用此组公式。

基准递变工序几何误差三环链计算公式可能发生的九种情况均已讨论，综合列于表 4-4 中。

4.2.3 三环链计算方法汇总

基准不变和基准递变工序几何误差三环链的计算公式全部推导完成，着实繁杂。各种情况的工序几何公差计算、角向误差计算公式繁多，使其在生产中应用存在难度。对其归纳、汇总后发现，尽管几何链存在基准不变、基准递变两种可能，出现的工艺安排多种多样，但其计算公式却只有相似的四套。现把基准不变、基准递变两种情况的“公式”综合于表 4-4 中。

封闭环的公差符号为 δ_N，角向误差符号为 γ_N，$2r$ 表示测量范围。

表 4-4　基准不变和基准递变工序几何误差三环链计算公式比较

基准不变工序几何误差三环链：组成环	封闭环	公式	链型	基准递变工序几何误差三环链：组成环	封闭环	公式	链型
平面Ⅰ//基准平面 a_1、ξ_1；平面Ⅱ//基准平面 a_2、ξ_2	平面Ⅰ//平面Ⅱ δ_N	$\delta_N=\sqrt{a_1^2+a_2^2-2a_1a_2\cos(\xi_1-\xi_2)}$；极值法计算：$\delta_N=a_1+a_2$	Ⅰ	平面Ⅱ//平面Ⅰ a_1、ξ_1；平面Ⅲ//平面Ⅱ a_2、ξ_2	平面Ⅲ//平面Ⅰ δ_N	$\delta_N=\sqrt{a_1^2+a_2^2+2a_1a_2\cos(\xi_1+\xi_2)}$；极值法计算：$\delta_N=a_1+a_2$	Ⅰ′
平面Ⅰ//基准平面 a_1、ξ_1；平面Ⅱ⊥基准平面 a_2、γ_2	平面Ⅰ⊥平面Ⅱ δ_N	$\delta_N=a_2+a_1\cos(\xi_1-\eta_2)$；当 $\eta_2\approx0°$ 时，$\delta_N=a_2+a_1\cos\xi_1$；当 $\eta_2\approx90°$ 时，$\delta_N=a_2+a_1\sin\xi_1$；极值法计算：$\delta_N=a_1+a_2$	Ⅱ	平面Ⅱ//平面Ⅰ a_1、ξ_1；平面Ⅲ⊥平面Ⅱ a_2、γ_2	平面Ⅲ⊥平面Ⅰ δ_N、γ_N	当 $\eta_2\approx0°$ 时，$\delta_N=a_2-a_1\cos\xi_1$；当 $\eta_2=90°$ 时，$\delta_N=a_2-a_1\sin\xi_1$；极值法计算：$\delta_N=a_2+a_1$，$\tan\gamma_N=\sin\gamma_2$	Ⅱ′-1
因为基准不变工序几何误差三环链中两组成环的先后次序不影响封闭环的计算结果，此栏不再填写内容				平面Ⅱ⊥平面Ⅰ a_1、γ_1；平面Ⅲ//平面Ⅱ a_2、ξ_2	平面Ⅲ⊥平面Ⅰ δ_N、γ_N	$\delta_N=a_1-a_2\cos\xi_2$；极值法计算：$\delta_N=a_1+a_2$；$\tan\gamma_N=-\sin\gamma_1+\dfrac{a_2}{2r}$	Ⅱ′-2
平面Ⅰ⊥基准平面 a_1、γ_1；平面Ⅱ⊥基准平面 a_2、γ_2	平面Ⅰ//平面Ⅱ δ_N	$\delta_N=\sqrt{4r^2\sin^2(\gamma_1-\gamma_2)+(a_1+a_2)^2}$	Ⅲ	平面Ⅱ⊥平面Ⅰ a_1、γ_1；平面Ⅲ⊥平面Ⅱ a_2、γ_2	平面Ⅲ//平面Ⅰ δ_N	$\delta_N=\sqrt{4r^2\sin^2\gamma_2+(a_1+a_2)^2}$	Ⅲ′
平面Ⅰ⊥基准平面 a_1、γ_1；平面Ⅱ⊥基准平面 a_2、γ_2	平面Ⅰ⊥平面Ⅱ δ_N	$\delta_N=2r\sin(\gamma_1-\gamma_2)$	Ⅳ	平面Ⅱ⊥平面Ⅰ a_1、γ_1；平面Ⅲ⊥平面Ⅱ a_2、γ_2	平面Ⅲ⊥平面Ⅰ δ_N、γ_N	$\delta_N=2r\sin\gamma_2$；$\tan\gamma_N=\dfrac{a_2}{2r}+\sin\gamma_1$	Ⅳ′

注：①如本表右下角，第一组成环为平面Ⅱ垂直于平面Ⅰ，其垂直度公差为 a_1，角向误差为 γ_1；第二组成环为平面Ⅲ垂直于平面Ⅱ，其垂直度公差为 a_2，角向误差为 γ_2；封闭环为平面Ⅲ垂直于平面Ⅰ，其垂直度公差为 δ_N，角向误差为 γ_N。计算封闭环几何公差的公式为 $\delta_N=2r\sin\gamma_2$；计算封闭环角向误差的公式为 $\tan\gamma_N=\sin\gamma_1+a_2/2r$。该工序几何误差链的链型为Ⅳ′。

②表列出了“工序几何误差三环链计算公式”，主要计算要素在旋转自由度上的位置误差（方向、位置、跳动要求）。左侧一列为基准不变工序几何误差三环链，共有Ⅰ、Ⅱ、Ⅲ、Ⅳ四种链型。右侧一列为基准递变工序几何误差三环链，共有Ⅰ′、Ⅱ′、Ⅲ′、Ⅳ′四种链型。其中，Ⅱ′又分两种情况，注意区分。

③ 表中各种符号说明：第一、第二组成环的工序几何误差分别用 a_1、a_2 表示。当工序几何误差限定被测要素在两个旋转自由度上的位置时，工序几何误差发生的位置用方向角 ξ 表示。当工序几何公差限定被测要素在一个旋转自由度上的位置时，被测要素在另一个旋转自由度上只能发生在 0°、90° 附近。其误差用角向误差 γ 表示。此误差或因机床某部件旋转误差向被加工零件传递的结果，或因夹具在机床上的安装影响，或夹具上，因次要定位基准的误差产生、加工也会发生误差。例如，用一面两销定位加工零件侧面时，零件在夹具上的安装会因两销孔的孔径、孔距的尺寸误差造成零件旋转等。

根据表4-4讨论如下。

（1）自由度分析十分重要，是工艺设计与计算的基础。由于坐标系的区别直接影响自由度的分析结果，为了分析一致，能准确、方便地找到其间的联系，最好采用基本坐标系分析各要素及其相互间关系的自由度。

（2）多环工序几何误差链的解析计算是将其分解为两个或两个以上的三环链，再一个一个地计算直至最后。并将基准不变三环链的计算放在多环链计算的最后。所以，基准不变三环链的角向误差对多环链封闭环的影响不大，在公式推导中未将基准不变三环链的角向误差计算列入其中。如果产品需要计算角向误差，可按上述方法进行。

（3）在"1.2 误差及其传递"节中讨论了误差传递遵守：误差通过基准按相同的自由度方向，相等的误差量进行传递的误差的同度等量传递原则。即定位基准在哪个自由度上的位置有误差，被定位零件在那个自由度上的位置必然有相同变化，传递到被定位零件上是根据经验定性判断的。而表4-4中各公式所看到的是定量的证明。在每一个（三环链）公式推导之后，都可以看到组成环误差按误差的"同度等量传递原则"传递到封闭环误差上。也就是说，表4-1中所列26种基准不变工序几何误差三环链及表4-2所列40种基准递变工序几何误差三环链，都符合误差的同度等量传递原则。而多环工序几何误差链是将其变为多个（基准不变、基准递变）三环链后再计算。同度等量传递原则自然也适合多环链的误差传递与计算。就是计算太麻烦，工艺设计时有必要对工序几何公差的设计与计算进行简化。而误差的同度等量传递原则为简化工序几何误差链的计算提供了可能。

（4）几何链的计算分为"误差计算"与"公差计算"。两种计算的主要区别在于：误差计算是根据组成环的实际误差量计算出封闭环的实际误差值的方法，一般是对组成环的误差（工序几何误差 a、角向误差 ξ、γ）经过实测后，将其代入公式计算获得封闭环的实际误差值（δ_N、η_N），所以角向误差 ξ、γ 必须按其实际的正负进行计算；公差计算是设计工艺时应用的方法，也就是每一道工序按工艺操作，被加工要素的位置只要在工艺规定的范围内，就不属于不合格品，所以工艺设计时给定的公差值必须是可能的最大值（极值法计算）。所以，可以按表4-4中的"极值法计算"公式计算工序几何公差。但从表4-4可见，链型为Ⅲ、Ⅳ或Ⅲ′、Ⅳ′未列出极值法计算公式。工艺设计时赋予各组成环的角向误差值"γ"，计算时只能按组成环角向误差绝对值之和（$\gamma_1+\gamma_2$）计算，不能按（$\gamma_1-\gamma_2$）计算，即

$$\delta_N=\sqrt{4r^2\sin^2(\gamma_1-\gamma_2)+(a_1+a_2)^2}$$

可变化为

$$\delta_N=\sqrt{4r^2\sin^2(\gamma_1+\gamma_2)+(a_1+a_2)^2}$$

$$\delta_N=2r\sin(\gamma_1-\gamma_2)$$

可变化为

$$\delta_N=2r\sin(\gamma_1+\gamma_2)$$

（5）若采用上述各公式计算出的角向误差（γ）值作为提供夹具（或专用设备）设计任务书的限值，也就是作为夹具上的第二定位基准（或基准组合）的设计精度依据，在生产中角向误差决定的旋转自由度上还会产生加工误差，以增大角向误差（γ）值，工艺人员必须

注意。

（6）两个组成环都是平行度要求时（链型Ⅰ或Ⅰ′），基准不变或基准递变三环链的计算公式（包括极值法计算公式）基本相同；两个组成环都是垂直度要求时，基准不变、基准递变三环链的计算公式中，封闭环都可分为平行（链型Ⅲ或Ⅲ′）或垂直（链型Ⅳ或Ⅳ′）两种情况。计算公式也按其分两种类型，且形式相似。例如，封闭环为垂直度要求时，δ_N 都与组成环的工序几何公差 a_1、a_2 无关；其区别是基准不变三环链封闭环的计算公式中都包含两个组成环的角向误差（γ_1、γ_2），而基准递变三环链的计算公式中，只有第二组成环的角向误差 γ_1 影响封闭环的大小。两个组成环中一个平行、一个垂直时（链型Ⅱ或Ⅱ′），封闭环公差的计算也有共同的规律。

（7）统一测量范围。要素在旋转自由度上允许旋转的量，就是该要素在一定长度上可以按规定的量旋转，其中的一定长度就是测量范围。在目前生产实际的产品图中，存在两种测量范围的表现形式：一是如两平面间的平行度 0.03 mm/1 000 mm（或 0.03 mm/100 mm），说明两平面旋转后在 1 000 mm（100 mm）的距离上允许相差 0.03 mm；二是仅标注几何误差的允许量值，如两平面间的平行度 0.03 mm，此时的测量范围应在全要素上测量。在计算几何误差链各个组成环、封闭环的允许误差值时，测量范围都必须统一之后才能进行计算，然后在计算获得所需之值。

例如，某环的测量范围为 L_1，公差值为 a_1；现在应将测量范围统一为 L_2，其公差变化为 δx，则有

$$a_1 : L_1 = \delta x : L_2$$

$$\delta x = a_1 L_2 / L_1 \tag{4-30}$$

若要将该环的测量范围统一为 L_2，还保持精度不变，其公差值应改为 $\delta x = a_1 L_2 / L_1$。

4.3　多环工序几何误差链的计算

工序几何误差三环链的解析计算完成之后，多环链也随之可以进行解析计算。即将其分解成多个三环链逐一计算，在此不再详述。

4.4　工序几何误差链的图解计算

工序几何误差三环链的解析计算中进一步印证了误差通过基准遵守同度等量传递原则，这也为简化工序几何误差链的解析计算和进行图解计算创造了条件，从而使定量的数学计算有可能进入工艺设计的生产实践。

4.4.1　图解计算准备

4.4.1.1　角向误差（γ）计算

前面讨论中许多地方谈到角向误差，其实际上是当工序几何要求仅能限定被测要素在一个旋转自由度上的位置时，平面 B 对平面 A 的垂直度，如图 4-15 所示。其只能限定平面 B 绕 x 轴的旋转，并不是平面 B 就不会再绕 y 轴旋转。必要时还需要采用角向误差控制其

绕 y 轴旋转的量。采用和目前方向、位置、跳动公差同样的表示方法，则有

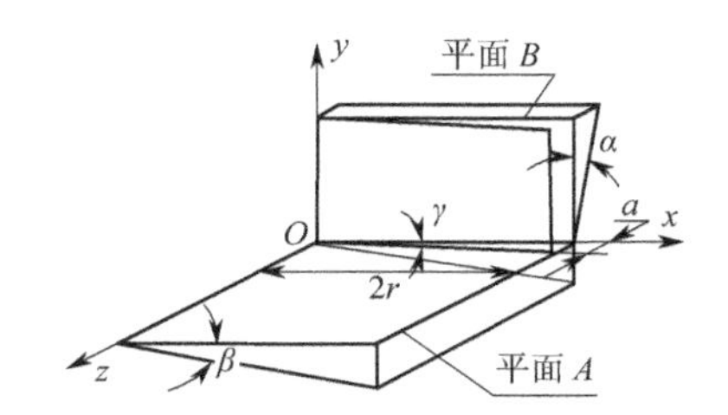

图 4-15 几何要求的角向误差及可逆性

$$\tan\gamma = a/2r$$

若角度 γ 很小，则有

$$\tan\gamma \approx \sin\gamma$$

则平面 B 绕 y 轴旋转量可用

$$a=2r\sin\gamma \qquad (4\text{-}31)$$

计算。所以，在表 4-4 所列的公式中凡有 $2r\sin\gamma$ 之处均表示为角向误差，与几何要求 a 所代表（测量范围也是 $2r$）的意义是相同的。

目前，一般情况下角向误差在工艺文件上不注出，要根据工艺装备图纸要求、工艺装备安装、零件安装、次要定位基准的磨损和变形等计算获得。只是因为工艺装备设计时赋予的要求必然发生，其他造成角向误差加大的可能因素（如磨损、变形等）多属随机，一般也较小，所以在工艺设计时常被忽略。不过在进行工艺及其装备设计时，以及现场操作、日常生产管理中都应引起注意，必要时工艺文件、制度管理应有相应规定。

4.4.1.2 旋转自由度上位置要求的可逆性

对于只能限定被测要素在一个旋转自由度上位置的方向、位置、跳动要求，如图 4-15 所示平面 B 对平面 A 的垂直度，限定平面 B 绕 x 轴旋转，可旋转过 α 角；其角向误差为平面 B 可以绕 y 轴旋转 γ 后的位置，旋转的量在 $2r$ 范围内误差为 a。若改为平面 A 对平面 B 的垂直度，平面 B 成为基准，限定平面 A 绕 x 轴旋转，旋转的量仍然是 α 角。可见，改变前后都是被测要素绕 x 轴旋转，若测量范围不变，旋转的量也相同。但改变后被测要素平面 A 可能发生的角向误差为绕 z 轴旋转 β 角后的位置。两者有着明显的不同，称之为不可逆。尺寸公差常说的"互为基准"，对于方向、位置、跳动要求，使用"互为基准"时应慎重。

4.4.1.3 工序几何误差链总图的填写

根据"误差的同度等量传递原则"采用图解计算法，可以使工序几何误差链的解析计算得以简化。为达到实施图解计算的目的，应对工序几何误差链总图的填写方法稍做变更。下面以图 3-15 所示柴油机气缸体的工艺，参考图 3-16 所示柴油机气缸体的工序几何误差链总图，进行修改，如图 4-16 所示。

（1）"所在自由度"一栏中的自由度分析，为使零件上所有要素的自由度能够统一，最好采用基本坐标系。

（2）填写方法第 3 章已经介绍，只是需要把各个自由度上的数值准确写在相应位置。当工序几何要求只能限定被测要素在一个旋转自由度上的位置时，另一个旋转自由度上的位置必须经计算填入相应位置。如 285 序的工序几何要求——曲轴孔轴线对底面 J 的平行

度，只能限定被测要素绕 y 轴的旋转，但曲轴孔轴线绕 x 轴旋转必然会发生。绘制工序几何误差链总图时应当填入绕 x 轴旋转量。285 序采用一面两销定位，两销的最大配合间隙（0.043 mm）及孔距（1 050 mm），也就是以一个销子为中心，另一销子可能发生的最大旋转量为在 1 050 mm 长度上旋转 0.043 mm。测量范围统一为 1 100 mm，误差为 0.045 mm，填入相应位置。

（3）为减少工艺设计中计算的返工，应先计算设计要求高的，再计算设计要求稍低的条件，逐条计算下去。各条设计要求的高低，大致以设计要求和测量范围之比来衡量。图 4-16 中顶面对底面的平行度、曲轴孔轴线对凸轮轴孔轴线的平行度、顶面对曲轴孔轴线的平行度均为 0.1 mm/1 100 mm，要求最高，在设计要求一栏右侧分别标注为 1、2、3。曲轴孔轴线对两侧面的垂直度 0.13 mm/800 mm、0.13 mm/800 mm，两者相等，要求较高，在设计要求一栏右侧分别标注为 4、5，依次类推。

（4）关于设计要求，填写方法和上面的相同，图纸上一般不规定角向误差的具体要求，若有要求也应填写在相应位置。

4.4.2 工序几何误差链的图解计算

根据零件的加工工艺，按照第 3 章的方法建立工序几何误差链总图后，再参照上节对工序几何误差链总图进行补充、修改，采用追踪法查找工序几何误差链，即可按下述方法实施图解计算。但是，图解计算只用于工艺设计，不进行误差计算。因为误差计算需考虑误差的实际方向，工序几何误差链总图中未记录误差方向。

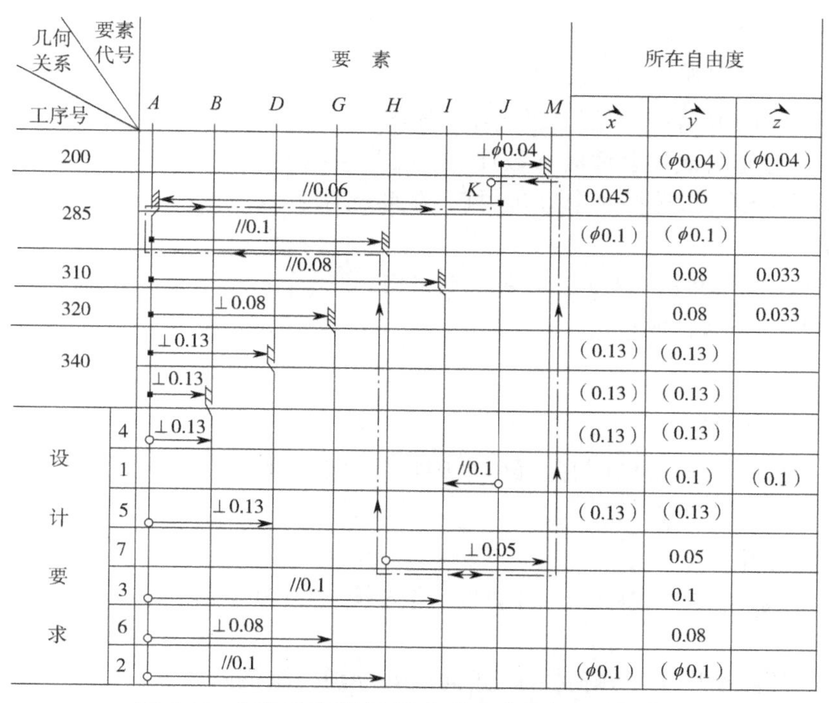

图 4-16 修改后的柴油机气缸体工序几何误差链总图

讨论图解计算之前，为了避免混乱，先统一两个用词所代表的意义。其中，用“图纸要求”代表产品图上标注的方向、位置、跳动公差（用 δ_{NT} 表示）；工序几何误差链就是为了保证这些图纸要求而建立的。当工序几何误差链确立之后，由组成环自然形成封闭环，计算获得封闭环能达到的精度（用 δ_N 表示），工艺设计必须实现 $\delta_N=\delta_{NT}$。但由于旋转自由度方向上位置控制的复杂性，可能造成封闭环要求（δ_N）形成的公差带，与图纸上标注的方向、位置、跳动公差所要求公差带（δ_{NT}）不完全一致。尤其对于多环工序几何误差链，其封闭环公差带与图纸要求的公差带略有出入是常见的。这是旋转自由度要求的特殊性所造成的，并非使用图解法计算造成的。若按工序几何误差链生产后，产生的被测要素的位置落在封闭环公差带之外（工序评价为不合格品），但落在图纸要求的公差带之内（可以评价为合格品），又不影响后续生产的情况下，可以向下流转。如果被测要素的位置落在封闭环公差带之内（工序评价合格），却落在图纸要求的公差带之外（产品不能使用），需要考虑工艺设计是否可用。

若欲避免上述情况的发生，需要做到：①工序的定位基准与设计基准重合，也就是由一个工序几何要求直接保证设计要求；②使工序几何误差链每一个组成环形成的公差带都与图纸要求公差带一致；③密切关注公差带的形状。

4.4.2.1 图解计算法

在相同旋转自由度上，组成环公差之和等于封闭环公差，即

$$\delta_N=\sum_{i=1}^{m}\delta_i \tag{4-32}$$

式中 δ_N——封闭环公差；

δ_i——在相同旋转自由度上的组成环公差；

m——在相同旋转自由度上组成环的环数。

计算时应选择组成环合适的参数计入。尤其当组成环限定两个旋转自由度位置且相关，计算封闭环公差时，选择一个方向、两个方向分别计入，或两个方向一起计入，应根据图纸要求取舍。

图纸要求两个旋转自由度上的误差相关时，每一个自由度都要按式（4-32）计算获得 δ_{N1}、δ_{N2} 后，再按下式合成：

$$\delta_N=\sqrt{\delta_{N1}^2+\delta_{N2}^2} \tag{4-33}$$

式中 δ_N——封闭环公差；

δ_{N1}、δ_{N2}——组成环在封闭环两个旋转自由度上的公差，作为评价产品合格与否的依据。

4.4.2.2 计算说明

（1）使用式（4-32）、式（4-33）计算时，应先按式（4-30）将各环公差要求的测量范围统一。

（2）组成环需要用工序几何要求、角向误差分别控制被测要素在两个旋转自由度上的位置时，工序几何要求、角向误差应分别在各自的旋转自由度方向上计入公差之和。

（3）因为上述计算未涉及公差带的影响，计算略显粗糙，但精度基本满足要求。为使设计时更准确，可参照下节内容进行。

工序几何公差的解析计算、图解计算方法全部介绍完毕，其应用参阅第 6 章。

多环工序几何误差链的应用，会对公差带产生影响。

4.4.2.3　附加说明

按上述方法设计工艺足可完成任务，但实际生产中的工序几何误差链较为复杂。为了让工艺师能够顺利使用图解计算方法，下面对工序几何误差链图解计算做进一步说明。另外，在工艺设计时，尤其是出现多环工序几何误差链时，设计公差的放大与压缩是常有的事，必须引起足够的重视。因此，特做如下讨论。

（1）图纸要求限定被测要素在一个旋转自由度方向上的位置。封闭环公差等于所有组成环在相同旋转自由度上的公差之和，采用式（4-32）计算即可。

如图 3-23 所示，柴油机气缸体上挺柱孔轴线对凸轮轴孔轴线垂直度的工序几何误差链属于此种情况。因为封闭环只限定挺柱孔轴线绕 y 轴旋转自由度上的位置，所以只需将三个组成环绕 y 轴的旋转公差相加。

（2）图纸要求限定被测要素在两个旋转自由度上的位置且相关。柴油机气缸体上顶面对底面的平行度工序几何误差链属于此种情况。因为该要求限定顶面绕 y、z 轴旋转自由度上的位置，应该形成相关公差带。

保证该图纸要求的加工工艺可能是多样的。每一种工艺都有一个工序几何误差链与之对应。但是，其工序几何误差链都由组成环组成，而每一个组成环可能限定被测要素在两个或一个旋转自由度上的位置，形成相关公差带或独立公差带。这些构成封闭环公差及其公差带形状的基本元素，由于旋转自由度上要求的复杂性，使工序几何误差链形成的封闭环的公差带与图纸要求的公差带很难做到完全一致，出现设计要求的公差被放大或压缩的可能也会时有发生。公差压缩造成制造困难、公差放大，就可能出现不合格品被放行的危害，这是不希望发生的，迫使我们不得不研究工艺与公差带的关系。归纳起来，此类工序几何误差链可能出现以下三种情况。

①工序几何误差链所有组成环限定的两个旋转自由度都和封闭环要求相同且相关。如图 3-21 所示套筒大端面对小外圆轴线垂直度的工序几何误差链，封闭环公差采用式（4-32）计算，形成相关公差带，不存在压缩与放大可能。计算时封闭环公差等于所有组成环的公差之和，两个旋转自由度上的要求不必分开计算。

②工序几何误差链组成环限定的两个旋转自由度和图纸要求的不相同；若两个方向相同，组成环在两个方向上的误差相互独立。如图 3-24 所示柴油机气缸体上顶面对底面的平行度的工序几何误差链，封闭环要求限定两个旋转自由度上的位置且相关。两个组成环在两个方向上的误差相互独立，此类工序几何误差链计算需分两步进行。

第一步：按图纸要求的两个方向分别采用式（4-32）计算组成环公差之和。如图 3-24 所示，封闭环要求限定绕 y、z 轴旋转且相关，而两组成环的工序几何公差均限定被测要素绕 y 轴旋转，可计算其和为封闭环绕 y 轴旋转方向上的误差（δ_{N1}）。第一组成环的角向误差限定被测要素绕 x 轴旋转，与封闭环无关。第二组成环的角向误差限定被测要素绕 z 轴旋转，恰和封闭环在同一旋转自由度上，则为封闭环绕 z 轴旋转方向上的误差（δ_{N2}）。

第二步：因为图纸要求两个方向上的误差相关，即必须用封闭环可能出现的最大误差评价被加工要素的位置是否合格，所以需要将第一步计算获得的两个方向上的组成环要求之和按式（4-33）矢量相加。若被测要素是轴线，按本工序几何误差链生产所形成的被测要素，只能落在如图 4-17（a）所示的边长分别为 δ_{N1}、δ_{N2} 的四棱柱形公差带内。而图纸要求两个方向上的误差相关，应形成 ϕ 公差带，公差带的直径为 δ_N（恰等于图纸要求）。因为生产出的零件必须合格，若要素落在图 4-17（a）中的涂黑部分之内，因超出了工序几何公差的要求，必然被判为不合格，但符合图纸要求，说明该零件可以在产品上使用。显然，按不合格处理是一种浪费，也就是图纸要求被压缩了。若一个方向超出了工艺要求，另一个方向质量很好，也能生产出符合图纸要求的零件。所以，对后续的生产影响不大时，不可急于判为不合格品。

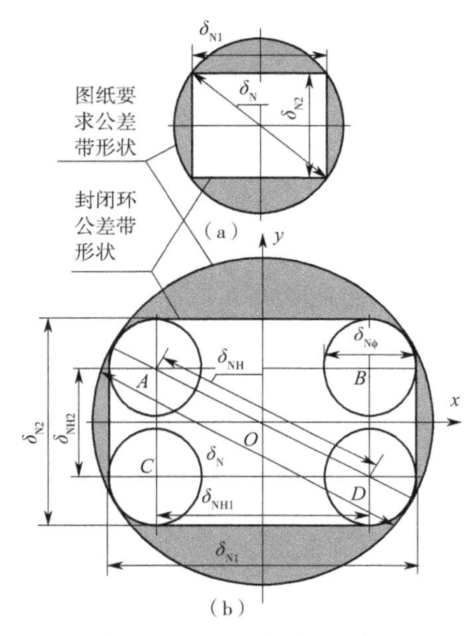

图 4-17 公差带分析（1）

（a）设计要求双向误差相互独立，工艺安排双向相关，形成的公差带

（b）设计双向误差相互独立，工艺安排双向误差独立与相关都存在

③工序几何误差链的部分组成环符合①条要求，形成相关公差带；部分组成环符合②条要求，形成四棱柱形公差带。其计算分三步进行，分别如下。

第一步：计算工序几何误差链中符合②条要求的部分组成环，对封闭环产生的影响。按式（4-32）对两个自由度上的误差求和后，再按式（4-33）矢量合成，形成相互独立的公差带。如图 4-17（b）中的 *ABDC* 四边形，四边形每边的长度分别为 δ_{NH1}、δ_{NH2}，合成后的长度为 δ_{NH}。

第二步：部分符合①条要求的组成环，按①条方法计算公差和，形成相关公差带。如图 4-17（b）中的分布在四边形四个顶点的圆，即圆 *A*、圆 *B*、圆 *C*、圆 *D*，四个圆的直径均为 $\delta_{N\phi}$，且 $\delta_{N\phi}=\sum_{i=1}^{m}\delta_i$。

第三步：封闭环公差将上述两种情况的计算结果按式（4-32）相加，形成综合公差带，如

图 4-17(b)所示。综合公差带两条边长为

$$\delta_{N1}=\delta_{NH1}+\delta_{N\phi}\qquad \delta_{N2}=\delta_{NH2}+\delta_{N\phi}$$

式中　δ_{N1}、δ_{N2}——综合公差带在两个方向上的公差要求。

封闭环公差为按式(4-32)合成后相加,即

$$\delta_N=\delta_{N\phi}+\delta_{NH}$$

形成综合公差带。

若被测要素是轴线,设计要求形成 ϕ 公差带,公差带直径为 δ_N。因生产后必须获得合格品,所以按工艺要求被测要素只能落在如图 4-17(b)所示的综合公差带内,可见图 4-17(b)中的涂黑部分被压缩了。若生产中被测要素落在涂黑部分之内,不可仓促地按不合格品处理。

若被测要素是平面,其公差带是两平行平面间的区间,两平行平面间的距离为 δ_{N1}、δ_{N2} 两者中的大者。

(3)图纸要求限定被测要素在两个旋转自由度上的位置,且相互独立,每一个方向的要求分别为 δ_{NT1}、δ_{NT2}。

工序几何误差链组成环可能出现与前节完全一致的三种可能。但是对封闭环的影响却大不一样。

①工序几何误差链所有组成环限定的两个旋转自由度都和图纸要求相同,且相关。

按式(4-32)计算,即封闭环公差等于所有组成环公差之和,形成相关公差带。若被测要素是轴线,公差带直径只能为 δ_N,如图 4-18(a)中的圆 O 部分。而图纸要求两个方向上的公差相互独立,形成两边长分别为 δ_{N1}、δ_{N2} 的四棱柱形公差带,如图 4-18(a)中的四边形 $ABCD$。可见,按工艺生产,一般情况下被加工零件不可能出现在图 4-18(a)中的涂黑区间内,造成设计要求不能被充分利用。如果生产中被加工零件落在图 4-18(a)中的涂黑区间内,虽不符合工艺要求,却符合图纸要求,也就是说零件可以使用。如果不影响后续的加工,按不合格品处理着实可惜。

②组成环限定的两个旋转自由度和图纸要求不相同,或相同但两个方向上的误差相互独立。

组成环在两个旋转自由度方向上的公差分别按式(4-32)求和,得到 δ_{NT1}、δ_{NT2},恰为封闭环分别在两个旋转自由度方向上的公差,即

$$\delta_{NT1}=\delta_{N1}、\delta_{NT2}=\delta_{N2}$$

当满足上式后,恰好满足图纸的设计要求,公差被充分利用,不必按式(4-33)将两个方向上的公差合成。若被测要素是轴线,公差带为四棱柱形公差带。若被测要素是平面,公差带是两平行平面间的区间。

③工序几何误差链的部分组成环符合①条要求,形成相关公差带;部分组成环符合②条要求,形成四棱柱形公差带。封闭环公差计算分以下三步进行。

第一步:符合②条要求的组成环按式(4-32)计算出每个自由度上可能产生的误差 δ_{NH1} 及 δ_{NH2},形成四棱柱形公差带,如图 4-18(b)中的四边形 $ABDC$。

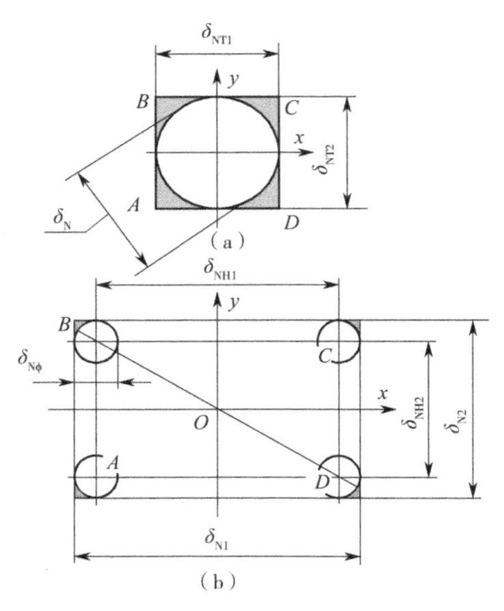

图 4-18　公差带分析(2)

(a)设计要求双向误差相互独立,工艺安排双向相关,形成公差带

(b)设计要求双向误差相互独立,工艺安排有独立、相关的公差带

第二步:符合①条要求的组成环按式(4-32)计算出此部分组成环对封闭环的影响部分$\delta_{N\phi}$,形成相关公差带,如图 4-18(b)中的四边形 *ABDC* 四个顶点的圆。

第三步:按式(4-32)计算出封闭环综合公差带两边的长度,即

$$\delta_{N1}=\delta_{N\phi}+\delta_{NH1}$$

$$\delta_{N2}=\delta_{N\phi}+\delta_{NH2}$$

由图 4-18 可见,边长为 δ_{NH1}、δ_{NH2}的四边形 *ABCD* 的四角,由 ϕ公差带充填,形成综合公差带。所以,封闭环公差带的两边边长虽然分别为 δ_{N1}、δ_{N2},达到了设计要求,但四顶点却是圆角,与设计要求有所不同,涂黑部分是公差被压缩部分。

4.5　工艺设计的临界条件

经过前面几节的讨论已经明确几何误差链计算的各个公式,为设计、计算提供了必要条件。但在产品设计时,封闭环数值多由产品性能决定;工艺设计时,需要保证的图纸要求也已明确;加工余量也由工艺决定。也就是,计算公式中等号左端封闭环的数值已知,而等号右端组成环的数目一般多于一个,且几何误差链的某一环也可能需要同时确定方向、位置、跳动公差和角向误差两项内容。所以,需计算的未知数多,其取值方法可以参照尺寸链计算时所采用的方法——等公差法、等精度法、经济精度法等,此处不再详述。但针对几何误差的特殊性还需注意。

由表 4-4 中工序几何误差三环链的计算公式可见,每一组成环的工序几何要求(a_1、a_2)、方向角(ξ、η)都可能影响封闭环的大小,其中 ξ 难以人为控制,在工艺设计时一般也不

涉及，其余参数必须关注。一直以来的行业习惯是工序几何公差（a_1、a_2）明标于工艺文件上，工序实施后用来判定零件是否合格，设计者、操作者、检查员必须重视。工序的角向误差 γ 在工艺文件上不明示，工序实施后一般很少作为判定零件是否合格的依据。如果工序角向误差（γ）影响封闭环精度，再加上目前生产中对角向误差的松散型管理，工序实施后零件能否合格，工艺设计师、操作者、检验员都难以断定。工艺设计时定位误差是引起角向误差（γ）的重要原因。若角向误差（γ）恰好确定在边沿（临界），工序实施时又可能产生加工误差，工序实施后存在超差的可能性。当然，可以采取减少加工误差的措施，如改变切削用量、减少加工量、调整刀具等，但又可能造成工时增加、加大成本，也是不希望看到的。因此，角向误差（γ）的确定就值得关注。因此，提出工艺设计临界条件。由表 4-4 可见以下三种情况。

（1）工艺设计遇到基准不变、基准递变几何误差三环链中的第Ⅰ、Ⅰ′种或Ⅱ、Ⅱ′种链型时，封闭环公差的计算公式中不涉及角向误差（γ），可不考虑工艺设计的临界条件。

（2）工艺设计遇到基准不（递）变几何误差三环链中的第Ⅲ（Ⅲ′）种链型时应采取式（4-5）、式（4-27）计算。

采用式（4-5）计算时，有

$$\delta_N = \sqrt{4r^2\sin^2(\gamma_1+\gamma_2)+(a_1+a_2)^2}$$

两端平方后整理，可得

$$a_1+a_2 = \sqrt{\delta_N^2-4r^2\sin^2(\gamma_1+\gamma_2)}$$

因此

$$\delta_N^2-4r^2\sin^2(\gamma_1+\gamma_2)\geqslant 0$$

否则上式成为虚数，工艺设计不合适应该修改。

当 $\delta_N^2-4r^2\sin^2(\gamma_1+\gamma_2)=0$ 时，有

$$a_1+a_2=0$$

也就是两工序的工序几何公差之和为 0。而每道工序的工序几何公差都必须大于 0，否则难以组织生产。所以，这样的工艺安排（等式 $\delta_N=2r\sin(\gamma_1+\gamma_2)$）不实用，构成工艺设计的临界条件。

当 $\delta_N^2-4r^2\sin^2(\gamma_1+\gamma_2)>0$ 时，有

$$\delta_N > 2r\sin(\gamma_1+\gamma_2) \tag{4-34}$$

由于封闭环涉及的两相关联要素的角向误差（γ_1、γ_2）都是接近于 0° 的很小的角度，所以

$$\sin(\gamma_1+\gamma_2)\approx\sin\gamma_1+\sin\gamma_2$$

工艺设计时应取其极大值，所以也可采用

$$2r\sin\gamma_1+2r\sin\gamma_2<\delta_N \tag{4-35}$$

这便是应用式（4-5）进行工艺设计是应当遵守的工艺设计的临界条件。

采用式（4-27）计算时，有

$$\delta_N = \sqrt{(a_1 + a_2)^2 + 4r^2\sin^2\gamma_2}$$

两端平方后整理，可得

$$\delta_N^2 - 4r^2\sin^2\gamma_2 \geqslant 0$$

则

$$\delta_N \geqslant 2r\sin\gamma_2 \tag{4-36}$$

式(4-36)是应用式(4-27)进行工艺设计的临界条件。

工艺设计临界条件计算式(4-35)、式(4-36)提供了两条信息：①几何误差三环链的封闭环要求限定两个旋转自由度上的位置，而两个组成环的工序几何要求(a_1、a_2)都只能限定一个旋转自由度上的位置，另一个自由度必须用角向误差(γ)限定，而a_1、a_2常常明标于工艺文件上，生产过程中还能引起关注，而角向误差(γ)只能是生产准备时提出、工艺装备设计时赋予、加工操作时出现、生产过程中却常漠视(也有影响，不容忽视)的参数，此处提出并命名为“工艺设计临界条件”则为引起注意；②角向误差(γ)是被测要素在另一个自由度上的位置变动量，应包括定位误差、加工误差等项内容，此处确定的角向误差(γ)必须给加工误差留有余地。

(3)工艺设计遇到基准不(递)变几何误差三环链中的第Ⅳ(Ⅳ′)种链型时，应采取式(4-6)、式(4-28)计算。

采用式(4-6)计算时，工艺设计临界条件为

$$\delta_N = 2r\sin(\gamma_1 + \gamma_2)$$

按上述方法整理后，可得

$$\frac{\delta_N}{2r} = \sin(\gamma_1 + \gamma_2)$$

则

$$\frac{\delta_N}{2r} = \sin\gamma_1 + \sin\gamma_2 \tag{4-37}$$

采用式(4-28)计算时，工艺设计临界条件为

$$\delta_N = 2r\sin\gamma_2$$

整理可得

$$\frac{\delta_N}{2r} = \sin\gamma_2 \tag{4-38}$$

式(4-37)、式(4-38)说明，按照目前习惯，工艺文件上可能仍然标注工序几何要求，生产中也可能严格控制，但对封闭环质量却无太大作用。角向误差(γ)仍在默默地控制着零件质量，角向误差(γ)仍然只能是生产准备时提出、工艺装备设计时赋予、加工操作时出现、生产过程中常被漠视(也有影响，不容忽视)的参数，有定位误差、加工误差等项内容。故而以工艺设计临界条件提出，只为引起注意。

第 5 章　定位误差计算

讨论加工保证零件要素在旋转自由度上的精度时，由于零件在加工时需要定位，为了提高被加工要素在旋转自由度上（方向、位置、跳动要求）的精度，不得不考虑方向、位置、跳动要求定位基准位置的变化对被加工要素在工序实施之前造成不同的影响。例如，有的要素需要一个定位基准就可以在两个旋转自由度方向上决定其位置；有的一个定位基准只能在一个旋转自由度方向上定位，另一个方向需要第二定位基准定位或基准组合控制，情况较为复杂。此时，若零件上实际的定位基准，加工之前在旋转自由度上的位置存在误差，必然向被加工要素传递，改变被加工要素的方向、位置、跳动要求。而加工之前被加工零件位置的改变，可能由零件本身的误差造成；也可能由工艺系统中各环节误差改变零件位置。零件误差前面几章已经讨论，工艺系统各环节误差产生的影响也需关注。由于实际情况较多，本章只选取个别实例专题讨论，所讨论要素仍为垂直（或平行）于坐标平面的平面或直线，其他位置的要素应结合具体情况分析。

5.1　定位误差

工艺系统是指在机械加工的过程中，由设备、夹具、零件和刀具组成的一个完整的封闭系统。

定位误差是指被加工零件在工艺系统中位置不确定的量，也就是被加工要素尚未加工，其位置不能准确确定的量。

定位误差有很多分类方法，此处不述。这里仅讨论为保证零件要素在旋转自由度上的方向、位置、跳动要求，生产中可能发生的那一部分定位误差，可分为平移自由度和旋转自由度上的定位误差两种。前者主要影响零件的尺寸误差，已有不少书籍述及，本书不再讨论。后者主要改变被加工要素的方向/位置/跳动要求（典型的如平行度或垂直度要求等），本书着重讨论旋转自由度上的定位误差的产生及其对被加工要素方向、位置、跳动要求的影响。但平移自由度上的定位误差也可能会影响《产品几何技术规范（GPS）》系列国家标准中规定的一些位置、跳动要求。

在《形状和位置公差》标准发布之前，机械行业对旋转自由度上精度的利用较为随意。例如，在机械产品图上可能标注方向、位置、跳动要求，也可能不标；要求可能较高，也可能较低；没有标准衡量。更重要的是，在工艺设计、操作、检验等各个生产环节的处置方法虽已形成习惯，但并无可供遵守的准则、理论。例如，机械制造工艺学中缺少有关方向、位置、跳动要求工艺处理的理论阐述，工艺设计也只能凭经验进行；在目前的生产中没有需要的适合的操作方法，如旋转精度的调整方法、零件安装等；测量手段也不理想，利用三维坐标测量仪测量旋转误差，能否做到像尺寸测量那样，在工序实施的大部时刻、任何部位都可进行，并及时发出调整信息。按目前的生产方法，心中并无把握。此时此刻生产中采用“机床保证”“工艺保证”也就顺理成章。如果生产中出现问题,设计、工艺、检验、操作人员的解释各执一词、互不相让,没有标准可供依据。《形状和位置公差》标准发布后,方向、位置、跳动要求在机械产品上的应用越来越多、要求越来越高的情况下,仍沿用前述方法能满足需要吗?需要研究方向、位置、跳动公差的工艺保证理论,涉及旋转自由度上的定位误差对被加工要素方向、位置、跳动要求的影响,就是必须讨论的问题之一。

旋转自由度上的方向、位置、跳动要求的特殊性、隐秘性,长期以来机械行业处理方向、位置、跳动要求的习惯,给方向、位置、跳动公差的使用与保证带来了一些难度。例如,目前应用平移自由度上消除定位误差(尺寸误差)的措施、方法,来消除旋转自由度上的定位误差是否适合,也需要认真考虑。

平移自由度上有很多消除定位误差(尺寸误差)的措施,如定位键、定位块、对刀块、对刀样品、标准件等,可否将其应用于消除旋转自由度上的定位误差需要分析。仔细分析,尺寸精度是平移自由度上的要求,操作者只需调整图 5-1 中的 A 点(或 B 点)沿 x、y 轴方向平移的量就可以了。调整加工之后尺寸在公差范围内即可。而方向、位置、跳动要求是旋转自由度上的位置要求,必须使 A、B 两点的尺寸差都合格,就必须调整走刀方向使其和机床旋转主轴平行,也必须使 C、D 轴线同轴,就需要关注弹簧夹头的轴线与机床回转中心同轴,就必须保证弹簧夹头的质量状况、设备的精度等。由于过去的金切设备在旋转自由度上的调整能力较差,致使调整并不方便,就有可能改变加工精度。

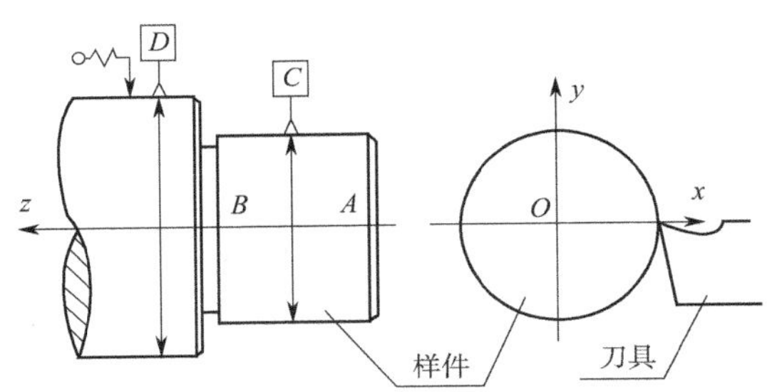

图 5-1 尺寸精度可用样件对刀保证

注:弹簧夹头符号。

再如图 5-2 所示铣夹具,采用一面两销定位,零件以六点定位放在夹具上,位置可以控制。但夹具放在机床工作台上后,安装平面不能控制夹具沿 x、y 轴方向的移动和绕 z 轴的旋转。目前生产中常采取两个定位键加以解决。这对于尺寸精度基本上可以保证,若有超差可以调整解决。两个定位键也有利于方向、位置、跳动要求的保证。但定位键的安装不太容易,尤其大型夹具安装更困难,有时甚至需要天车帮助,并且必须将很小的定位键恰当地放在机床工作台上的 T 形槽内,稍不小心就把定位键碰毛,安装更难。有时现场干脆把定位键取下,夹具产生绕 z 轴的旋转便不可避免,虽可采用找正解决,但工艺文件上一般不规定找正的具体要求,也就难以得到重视。另外,工具长期使用中定位键的磨损、保管过程中的锈蚀、搬运时的磕碰等,夹具图纸、工艺文件上并无必须限定的质量要求界限。夹具绕 z 轴的旋转难以界定在准确的范围内,方向、位置、跳动要求的保证令人担忧。总之,机械行业中成熟的消除定位误差的措施,还需要结合旋转自由度再予审视。

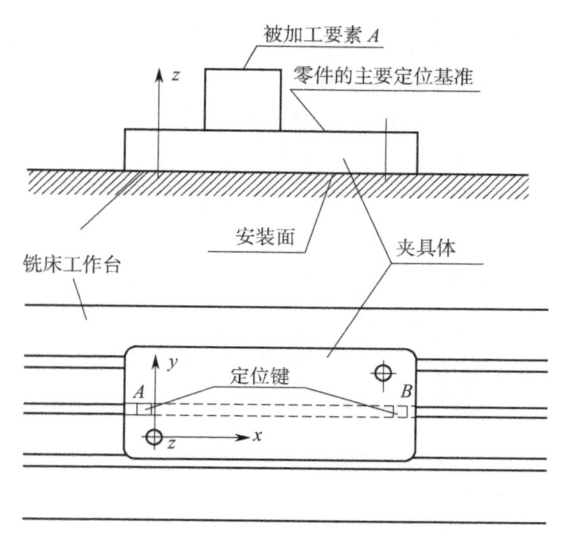

图 5-2　铣夹具两定位键的作用

工艺系统中各环节（如设备、夹具）的精度都应该能满足工艺需要。如果设备精度差、夹具精度不能满足要求，工艺设计师都不可能选用。那么，产生旋转自由度上定位误差的环节如下。

（1）工艺系统各环节间只有在生产过程中才可能发生的连接。如果连接不当产生了旋转误差能不影响加工结果，因此保证各环节间连接处于理想位置是重要的。当然，这与各环节间的质量状况、操作水平、现场情况等有关。例如，在设备、夹具设计时，在旋转自由度上保持正确位置的能力不足，且难以进行调整；长期的操作习惯对旋转误差的关注不够；被加工要素在旋转自由度上的位置误差测量手段不足。在此条件下，采用"机床保证""工艺保证"便是理想的处理方法。目前，先进设备（如加工中心、镗铣床）关注了旋转自由度上误差的调整能力，但操作者如何知道被加工要素在某旋转方向上出现了误差及其误差的量值；设备或夹具能不能满足三个旋转方向上都具有合适的调整（微调）能力。在这些条件不能满足时，操作者只能保持原有操作习惯。所以，在生产准备时的各个方面应该关注工艺系统各环节间的连接。例如，夹具安装在机床工作台上；零件安装到夹具上；刀具在机床上的安装，造成的刀具运动和零件间关系的变化等。了解、测量各环节间连接位置是否准确，以便采取适当的措施，使之达到合适位置便是必须做到的。

（2）工艺系统各环节在生产过程中发生的必要运动。例如，机床工作台的旋转、平移；主轴箱的旋转、平移以及各工步把刀具送达应有位置的刀库运动等。每一次运动能不能都做到准确送达理想位置。例如，要求机床工作台旋转 90°，实际能不能分毫不差地旋转 90°。就目前的设备状况，分毫不差的实现还是困难的。这些误差必然会反映在被加工要素的方向、位置、跳动误差上。先进设备的旋转误差一般是很小的，可产品的方向、位置、跳动要求也不会很大，设备的旋转误差就需要关注了。应该知道，先进设备考虑了旋转自由度上误差的调整能力，已是很大的进步。但是，目前还难以做到三个旋转自由度方向都具有合适的调整能力；长期的习惯以及测量方法的限制，如何很好地利用这个条件是机械行业人员不能不认真考虑的问题。

零件具有定位误差必然在相同的自由度上等量地传递到零件的被加工要素上，改变要素的方向、位置、跳动精度，可从以下两点考虑。

（1）在所研究的要素中，每一个要素在旋转自由度上都有两个非恒定度方向，必须严格控制其位置。尽管零件定位后可能在三个旋转自由度方向上都存在误差，关注这两个非恒定度方向就足够了。因为这两个旋转方向上的位置误差，将毫无保留地全部传递到被加工要素上，引起位置的改变，降低加工精度。

（2）方向、位置、跳动要求的两相关要素中一个为基准要素，另一个为被测要素。被测要素的位置是以基准要素的位置衡量的，即必须认为基准要素的位置是准确的。所以，被加工要素在加工之前，基准要素位置的变化必以定位误差传递到被加工要素上。

生产实际千变万化，工艺系统的组合也是多种多样的，产生定位误差的可能也就十分复杂，下面仅讨论机床工作台的旋转、夹具的安装等引起的误差，这些仅是生产实际中可能遇到的一种操作。只是介绍思考方法，以供参考。

5.2 机床工作台旋转引起的定位误差

5.2.1 机床工作台旋转误差实测

机械工业的发展，新型加工设备的不断涌现，设备加工范围的扩大，精度的提高对保证产品的几何精度十分有利。如镗铣床、加工中心的出现，使一道工序可以加工多个方向的多个要素，加工后几何精度得到较大提高。镗铣床、加工中心加工多个方向的多个要素常采用以下两种方法（对于箱体类零件）。

（1）被加工零件安装在机床工作台上，通过机床工作台（或其他部件）的旋转加工多个方向上的要素。尽管旋转量可以数字控制，旋转精度较高，也难以做到“零误差”。这些旋转误差肯定会影响被加工要素在旋转自由度上的位置，改变其方向、位置、跳动精度。被加工要素在旋转自由度上产生了误差，若又需要以该要素为（第二）基准，再加工另一个要素，也必然以定位误差向下传递，降低被加工零件质量。

（2）被加工零件安装在机床工作台上后固定不动，设备围绕零件在多个（如四周各要素，一般为四个方向）方向上都有加工能力，可以顺利完成多方向的加工任务，而设备多方向间的关系（如垂直、倾斜、平行）也难以做到“零误差”，也必然将误差传递到被加工零件的被加工要素。

下面通过实测证实机床工作台旋转会产生误差，传递也就不能避免。

镗铣床工作台旋转精度实测的目的，只是希望说明进口先进设备，且服役时间不长，其工作台旋转还是存在误差的。工序实施过程中，被加工零件放置在工作台上，工作台旋转误差必然带动零件，使其位置不确定，影响被加工要素的方向、位置、跳动精度。如果能在加工过程中随时采取调整措施，以减小其旋转误差的影响是最为理想的。就好像在外圆磨上磨外圆，一般先磨削很短一小段后测量，再根据测量结果调整砂轮的进刀，然后再磨。如此反复，直至磨削出合格零件一样。如零件安装好后镗铣平面，则测量其在旋转自由度上的位置，判断误差大小后调整工作台旋转，到达理想位置，再加工出合格零件。但是，目前随工序进行实时测量存在困难，机床调整也就难以进行；更重要的是，旋转自由度误差的测量必须全要素参与，也就是一个小面积的平面不足以代表整个要素。所以，零件的方向、位置、跳动要求保证不像保证尺寸要求一样容易。实测机床工作台旋转误差后可知，如果误差很小而可以忽略，设计工艺时就可随意安排；若实测后误差较大（如在 0.03 mm 以上），再加上可能产生的加工误差，如果这个误差的方向和零件图方向、位置、跳动要求的方向一致，且图纸要求小于 0.03 mm，设计工艺时不采取其他工艺、操作措施仍选用这台设备加工，出现不合格品的可能性是存在的。也就是设备即使稍有误差，误差的方向又与被加工要素需要控制的方向一致，为了获得合格零件，需要考虑消除误差的措施。

在生产现场加工如图 3-17 所示的轴承座时，其方向、位置、跳动要求常有超差情况。而所用的镗铣床为进口设备、服役 8 年、刚维修不久。只是需要机床工作台旋转加工多个方向上的多个要素，需要考虑旋转对方向、位置、跳动要求的影响。下面暂选如图 5-3 所示的 HCW2 数控自动镗铣床进行机床精度实测。

建立机床坐标系：当考虑刀具移动时，用未加‘′’的字母表示运动的方向；当考虑工件移动时，则用加‘′’的字母表示；正的 z 方向是增大工件和刀具距离的方向；如 z 坐标是水平的，当从主要刀具主轴向工件看时，$+x$ 运动方向指向右方；$+y$ 运动方向，根据 x 和 z 坐标的运动方向，按照右手直角笛卡尔坐标系统确定；a、b 和 c 相应的表示其轴线平行于 x、y 和 z 坐标轴的旋转运动。

以下讨论机床状况，机床工作台绕 b 轴（相当于 y 轴）旋转，机床为一根卧式主轴，工作时主轴可以沿 y、z 轴方向上下、前后移动，主轴旋转实施切削加工；机床工作台可以沿 x、z 轴方向移动、按 $b(y)$轴方向顺时针或逆时针旋转，实现加工各个方向的要素。机床旋转精度实测方法如下。

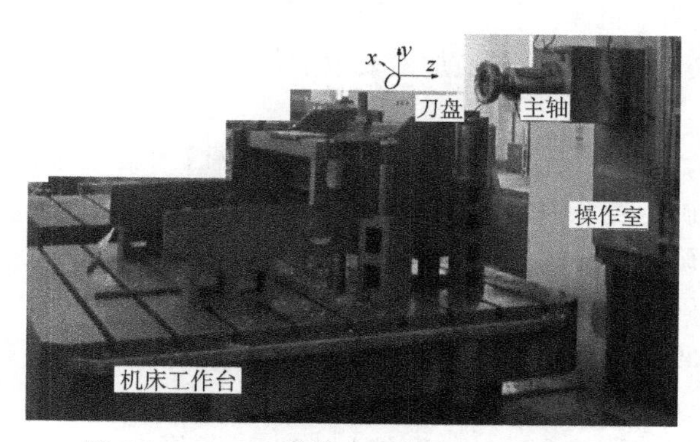

图 5-3　HCW2 数控自动镗铣床坐标系示意图

第一步：在机床工作台上放一把长度为 1 000 mm 的平尺，在机床主轴端安装一块百分表，使机床工作台沿 x 轴方向来回移动（图 5-4 中的虚线位、实线位），观察平尺两端（a、b 处）的百分表读数，并调整使两端读数相同，且平尺放机床工作台上固定不动。

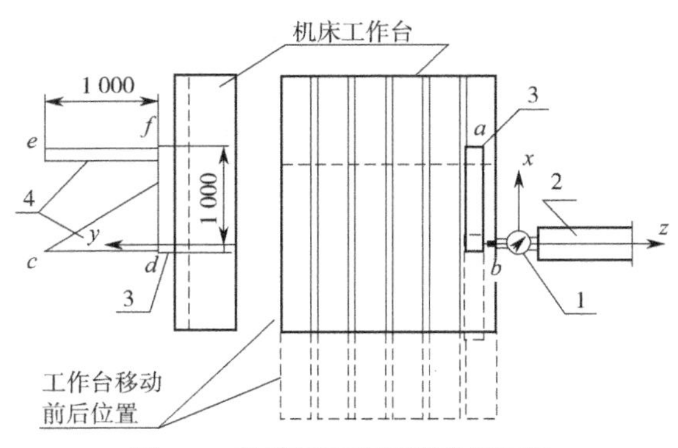

图 5-4 旋转精度实测试验示意图

1—百分表；2—机床主轴；3—平尺；4—角尺

第二步：操作机床工作台绕 $b(y)$ 轴按顺时针或逆时针方向旋转 360°，再观察 a、b 处的百分表读数，并记录。因第一步已经调整 a、b 处的百分表读数相同，现在经过工作台 360° 旋转，再次观察 a、b 处的百分表读数也应该相等。如果不相等，则说明机床工作台旋转（360°）前后的位置不能达到同一位置，此即为机床工作台绕 $b(y)$ 轴旋转的位置不确定度。当然，一次观察应属偶然，应反复数十次测量、记录，然后比较并计算 a、b 处的读数差，此对被加工要素在绕 $b(y)$ 轴旋转自由度上的位置将产生影响，引起方向、位置、跳动要求的变化。

第三步：在镗铣床工作台上放置角尺，在机床主轴端安装一块百分表并调整其测量方向，使机床主轴沿 y 轴上下平移，观察 c、d（或 e、f）处的百分表读数，记录其实际值。再按上述第二步的方法使机床工作台绕 $b(y)$ 轴旋转 360°，经数十次实测、记录。其百分表在 c、d（或 e、f）处读数差说明了机床工作台每一次运动后，在绕 $z(x)$ 轴旋转方向上的位置不确定度，同时也在这个旋转自由度上影响被加工要素的位置，改变被加工要素的方向、位置、跳动误差值。

经过上述试验后，对大量的实测数据进行分析，机床工作台台面因工作台的旋转产生：

绕 x 轴旋转的不确定度 0.01 mm（在 1 000 mm 长度上）；

绕 y 轴旋转的不确定度 0.03 mm（在 1 000 mm 长度上）；

绕 z 轴旋转的不确定度 0.02 mm（在 1 000 mm 长度上）。

现场另一台 TK6920 镗铣床也按相同的方法经过测量，其工作台的旋转也存在不确定度：

工作台绕 x 轴的旋转误差 0.015 mm（在 1 000 mm 长度上）；

工作台绕 y 轴的旋转误差 0.03 mm（在 1 000 mm 长度上）；

工作台绕 z 轴的旋转误差 0.025 mm（在 1 000 mm 长度上）。

经过两台镗铣床工作台旋转的实测，其旋转误差都在 0.01~0.03 mm。按一般的习惯认为该误差若不超过被加工零件的方向、位置、跳动要求（相同的旋转自由度）的 1/5~1/3，即可以忽略。看来该误差的影响是不能忽略的。

5.2.2　机床旋转误差对加工精度的影响

机床旋转误差对加工精度主要存在两方面的影响：

（1）直接影响被加工要素在旋转自由度上的位置；

（2）如果被加工要素作为基准使用，其位置误差必然传递到零件的另一个要素上。

两台镗铣床工作台旋转后，在三个旋转自由度上都出现0.01~0.03 mm（在1 000 mm长度上）的误差，说明此类设备工作台出现旋转误差目前尚不易避免。而此误差必使安装在机床工作台上尚未加工的零件位置也在此范围内变化，引起被加工要素与基准要素间的位置关系改变，也就改变了相关的工序几何要求。下面以轴承座为例仔细分析。

加工的轴承座的方向、位置、跳动要求如图3-17所示，工艺安排如图3-20所示，轴承座的材质为铸钢，加工批量不大。该零件加工工艺中，20序是以平面B定位，压紧平面B'，通过机床工作台旋转加工A、E、A'、D、D'各平面以及四周各斜面、台阶面等。下面研究旋转误差对加工精度是否产生影响。

20序操作的主要顺序和习惯是零件放在数控自动镗铣床工作台上，用四个支撑支住平面B，找正、找平，确保各要素的加工余量，夹紧后开始加工。镗铣平面A后，再旋转机床工作台分别镗铣图3-17所示的E、A'、D、D'平面以及斜面、台阶面等直至完成工序加工要求。尽管镗铣床的精度较好，加工之后方向、位置、跳动要求也应通过测量判断合格与否。由于测量手段的欠缺，测量常在镗铣床上需用天车配合翻转零件，实施测量费时费力，又占用了高档精密镗铣床的大量时间。但通过实验证实机床工作台旋转后，在1 000 mm长度上可能产生0.03 mm的误差，不能不引起对机床工作台旋转后加工的零件精度产生担忧，进一步分析如下。

20序加工各要素可能产生的定位误差计算如下。

因20序采用平面B定位后，不经过机床工作台的旋转就镗铣平面A，所以机床工作台的旋转不会造成平面A在旋转自由度上的位置变化，不会影响平面A对平面B的垂直度。

镗铣平面A后，机床工作台旋转180°，加工平面A'、E。图纸要求平面E对平面A的平行度0.08 mm。因以平面A为基准，则应视平面A的位置是准确的，要求限定平面E绕y、z轴旋转自由度上的位置。而机床工作台旋转产生的绕y、z轴旋转的不确定度，将作为定位误差传递到平面E的位置上，使平面E对平面A的平行度增大。

绕z轴旋转误差为0.02 mm；绕y轴旋转误差为0.03 mm。

定位误差最大可达：

$$\sqrt{0.02^2+0.03^2}\approx 0.036\ \text{mm}$$

图纸要求平面E对平面A的平行度0.08 mm，机床工作台旋转，平面E可能产生的最大误差为0.036 mm，平面E在绕y、z轴旋转方向上产生的加工误差不超过0.044 mm就能保证图纸要求。

因平面A'在旋转自由度上的位置没有要求，机床工作台旋转误差可不考虑。

机床工作台再旋转90°加工平面D，而平面D的非恒定度方向是绕x、y轴的旋转。第一定位基准平面B只能限定平面D绕x轴旋转。如果平面D绕y轴的旋转也需要控制，就必须选择第二定位基准来实施。恰好图纸要求平面 D 对平面 A 的垂直度 0.06 mm，限定平面 D 绕 y 轴的旋转。平面 A 已经加工完成，可选择为第二定位基准。

因机床工作台的旋转产生绕 y 轴旋转误差约为 0. 03 mm。若通过测量发现平面 A 绕 y 轴旋转误差已接近 0.03 mm，必然全部传递到平面 D，引起几何要求的变化。调整使误差减小（符合工艺需要）后，锁紧工作台加工平面 D，其位置精度必能提高，也就是使平面 A 起到第二定位基的作用。平面 D 加工后，工作台再旋转 180° 加工平面 D'，必须保证平面 D' 对平面 D 的平行度 0.04 mm。用平面 D 为第二定位基准并找正，才能保证设计要求。

同样，机床在加工零件上多个方向的多个要素时，产生主轴箱的运动、刀库的运动等。不能保证每一次都非常理想、准确到送达应有位置。如果存在误差，也需要认真分析对被加工要素有无影响。

5.2.3 实现第二定位基准

5.2.3.1 实现的可能性

机床工作台旋转后，经测绕 x、z 轴的旋转也有误差，但目前机床工作台在这两个方向上的调整手段较少。绕 y 轴旋转误差较大（达 0.03 mm/1 000 mm），又会全部地传递到被加工要素上。通过试验发现，可经调整提高机床该项精度，试验方法如下。

如图 5-5 所示，工作台上精细加工一平面 A，长度为 2 500 mm，机床主轴上安装一块百分表，工作台沿 x 轴平移方向来回移动，使主轴相对分别到达虚线、实线位，观察 a、b 处的百分表读数，并调整使之相等。再开始调整机床操纵板 DRF1 处 1 小格，也就是使机床工作台旋转 1 小格。工作台再沿 x 轴平移方向移动工作台，查看并记录 a、b 处的百分表读数，再次调整 DRF1 处 1 小格。如此记录 a、b 处的百分表读数 6 次，工作台 DRF1 处调整使机床工作台旋转了 5 格。a、b 处的百分表读数总差数达 0.165 mm，平均到 DRF1 处每调 1 小格工作台旋转在 2 500 mm 长度上转过 0.033 mm。若 DRF1 处每旋转 1 小格，工作台旋转了 α 角（图 5-6），则有

$$\tan\alpha=0.033/2\ 500$$

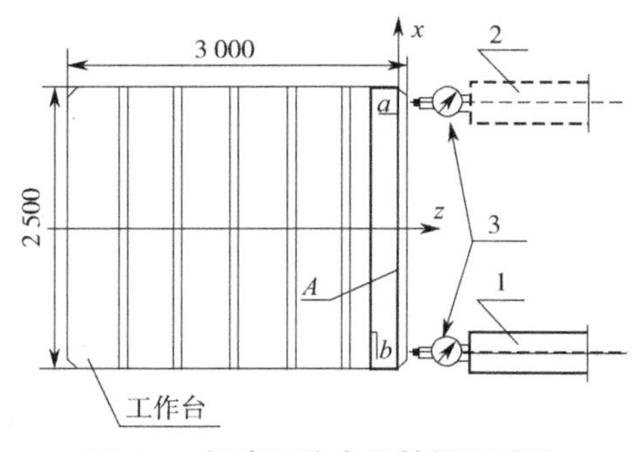

图 5-5 机床工作台旋转微调试验

1—机床主轴相对于工作台初始位置；2—主轴相对于工作台平移后位置；3—百分表

由图 3-17 可知，轴承座的体积每边约为 1 m，所以 DRF1 处调整 1 小格，轴承座也随工作台旋转 α 角，即在 1 000 mm 长度上旋转 0.013 mm，如图 5-6 所示。

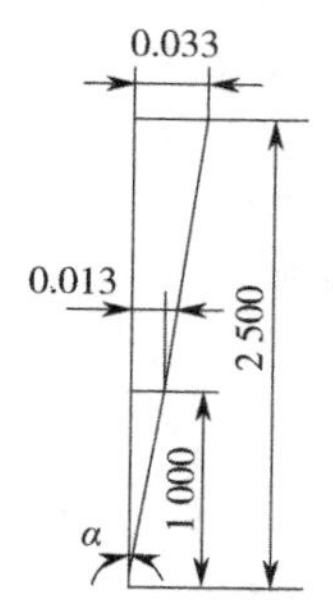

图 5-6 操作板 DRF1 调 1 小格工作台的旋转量

机床工作台绕 y 轴旋转误差为 0.03 mm/1 000 mm，而机床工作台操纵板 DRF1 处调整 1 小格，轴承座旋转 0.013 mm/1 000 mm，说明可以实现机床工作台绕 y 轴旋转的微调操作。

5.2.3.2 调整操作

通过上述试验发现，因目前设备工作台在绕 x、z 轴旋转方向上没有调整机构，要消除这两个方向的误差需要将零件松开，实际上是改变了第一定位基准的定位状况。而绕 y 轴旋转误差可以在保持被加工零件处于夹紧状态下微量旋转工作台消除该误差。对于调整到什么位置，应对第二定位基准实测其绕 y 轴旋转方向上的误差后，根据此误差值明确调整的量。使其在绕 y 轴旋转自由度上的位置更准确，才有可能充当第二定位基准，操作上可以采取找正的办法解决。找正的过程中必须不影响第一定位基准的定位作用，必须保证零件处于夹紧状态，其方法介绍如下。

在轴承座 20 序中第三工步，平面 E、A' 加工之后，机床工作台绕 $b(y)$轴旋转（工件处在夹紧状态），到达如图 5-7 所示位置，镗铣平面 D 时，应该控制平面 D 绕 x、y 轴旋转自由度上的位置。但绕 y 轴旋转是第一定位基准平面 B 的恒定度方向。前面讨论已经选用平面 A 为第二定位基准。在机床主轴上安装一块百分表，使机床主轴沿 z 轴平移，测量平面 A 两端 a、b 处的百分表读数，若读数差为 0.027 mm。平面 D 加工之后，此误差必然使平面 D 对平面 A 的垂直度加大，可调整机床操纵键盘上 DRF1 处 2 小格，机床工作台旋转 0.026 mm（当然，应根据实际调整），平面 A 绕 $b(y)$轴旋转误差可以减小到 0.001 mm。再加工平面 D，其定位误差就可能获得较为理想的数值。不过，调整应注意两条：①注意工作台的旋向，不可一会儿顺时针、一会儿逆时针；② DRF1 处调整的量应根据实际决定。这里只是为了介绍这一方法而已。上述方法，称之为找正。但第三、四工步的找正要求不同，主要是第三工步加工后保证平面 D 对平面 A 的垂直度 0.06 mm。第四工步加工后保证平面 D' 对平面 D 的平行度 0.04 mm，两者产品要求不同、找正要求不同、第二基准也不同。更重要的是，第三工步符合图 2-14（a）的定位形式，精度较易保证；第四工步符合图 2-14（b）的定位形式（慎重使用的定位形式），能否保证平面 D' 对平面 D 的平行度还需要认真考虑。所以，需要精细操作。例如，平面 D' 精加工时，适当调整切削用量（如减小切深）、更换新刀等，尽量使加工误差减小。

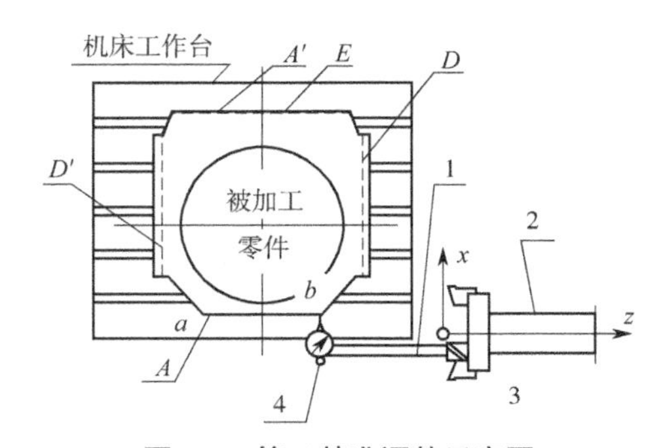

图 5-7 第二基准调整示意图

1—磁力表座；2—机床主轴；3—刀盘；4—百分表

5.2.3.3 结论

（1）平移自由度、旋转自由度上误差的差别。平移自由度上的误差主要影响尺寸精度，一般测量手段健全，可以及时通过测量调整设备提高精度，也可能影响位置、跳动要求。旋转自由度上的误差主要影响零件的方向、位置、跳动要求。但因测量手段不足、设备调整能力所限，很难做到适时测量、调整使之达到图纸要求。设计出合理的加工工艺就显得格外重要。

（2）先进设备不断涌现，提高了效率与质量。但先进设备可以减少误差，不易实现“0”误差。此误差也会传递到被加工要素上。

（3）机床工作台（也包括机床上的其他部件，如主轴箱）的每一次旋转，都必然带动被加工零件及其上的每一个要素在三个旋转自由度上的位置发生变化。但每一个被加工要素都有两个非恒定度方向影响该要素的方向、位置、跳动要求，并且要素不同，其非恒定度方向也不同。如果被加工要素在两个旋转自由度上的位置都需要控制，且第一定位基准只能在一个旋转自由度上定位时，就需要根据产品要求确定第二定位基准。要素不同，需要的第二定位基准也可能不同。所以，一道工序加工多个方向上的多个要素时，第一定位基准是不变的，第二定位基准可能是变化的。

（4）定位误差是工序几何误差的一部分。

通过本节讨论，只是希望说明两个问题：①先进设备的投入也需要认真考虑提高被加工零件质量的措施。②保证方向、位置、跳动要求，也需要通过调整的手段解决，千万不能想着从来没有这样操作过而放弃调整。

5.3 夹具的设计与安装

实际生产中，尤其大批量生产中，经常利用夹具以提高效率与精度，如图 5-2 所示铣夹具的安装面与机床工作台面贴合，零件的主要定位基准面平行于夹具的安装面。假若规定机床工作台面的垂线为 z 轴，零件安装在夹具上后，绕 x、y 轴的旋转精度在夹具设计时一定会保证。夹具绕 z 轴的旋转，大多企业采用在夹具的安装面上装配定位键 A、B 加以控制。那么，是否所有的夹具都需要控制绕 z 轴的旋转呢？若不必控制的实施了控制，属于浪费；而必须控制而控制不严，必然造成质量降低。目前，大多数的情况是安装在铣夹具上的定位键一般是终生使用。同时,因定位键小而且突出,在库存、保管、保养、运输、安装等过程中的磕碰以及锈蚀、磨损都难以避免。在一次次安装时,只需对定位键上的毛刺、锈斑、脏污做出必要处理,却很少再次关注配合间隙是否发生了变化。有时因定位键不好安装而取下,现场应采用找正处理以补救,但找正允许的误差是多少,工艺文件上或夹具图纸上大多没有明确规定。所以,安装定位键只是为了保证夹具安装的位置(包括绕 z 轴的旋转)大致定位而已。不过,此安装误差有的不影响零件的加工精度,不必过分关注;有的却改变了被加工要素必须控制的位置,或者被加工要素在工艺系统中相对于刀具的位置,必须作为零件的定位误差认真处理。否则,尺寸、方向、位置、跳动要求必受影响。尺寸精度可以通过测量、调整及时解决。而造成方向、位置、跳动要求改变,测量、调整都很麻烦。所以,需要讨论夹具(零件)绕 z 轴旋转对产品精度的影响。若无影响就不必控制;若影响了工序几何要求,或角向误差的大小,或两个指标均会改变,工艺设计时应注意采取避免措施。下面着重讨论夹具绕 z 轴旋转对工序几何要求、角向误差的影响。

5.3.1　工艺安排与定位误差

实际生产中可能遇到各种各样的产品零件,各种现场的条件也千差万别,加工工艺必然五花八门,但设备的工作台面一般都具有相同的工作条件。假设机床工作台面是坐标系的 xOy 平面,夹具必须放在机床工作台面上。零件上的主要定位基准可能和坐标系的 xOy(或 yOz、xOz)坐标平面平行,被加工要素也可能处于平行于 xOy(或 yOz、xOz)坐标平面的位置。如图 5-8 中的Ⅰ-Ⅰ,机床工作台面、主要定位基准、被加工要素三者相互平行,工序几何要求只能是被加工要素平行于主要定位基准,限定了被加工要素绕 x、y 轴的旋转。所以,夹具安装时产生的绕 z 轴旋转不会影响工序质量,不必严格控制夹具绕 z 轴旋转,夹具上不必安装定位键。如图 5-8 中的Ⅱ-Ⅲ,主要定位基准垂直于机床工作台面、被加工要素垂直于主要定位基准,工序几何要求只能是被加工要素对主要定位基准的垂直度,限定被加工要素绕 z 轴的旋转。夹具安装时产生的绕 z 轴的旋转误差必然叠加到工序几何要求上,必须严加控制。如图 5-8 中的Ⅰ-Ⅲ,主要定位基准平行于机床工作台面、被加工要素垂直于主要定位基准,工序几何要求只能是被加工要素对主要定位基准的垂直度,限定被加工要素绕 x 轴的旋转。被加工要素的角向误差描述其绕 z 轴旋转自由度上的位置,夹具安装时产生的绕 z 轴旋转误差必然影响被加工要素的角向误差,是否需要控制应根据工序要求决定。由此来看,夹具在机床上安装后产生的绕 z 轴的旋转误差,可能造成工序质量的下降,控制与否根据情况而定。表 5-1 是根据图 5-8 所示的夹具安装情况,逐一分析对工序质量的影响。

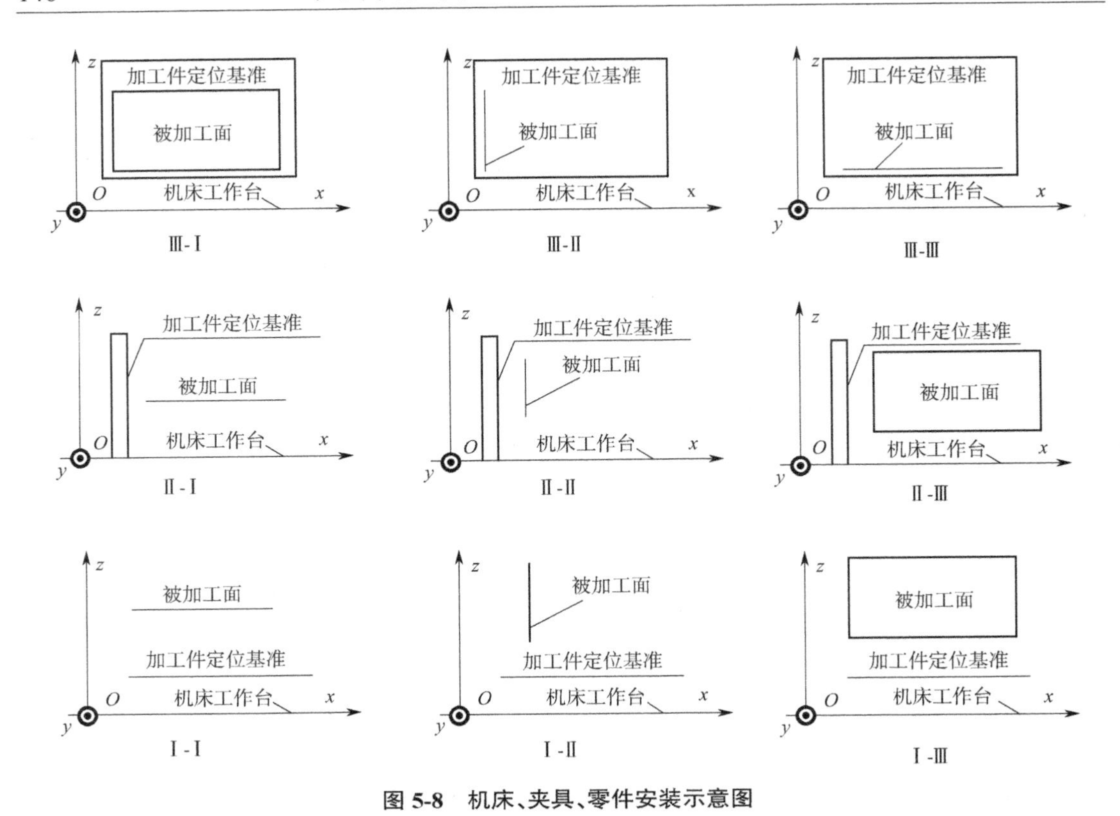

图 5-8 机床、夹具、零件安装示意图

表 5-1 夹具安装对工序加工精度的影响(参见图 5-8)

序号	工艺安排	工序几何公差必须控制的自由度	角向误差必须控制的自由度	安装夹具时绕 z 轴旋转对工序加工精度的影响	备注
1	Ⅰ-Ⅰ	x、y		对工序几何误差、角向误差无影响	
2	Ⅰ-Ⅱ	y	z	对角向误差有影响,对工序几何误差无影响	
3	Ⅰ-Ⅲ	x	z	对角向误差有影响,对工序几何误差无影响	
4	Ⅱ-Ⅰ	y	x	对工序几何误差、角向误差无影响	
5	Ⅱ-Ⅱ	y、z		对工序几何误差有影响	
6	Ⅱ-Ⅲ	z	x	对工序几何误差有影响,对角向误差无影响	
7	Ⅲ-Ⅰ	x、z		对工序几何误差有影响	
8	Ⅲ-Ⅱ	z	y	对工序几何误差有影响,对角向误差无影响	
9	Ⅲ-Ⅲ	x	y	对工序几何误差、角向误差无影响	

5.3.2　结论

由表 5-1 可得以下结论。

（1）工序几何公差需要控制的自由度中包含 z 的有 5、6、7、8 四项，说明夹具安装时上述四种工艺安排产生的绕 z 轴的旋转可以改变工序几何误差，工艺设计师在设计工艺时就必须认真考虑。例如，使用定位键时必须严格控制其配合间隙；必要时对夹具定位键进行周期鉴定；严格保管制度及定位键的保护措施；夹具设计时应保证定位键便于安装；若需要找正，应严格规定找正误差范围。

（2）角向误差需要控制的自由度中包含 z 的有 2、3 两项，说明夹具安装时产生的绕 z 轴的旋转可以改变角向误差的大小。若角向误差需要严格控制，可按第 1 条要求处理；若不需要严格控制，也应保证被加工要素的位置符合产品要求、便于加工。

（3）1、4、9 三项夹具绕 z 轴的旋转对工序几何要求、角向误差均无影响，说明夹具上没必要配定位键，也不需要找正。但夹具的安装需要保证机械加工的顺利进行（即大致控制夹具安装位置），这样可以减少夹具在库存、保管、保养、运输、安装中的工作量。

（4）原夹具安装定位键保证被加工零件的尺寸精度的要求仍按原要求处理。

机械零件千差万别，工艺安排各种各样，图 5-8 是否包含全部，需由实践决定。但从上述讨论可知，自由度分析在方向、位置、跳动要求的保证上是重要的。只要与精度保证有关，误差就是不容忽略的；若与精度保证无关，当然不可过于追求。

5.4　零件安装引起的定位误差

单件小批生产多在万能通用设备上完成，使用高效率的专用机床或设计夹具的可能性都较小，一般只是将零件直接装夹在机床工作台上加工。于是，找正就成为保证产品质量所必要的措施。找正确定零件的位置，其误差就成为零件的定位误差。某一产品的几何要求如图 5-9 所示。

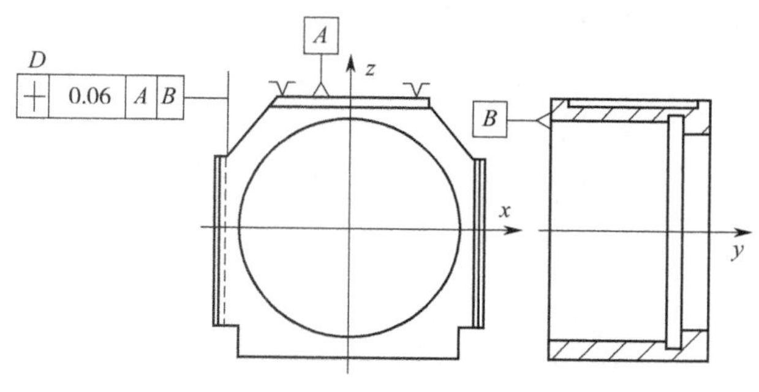

图 5-9　零件安装中的基准体系

注：⏑为定位基准符号。

几何要求平面 D 对以平面 A 为第一基准、平面 B 为第二基准的基准体系的垂直度公差 0.06 mm，也就是平面 D 对第一基准平面 A 的垂直度为 0.06 mm，限定平面 D 绕 y 轴的旋转;平面 D 对第二基准平面 B 的垂直度也是 0.06 mm,限定平面 D 绕 z 轴的旋转。两者把平面 D 在两个旋转自由度上的位置准确地固定下来。加工时由于将第一定位基准平面 A 放在机床工作台上可靠定位,为保证平面 D 绕 z 轴旋转误差必须小于 0.06 mm 的图纸要求,第二定位基准平面 B 的找正要求就必须严格控制。如图 5-10 所示,将轴承座的平面 B 放在机床工作台上定位加工平面 D' 时,为保证平面 D' 对平面 D 的平行度 0.04 mm 的要求,必须控制其绕 x、y 轴两个旋转自由度方向上的位置才能实现。那么,可否采用平面 B 控制绕 x 轴旋转,再用平面 D 控制绕 y 轴旋转,实现该条几何要求呢?不行!因为图纸要求平面 D' 对平面 D 的位置关系,并且较为严格,属于第 2 章中已经计算证明,需要慎重使用的符合图 2-12(b)的定位形式。为保证平面 D' 对平面 D 的平行度,最好采用如图 5-10 所示的以平面 D 为基准加工平面 D' 的定位形式。

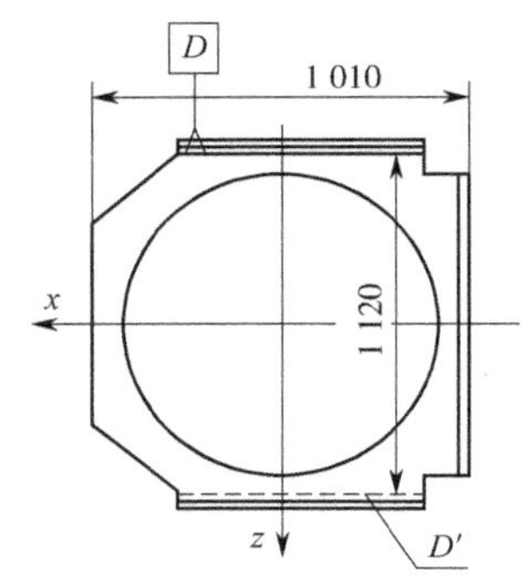

图 5-10　最好采用的定位形式

通过本章讨论可以看到,由于机床工作台旋转、夹具安装、零件找正等可能产生的旋转自由度上的误差都会改变零件在加工中的位置,引起定位误差,改变工序几何误差或角向误差,设计工艺时是不能忽略的。由于加工工艺的千变万化,本章所讨论的只是对几件较为一般的可能引起定位误差的情况加以说明。实践中还会有其他可以引起定位误差增大的情况,需要密切关注。旋转与平移自由度上的要求不同,会引起设计、操作等的差别。必须对原习惯仔细研究、分析,此处不可能把所有情况都一一讨论,需要具体情况具体分析。

第 6 章　几何误差链计算

几何误差链的建立、几何误差链解析计算公式、图解计算法、几何误差链计算中可能遇到的特殊问题，如数控自动设备使用后对方向、位置、跳动精度可能造成的影响，都已经做了讨论。本章将说明如何利用这些方法进行产品设计、工艺设计，以确定产品需要的方向、位置、跳动要求以及确保这些要求的实现。

6.1　装配几何误差链计算

装配几何误差链的查找及计算方法。

（1）封闭环要求限定单一旋转自由度方向上位置的装配几何误差链（如图 3-11 所示）。封闭环公差等于所有组成环公差之和计算。

（2）封闭环限定的是二个自由度上的位置。

①所有组成环都形成相关公差带时，封闭环公差等于组成环公差之和，并形成相关公差带；如果被测要素是轴线，形成 ϕ 公差带。

②所有组成环都形成相互独立的公差带时，封闭环公差计算先按不同的自由度分别计算组成环的公差之和，再将两个方向上的公差之和进行矢量合成为封闭环公差，形成相互独立的公差带。

③有的组成环形成相关公差带，有的组成环形成相互独立的公差带时，先将独立公差带的两个不同方向分别计算组成环公差之和，再将两个不同方向的公差之和做矢量相加，形成四棱柱形公差带，再与相关公差带的公差相加。封闭环的公差等于上述两部分公差之和，形成综合公差带。

④所有组成环都形成相互独立的公差带，且两个方向与封闭环相同，两个方向分别求和，再计算矢量和，形成相互独立的公差带。若两个方向不完全与封闭环相同，舍弃不相同部分。

如图 3-7 所示的装配几何误差链，封闭环要求限定两个旋转自由度方向上的位置，有的组成环形成相关公差带，有的组成环形成相互独立的公差带，其计算如下。

①明确封闭环的要求。

钻套孔轴线对钻模底座平面 B 的垂直度 0.03 mm，限定钻套轴线绕 x、y 轴旋转自由度上的位置，形成 ϕ0.03 公差带。

②确定各个组成环及其要求。

第一组成环：底座上被加工零件及夹具体的安装区都在平面 B 上，两处的平行度限定绕 x、y 轴两个旋转自由度上的位置，应形成相关公差带。因为夹具不大、加工精细，误差很小，故可以忽略不计。

第二组成环：夹具体上销孔两端孔轴线对平面 B 平行度 0.015 mm/100 mm，限定绕 x 轴旋转自由度上的位置。绕 y 轴旋转是销孔的恒定度方向,没有误差传递的能力,装配几何误差链在此处中断。

第三组成环:销子安装在夹具体销孔内,销子中间安装模板,为易于将被加工零件安装在钻模上加工,模板应能灵活旋转。所以,必有配合间隙等,造成模板绕 x 轴旋转误差,该误差要求小于 0.005 mm。

第四组成环:模板上固定钻套孔轴线对模板销孔轴线的垂直度为 0.015 mm,限定绕 x 轴旋转自由度上的位置。

第五组成环:固定钻套内外圆轴线的同轴度为 0.005 mm,限定绕 x、y 轴两个旋转自由度上的位置,形成相关公差带;绕 x、y 轴两个旋转方向上的误差又合并起来。

第六组成环:钻套内外圆轴线的同轴度为 0.005 mm,限定绕 x、y 轴旋转自由度上的位置,形成相关公差带。

装配几何误差链封闭环要求限定被测要素在两个旋转自由度方向上的位置;而第一、五、六三个组成环同时限定被测要素绕 x、y 轴两个旋转自由度方向上的位置,并形成相关公差带;第二、三、四三个组成环绕 y 轴旋转误差不能传递,只能传递绕 x 轴的旋转。但是,装配几何误差链又不允许中断,也就是绕 y 轴旋转自由度上必须另外寻找组成环以限定钻套轴线的位置。钻模设计师仔细确定 H、L、K 三个尺寸,以实现粗略定位。然后,在钻模装配时通过调整结构保证模板上固定钻套孔轴线在绕 y 轴旋转自由度方向上对夹具体平面 B 的垂直度小于 0.015 mm,使得绕 y 轴旋转自由度上装配几何误差链无缝对接,完成钻模的设计任务。由于钻模在绕 x、y 轴旋转自由度上的装配几何误差链的形成较为复杂,为了能形象地看到钻套孔轴线在空间可能出现的位置,用图 6-1 所示的综合公差带更形象的表示。

(3)公差计算。

封闭环要求限定被测要素在绕 x、y 轴两个旋转自由度上的位置,应形成相关公差带,对于轴线只能产生 ϕ 公差带。

两个方向上的装配几何误差链合在一起的组成环,在绕 x 轴旋转方向上的第一、五、六三个组成环均可限定被测要素绕 x、y 轴两个旋转自由度上的位置,与封闭环要求相同,且形成相关公差带。此三个组成环公差之和为封闭环公差的一部分,也形成相关公差带,按式(4-32)计算。此处按概率法计算,则有

$$\delta_{N\phi} = \sqrt{0.005^2 + 0.005^2} \approx 0.007 \text{ mm/100 mm}$$

两个方向上的装配几何误差链分离部分,在绕 x 轴旋转自由度上包括以下内容。

第二组成环:夹具体上的销孔轴线对平面 B 平行度 0.015 mm。

第三组成环:销子与销孔配合间隙引起的绕 x 轴旋转量 0.005 mm。

第四组成环:模板上固定钻套孔轴线对模板销孔轴线的垂直度 0.015 mm。

因装配几何误差链的环数较多,故按概率法计算为

$$\delta_x = \sqrt{0.015^2 + 0.005^2 + 0.015^2} \approx 0.021\ 8$$

在绕 y 轴旋转自由度方向上包括以下内容。

模板上固定钻套孔轴线对夹具体平面 B 的垂直度小于

$$\delta_y = 0.015$$

两个方向再按矢量合成：

$$\sqrt{0.0218^2+0.015^2}\approx 0.0264$$

封闭环公差等于两部分公差之和：

$$0.0264+0.007\approx 0.0334>0.03$$

根据计算，该钻模的装配几何误差链封闭环略有超差，能否使用，应由夹具设计与工艺人员研究确定。

参照图 6-1，由该链组成环的要求可知，因绕 x 轴旋转方向上的第二、三、四三个组成环只能限定绕 x 轴旋转误差，绕 y 轴旋转方向上位置就由调整得到，此两部分误差是相互独立的。若借用公差带形象的说明，则形成相互独立的公差带。如图 6-1 中的四个小圆中心连线组成的四边形，在绕 x 轴旋转方向上的第一、五、六三个组成环，在绕 x、y 轴两个旋转方向上的误差相同且相关，被测要素为轴线，所以形成 ϕ 公差带。在图 6-1 中分布在相互独立的公差带四边形四顶点处的四个小圆与其外切线所围成的图形就是该装配几何误差链封闭环的钻套孔轴线存在的区间。因形状较为复杂，故称为综合公差带。由图可见，在四个小圆的外侧略超出封闭环公差要求。

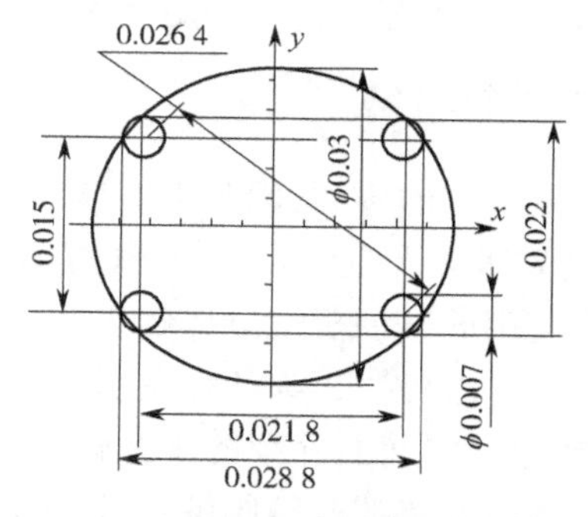

图 6-1　钻模装配几何误差链公差带

需要说明的是，钻模的精度得到了保证，钻模应用时对外界的作用是一个整体。钻模是用平面 C 放在钻床工作台面上的，而不是用平面 B。如果平面 C、B 间的平行度很差，就不能保证被加工零件合格。所以，平面 C、B 间的平行度要求不能放松，钻模设计者及工艺人员应密切关注。

建立装配几何误差链可以寻找影响精度保证的环节，达到分配精度的目的。如果精度影响环节多、分配困难，可以从中选择合适环节，改变为调整环，从而提高精度。

6.2　工序几何误差链计算

6.2.1　套筒的工序几何误差链计算

套筒的产品要求如图 3-13（a）所示，其加工工艺过程如图 3-13（b）所示，工序几何误差链总图如图 3-14 所示，为保证设计几何要求采用追踪法查找获得图 3-21 和图 3-22。

工艺计算：为保证封闭环大端面对小外圆轴线垂直度 0.05 mm 的要求（图 3-21），该要求限定相关联要素绕 y、z 轴两个旋转自由度上的位置。由图分析，几何误差链为一基准递变三环链，封闭环是大端面对小外圆轴线的垂直度公差 0.05 mm。第一个组成环为台阶面对小外圆轴线的垂直度公差 0.03 mm；另一组成环为大端面对台阶面的平行度要求 0.02 mm。封闭环、两组成环都限定被测要素绕 y、z 轴两个旋转自由度上的位置，恰好符合表 4-2 中序号 14 的工艺安排，其为链型Ⅰ，解析法可用式（4-21）计算，极值法采用式（4-2），即

$$\delta_N = a_1 + a_2$$

$$\delta_N = 0.05$$

满足图纸要求。

图解法计算：根据图 3-21，封闭环要求大端面对小外圆轴线的垂直度，限定大端面绕 x、y 轴两个旋转自由度上的位置；两个组成环，即台阶面对小外圆轴线的垂直度 0.03 mm，大端面对台阶面的平行度 0.02 mm，限定被测要素绕 x、y 轴两个旋转自由度上的位置，均形成相关公差带。可按式（4.32）计算，δ_N=0.05。可以形成相关公差带，两者结果相同。

另一设计要求：小外圆轴线对内孔轴线同轴度 0.1 mm。追踪查找后可见，封闭环仅有一个组成环可直接保证（图 3-22），该工艺安排能满足产品要求。

6.2.2 气缸体的工序几何误差链计算

柴油机气缸体是需要大批量生产的零件，因其上安装着许多零件、部件和组件，为了协调工作，气缸体各要素间的几何要求多而且高。目前，气缸体生产多采用专用机床流水线生产。下面以我国某公司生产中使用的柴油机气缸体的工艺为例，讨论其工序几何误差链的计算。其产品图如图 3-15 所示，工艺在第 3 章已有说明，根据工艺绘制的工序几何误差链总图如图 3-16 所示。为了更好地理解前面介绍的工艺计算方法，下面先采用解析法计算，再采用图解计算。为了对工序几何误差链进行图解计算，工序几何误差链总图应按图 4-16 所示将工序信息全部补入。由该图经过追踪查找可见，七条设计几何公差要求中大部分均未发生基准转换，可直接将图纸要求标注于工艺文件上，只有顶面（I）对底面（J）的平行度（图 6-2）及推杆孔轴线（M）对凸轮轴孔轴线（H）的垂直度（图 6-3）两条发生了基准转换，必须进行工艺计算，确定各组成环的要求。现计算如下。

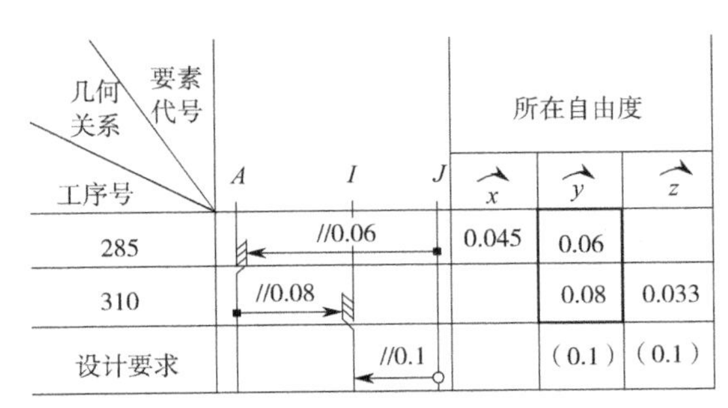

图 6-2 柴油机气缸体顶面对底面平行度要求的工序几何误差链图

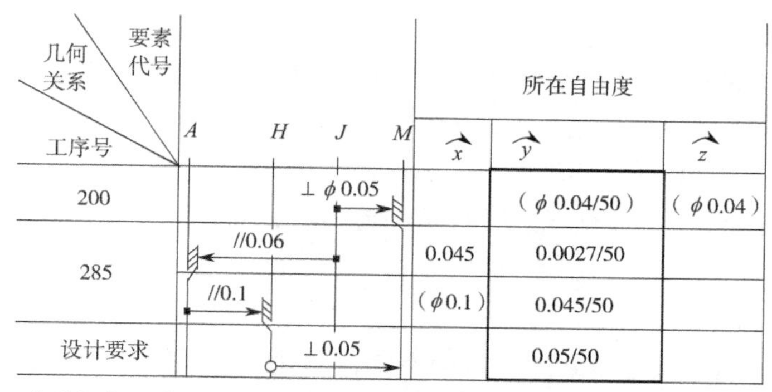

图 6-3 柴油机气缸体挺柱孔轴线对凸轮轴轴线垂直度要求的工序几何误差链图

1. 第 1 项设计要求

气缸体顶面对底面的平行度 0.1 mm/1 100 mm，限定顶面绕 y、z 轴旋转自由度上的位置，如图 6-2 所示，为一基准递变三环链。其中，第一组成环是 285 序的曲轴孔轴线 A 对底面 J 的平行度 0.06 mm。限定轴线 A 绕 y 轴的旋转，加工时采用一面两销定位，两销孔的配合间隙 0.043 mm，限定曲轴孔轴线绕 x 轴的旋转（与封闭环无关），孔距 1 050 mm。可造成的最大转角 γ_1，则 $\tan\gamma_1$=0.043/1 050，若变化为相同的测量范围 1 100 mm，则 $\tan\gamma_1$=0.045/1 100；第二组成环是 310 序的顶面 I 对曲轴孔轴线 A 的平行度 0.08 mm，限定顶面 I 绕 y 轴的旋转，定位可能引起零件的最大转角为 $\tan\gamma_2$=0.03/1 000，限定顶面 I 绕 z 轴的旋转，变化为相同的测量范围后为 $\tan\gamma_2\approx\sin\gamma_2$=0.033/1 100。符合表 4-2 中的第 16 种工艺安排，链型为Ⅲ′应采用式（4-27）按解析法计算。若采用要素代换（用平面代换直线）后，应符合表 4-2 中的第 4 种工艺安排，仍应采用式（4-27），即 $\delta_{\mathrm{N}}=\sqrt{(a_1+a_2)^2+4r^2\sin^2\gamma_2}$ 计算。

封闭环为顶面对底面的平行度 0.1 mm。

与第一组成环的角向误差无关，两工序的工序几何公差分别为 a_1=0.06、a_2=0.08，均在全要素上测量，其测量范围为 1 100 mm；第二组成环的角向误差为 $\sin\gamma_2$=0.033/1 100，代入式（4-27），得

$$\delta_{\mathrm{N}}=\sqrt{(0.06+0.08)^2+1100^2(0.033/1100)^2}\approx0.14>0.1$$

已经超差，且角向误差 $\tan\gamma_2$=0.03/1 000 实际是定位误差。如果再产生一些加工误差，超差的可能会更大。所以，按某公司柴油机气缸体的现行工艺安排生产，采用极值法计算顶、底面的平行度可能超差。若采用概率法计算，式（4-27）右端根号内前项（a_1+a_2）为两序工序几何公差之和，若按概率法合成，则为

$$\sqrt{0.06^2+0.08^2}\approx0.1$$

代入式（4-27），得

$$\delta_{\mathrm{N}}=\sqrt{0.1^2+0.033^2}\approx0.11$$

仍略有超差。是否需要对现行工艺进行修改，产品设计师、工艺师应有所考虑。

若采用图解法计算，为了进行图解计算，应把工序几何公差（0.06、0.08）、角向误差（0.045、0.033）填入图 6-2 的相应位置。因为封闭环要求气缸体顶面对底面的平行度，限定

被测要素绕 y、z 轴旋转自由度上的位置，两个方向上的要求是相关的。两组成环在两个旋转方向上的要求都是相互独立的，按式（4-32）计算每一个自由度上的公差。也就是将两组成环绕 y 轴旋转自由度上的误差相加（图 6-2 中粗实线包围部分），则得

$$\delta_{N1}=0.06+0.08=0.14>0.1$$

仅绕 y 轴旋转方向上的误差就已经超差，不必再与绕 x 轴旋转误差合成。若按概率法相加则为

$$\sqrt{0.06^2+0.08^2}\approx 0.1$$

第一组成环的角向误差与封闭环方向不同，不影响封闭环精度。第二组成环的角向误差绕 x 轴旋转误差为 0.033 mm。

封闭环要求两个方向上的误差相关，应按式（4-33）合成，即

$$\delta_N=\sqrt{\delta_{N1}^2+\delta_{N2}^2}\approx 0.11$$

与解析法计算结果相同。不过，根据旋转自由度上的误差的特殊性可见，会产生公差的压缩情况，需要注意。

经过校核图纸上顶面对底面平行度 0.1 mm/1 100 mm 要求，按该工艺生产可能出现超差，建议对此工艺适当调整。但因超差的量不大，而生产线投资巨大，更改极为困难。产品设计师、机械加工工艺设计师应对此做出全面考虑，或待下次工艺改进时再行考虑。

2. 第 7 项设计要求

气缸体挺柱孔轴线（M）对凸轮轴孔轴线（H）的垂直度允差 0.05 mm 的工艺校核。原工艺设计的工序几何误差链图参照图 6-3，其为一四环链。解析计算是将其分为两条三环链，先以曲轴孔轴线对底面的平行度及凸轮轴孔轴线对曲轴孔轴线的平行度为两组成环的一条基准递变三环链，封闭环为凸轮轴孔轴线对 J 面的平行度。符合表 4-2 中的第 26 种工艺安排，链型为Ⅱ′，按解析法计算应采用式（4-22），极值法采用式（4-2），即

$$\delta_N=a_2+a_1$$

3. 统一测量范围

封闭环要求：挺柱孔轴线 M 对凸轮轴孔轴线 H 的垂直度 0.05 mm，未明确规定测量范围，说明应在被测要素的全要素范围内测量；而挺柱孔轴线长度为 50 mm，即测量范围为 50 mm，各组成环的测量范围均应统一为 50 mm（图 6-3 中仅将绕 y 轴旋转方向做了统一）。

曲轴孔轴线对 J 面的平行度，限定绕 y 轴旋转自由度上的位置，与封闭环相同，工序几何公差为 0.06 mm/1 100 mm；测量范围统一后为 a_1=0.002 7/50；凸轮轴孔轴线对曲轴孔轴线的平行度，限定绕 y、x 轴旋转自由度上的位置，形成相关公差带，其绕 y 轴旋转误差和封闭环要求相同，工序几何公差为 0.1 mm/1 100 mm；测量范围统一后为 a_2=0.004 5/50；则基准递变三环链的封闭环为 δ_{N1}=0.007 2。

以基准递变三环链的封闭环（即凸轮轴孔轴线对 J 面的平行度）为一组成环，与挺柱孔轴线对 J 面的垂直度为第二个组成环，以挺柱孔轴线对凸轮轴孔轴线的垂直度为封闭环，组成一条基准不变三环链，符合表 4-1 中的第 11 种工艺安排，链型为Ⅱ，按解析法计算应采用式（4-3），极值法采用式（4-2），即

$$\delta_N=a_2+a_1$$

凸轮轴孔轴线对 J 面的平行度 0.007 2 mm/50 mm；挺柱孔轴线对 J 面的垂直度 0.04 mm（测量范围为 50 mm），则

$$\delta_N=0.0072+0.04=0.0472$$

零件合格。

解析计算较为麻烦，采用图解计算。因为封闭环要求限定一个旋转自由度（绕 y 轴旋转）上的位置，可按式（4-32）计算。计算之前先统一各组成环的测量范围（因封闭环的测量范围为 50 mm）。

第一组成环：挺柱孔轴线对 J 面的垂直度 0.04 mm，限定绕 y、z 轴旋转自由度上的位置，其测量范围为 50 mm。

第二组成环：曲轴孔轴线对 J 面的平行度，限定绕 y 轴旋转自由度上的位置的工序几何公差为 0.06 mm/1 100 mm；测量范围统一后为 0.002 7/50。

第三组成环：凸轮轴孔轴线对曲轴孔轴线的平行度，限定绕 y、x 轴旋转自由度上的位置，其绕 y 轴旋转误差和封闭环要求相同，工序几何公差为 0.1 mm/1 100 mm；测量范围统一后为 0.004 5/50。

则封闭环公差按式（4-32）计算为

$$\delta_N=0.04/50+0.0027/50+0.0045/50<0.05/50$$

工艺能达到图纸要求。

其余各条几何要求均可直接保证，应当能满足图纸要求。

6.2.3　轴承座的工序几何误差链计算

6.2.3.1　生产中正在使用的轴承座工艺与计算

轴承座（图 3-17）原生产工艺已介绍，绘制的工序几何误差链总图如图 3-18 所示。由此图可见，设计要求的第 1、3、4、6、7、9 六条均可实现工序的第一定位基准与设计基准重合，可以将设计要求直接标注在该工序的工艺文件上，不必进行工艺计算。如果加工后不能达到设计要求，说明企业必须提高工序能力，或者改变设计要求。

为保证第 5 条设计几何要求，采用追踪法查找后几何误差链如图 3-26 所示。第一条组成环是 30 序以平面 A 为基准加工平面 D，保证平面 D 对平面 A 的垂直度。可见，平面 A 限定平面 D 绕 y 轴的旋转，角向误差限定平面 D 绕 x 轴的旋转，形成相互独立的公差带。第二条组成环是 40 序的平面 B 对平面 A 的垂直度，要求限定平面 B 绕 z 轴的旋转，角向误差限定平面 B 绕 x 轴的旋转，形成相互独立的公差带。封闭环是平面 D 对平面 B 的垂直度 0.06 mm。该设计要求仅限定平面 D 绕 x 轴的旋转，属于基准不变工序几何误差三环链，符合表 4-1 中第 4 种情况，链型为Ⅳ，应采用式 $\delta_N = 2r\sin(\gamma_1+\gamma_2)$ 计算。

可见，封闭环公差与工序几何要求无关，但等于两组成环的角向误差之和。封闭环要求 0.06 mm，若按等公差法计算，每一道工序允许的最大角向误差只能为 0.03 mm。经实测机床工作台每一次旋转都可能产生 0.01 mm 的绕 x 轴旋转误差，且各工序的角向误差在工艺文件上并不注出，操作、检验等环节自然重视程度也不够。被加工平面的尺寸在 1 000 mm 以上，每一道工序只能产生 0.03 mm 的误差并非易事。如有必要建议调整工艺。至此，两道

工序的角向误差已计算获得。但两道工序的工序几何要求如何确定？每一道工序可将图纸要求 0.06 mm 填入，每两道工序也可将图纸要求 0.1 mm 暂且填入。因为每两道工序的几何要求是平面 B 对平面 A 的垂直度，在图 3-25 中也有使用。也就是说，平面 B 对平面 A 的垂直度是保证 2、5 两条设计几何要求的公共环，必须待第 2 条设计几何要求计算完成后再确定。此处暂填入 0.1 mm。

为保证第 2 条设计几何要求，采用追踪法查找后几何误差链如图 3-25 所示。第一条组成环是 30 序以平面 B' 为基准加工平面 A，保证平面 A 对平面 B' 的垂直度。可见，平面 B' 限定平面 A 绕 z 轴的旋转，角向误差限定平面 A 绕 y 轴的旋转，形成相互独立的公差带。第二条组成环是 40 序的平面 B 对平面 A 的垂直度，要求限定平面 B 绕 z 轴的旋转，角向误差限定平面 B 绕 x 轴的旋转，形成相互独立的公差带。封闭环是平面 B' 对平面 B 的平行度 0.1 mm，该设计要求可以限定平面 B' 绕 x、z 轴的旋转，形成相关公差带。在表 4-2 中属于基准递变工序几何误差三环链，链型为Ⅲ′，应采用式 $\delta_N = \sqrt{4r^2\sin^2\gamma_2 + (a_1 + a_2)^2}$ 计算。

可见，封闭环公差与两道工序的工序几何要求、第二道工序的角向误差有关。但是，第二道工序的角向误差已在前面计算获得，为 0.03，则

$$0.1 = \sqrt{0.03^2 + (a_1 + a_2)^2}$$

$$a_1 + a_2 \approx 0.095$$

如果按等公差法设计，则

$$a_1 \approx 0.05$$

$$a_2 \approx 0.05$$

计算获得第二组成环的工序几何公差（绕 z 轴旋转）为 0.05 mm。在保证第 5 条设计几何要求计算中，暂时确定的平面 B 对平面 A 的垂直度按图纸要求 0.1 mm 赋予，应改为 0.05 mm。第二组成环的角向误差已在前面计算获得为 0.03 mm。同样，为保证第 5 条设计几何要求计算时获得的第一道工序（30 序）的角向误差为 0.03 mm。在保证第 2 条设计几何要求的第一道工序（也在 30 序）的角向误差也可以定为 0.03 mm。由于角向误差要求较高，需要仔细操作才能够保证要求。尽管两环的工序几何公差稍大（0.05 mm），却不能补偿角向误差要求的严格，调整工艺仍有必要。

图解法计算，为保证第 5 条设计几何要求，封闭环要求被测要素绕 x 轴旋转自由度上的位置允差为 0.06 mm。如图 3-26 所示有两个组成环，按等公差法计算，每一道工序只能定为 0.03 mm（角向误差）。第一道工序的工序几何公差与设计几何要求相同，为 0.06 mm；第二道工序的角向误差也为 0.03 mm。工序几何公差暂按设计几何要求 0.1 mm 赋予，待第 2 条设计几何要求计算之后确定。

为保证第 2 条设计几何要求，封闭环要求被测要素绕 x、z 轴旋转自由度上的位置允差为 0.1 mm，形成相关公差带。如图 3-25 所示有两个组成环，其中第二道工序的角向误差（绕 x 轴旋转）已确定为 0.03 mm，第一道工序的角向误差与封闭环无关，暂不考虑。两个组成环的绕 z 轴旋转误差均影响封闭环的大小。按等公差法计算：

$$0.1 = \sqrt{0.03^2 + (a_1 + a_2)^2}$$

$a_1+a_2\approx0.095$

如果按等公差法设计，则

$a_1\approx0.05$

$a_2\approx0.05$

与解析计算相同，分别填入相应位置。

6.2.3.2　其他工序几何要求的处理

第 1 条设计几何要求，因保证第 2、5 两条设计几何要求已经确定其取值，不再计算。实际上设计要求（绕 z 轴旋转）由 0.1 mm 压缩至 0.05 mm，增加了较高的绕 x 轴旋转要求，加工难度增加了。为保证第 2、5 两条设计几何要求，发生了基准转换。经前面的设计计算，其结果填入图 6-4 中；第 3、4、6 三条设计几何要求的两相关联要素在同一工序中加工，符合图 2-14 所示的基准体系，旋转误差对加工精度产生影响。应当提高第二定位基准的定位作用，必须认真找正，消除因机床工作台旋转而产生的误差，以提高加工质量。尽管设计几何要求可以直接标注在工艺文件上，只有仔细操作，质量才能得以保证。第 7、8 两条设计几何要求，工艺安排可以保证。

在工序几何要求中的第 1、2、3 三条工序要求及角向误差，可以根据现场情况主要考虑必须保证各要素的加工余量足够，不影响后续加工质量。第 4、5、6 三条工序几何要求均按设计几何要求标注于工艺文件上。需注意机床工作台的旋转误差对加工精度的影响。第 7 条工序几何要求为 0.05 mm，可以保证图纸要求的 0.1 mm，但设计要求被压缩，增加了制造难度。第 8、9 两条工序几何要求，由于符合"3.3.2.2　被加工要素与定位基准体系间的关系"中的（3）条④款要求，可以保证设计要求。仅第 2 条工序几何要求必须保证为 0.05 mm。其他几项工艺计算全部结束，并将计算结果全部填入图 6-4 中。关于原工艺的不足讨论如下。

（1）原工艺每一道工序的几何要求给出的模糊说法"达到图纸要求"，实际上是把质量保证的责任交给了操作者。工艺设计师自己设计的加工工艺正确与否都心中无数，操作者按工艺操作就能获得合格的零件？如果工艺文件没有规定，操作者凭自己的感觉赋予质量指标并按其加工，算不算按工艺执行？如果可以，设置工艺员这个岗位还有必要吗？就从上述工艺来看，工艺文件上各工步都没有工序几何要求（图 3-18）的规定，操作者按多少执行。例如，第二条设计几何要求，平面 B' 对平面 B 的平行度，但在加工平面 B' 时工艺安排的定位基准是平面 A'，设计基准是平面 B，两者不一致，发生了基准转换，操作者怎么能得到以平面 A' 加工平面 B' 时，应该保证的几何要求的准确信息？显然，由操作者保证加工质量是不合适的。再例如，第一条设计几何要求，平面 B 对平面 A 的垂直度 0.1 mm，第 7 条工序几何要求，平面 A 定位加工平面 B，恰好与设计要求一致，操作者是不是可以按垂直度 0.1 mm 执行呢？由图 6-4 可见，只能按 0.05 mm 执行。并且，还必须增加角向误差 0.03 mm 的工艺要求。这些，操作者又怎么知道呢？所以，把质量的责任交给操作者是不合适的。

（2）第 2、5、7 三条设计几何要求平面 B'、平面 D 和轴线 C 都是以平面 B 为基准，所以三要素应该安排在平面 B 精加工之后（或同在 40 序），但原工艺却安排平面 B'、平面 D 在平面 B 加工之前。也就是，基准还没形成就已经被加工，基准转换已不可避免。操作者怎么干才能保证设计要求？操作者能决定吗？

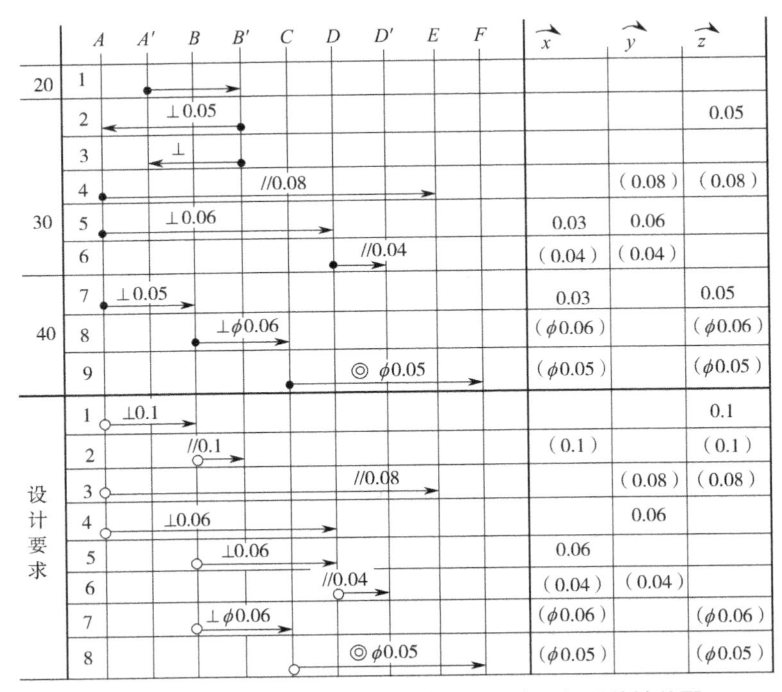

图 6-4　轴承座原工艺经工艺计算后的工序几何误差链总图

（3）30 序中在加工平面 A 之后，在同一道工序若机床工作台必须通过旋转才能加工要素 E、D、D'、A' 时，为了确保设计几何要求，很可能需要采用图 2-14（a）或图 2-14（b）的定位形式。除需要密切关注机床精度的变化外，还必须认真执行第二定位基准的操作。这是因为：①在此之前，行业中好像没有过这种操作，这里提出供同行斟酌；②工序的第一定位基准切切实实地实施定位加工一个要素，然后工作台旋转把刚刚加工的要素当作第二定位基准加工其他要素。注意，既是基准，其位置（所需自由度）就必须准确。但因工作台旋转又引入了产生误差的可能，第二定位基准的操作就是尽最大努力消除这个误差。

6.2.3.3　轴承座工艺改进

基于轴承座原工艺的缺点，有必要考虑工艺改进，根据改进工艺绘制出工序几何误差链总图（图 3-20），其中除第 2、3、6 三条设计几何要求外，其余各条均可由工序几何要求直接保证，未发生基准转换情况，产品质量易于保证，并采用第二定位基准的操作，减少机床工作台旋转所造成的误差对被加工要素几何位置的影响，提高了加工质量。为保证第 2、3、6 三条设计几何要求，第 2、5、10 三条工序几何要求使用了虚线，说明加工 E、D'、B' 三平面时采用了图 2-14（b）所示的定位形式。但是，根据操作者的经验，并经实践验证，机床精度较好，可以保证产品质量。

例如，在第 2、3、6 三条设计几何要求中，第 6 条平面 D' 对平面 D 的平行度 0.04 mm 要求最高，在加工平面 D 后，需机床工作台绕 y 轴旋转，可能产生 0.03 mm/1 000 mm 误差，直接影响被加工平面 D' 的位置。新工艺采取了机床工作台绕 y 轴旋转 180° 后，测量平面 D 旋转后的位置误差，使之减小至 0.01 mm/1 000 mm，即以平面 D 为第二定位基准。又经过实测，加工平面 D 后，平面 D 对机床工作台的垂直度在 0.01 mm/1 000 mm，也就是机床精度较好。经检验发现，平面 D' 对平面 D 的平行度 0.04 mm 可以保证。同样，第 2 条设计几何要求，平面 B' 对平面 B 的平行度 0.1 mm，第 3 条设计几何要求平面 E 对平面 A 的平行度 0.08 mm 都能保证。于是，将各要求之值 0.04 mm、0.08 mm、0.1 mm 填入图 3-20 相应位置。

如果机床精度不高，加工后被加工平面相对于机床工作台的垂直度较差，加工工艺必须予以考虑。

6.2.4　总结

（1）机械行业的发展一直都在为保证尺寸要求而努力，提出方向、位置、跳动要求仅 40 多年的历史，保证方法相差甚远。在产品设计、工艺设计、加工操作、技术检验、产品装配时应经常思考如何才能保证产品的方向、位置、跳动要求。从目前现场使用的轴承座、柴油机气缸体的工艺及其加工操作来看，仍以保证尺寸要求的方法和习惯来保证方向、位置、跳动要求有一定困难，关键是关注旋转自由度上误差的特殊性较少。

（2）先进设备只是提供了优越的固定不变的生产条件，而需要加工的产品状态、现场的环境与条件、人员的素质以及经济状况等都是变化的。两者完美的结合才能加工获得理想的产品，而两者完美的结合应该是工艺设计的职责。轴承座的加工工艺就是一个明证，即使使用了数控自动镗铣床，设计工艺时不注意，也可能发生基准转换。原操作很少使用第二定位基准，获得理想产品就有困难。更重要的是，旋转自由度公差保证的理论研究是针对整个机械业的，针对所有必须通过机械加工等手段才能获得的产品。随着科技的发展，可以预见对机械产品的需要、机械产品对几何精度的需要会不断增加和提高，旋转自由度精度保证理论研究也就更加急迫了。

（3）图纸上明标的方向、位置、跳动要求是必须严格保证的，加工过程中对被测要素空间位置的控制有时还必须重视角向误差。过去，在工艺文件上只标注方向、位置、跳动要求，不标角向误差，生产过程中也很少关注角向误差，这是应当改变的。角向误差的产生可能是工艺系统中各环节及其间的联系所造成的，甚至与生产管理也密切相关。要提高产品质量，千万别忘记角向误差的影响。

6.3　相关要求的工艺设计与计算

6.3.1　相关要求工艺处理方法

由于功能和经济原因，需要使要素的尺寸和几何公差相关时，需要满足相关标准要求，包括包容要求、最大实体要求（包括附加于最大实体要求的可逆要求）和最小实体要求（包括附加于最小实体要求的可逆要求）。

包容要求适用于圆柱表面或两平行对应面。其中，圆柱表面为单一表面，两平行对应面间的关系一般可以用尺寸控制方法方便地解决。相关要求中的最大实体要求、最小实体要求的使用，与两相关联要素间的几何关系十分密切；而包容要求中的两平行对应面，也涉及两相关联要素，也可采用下面所讨论的工艺处理方法。

如图 6-5 所示采用了最大实体要求的相关要求。当 ϕ20 mm 外圆尺寸在不超过最大实体边界的条件下，外圆轴线对 A 面的垂直度可以超过 $\phi 0.03$ mm 的范围。例如，当外圆尺寸做成最小实体尺寸 $\phi 19.967$ mm 时，外圆轴线对平面 A 的垂直度小于 0.063 mm 都是合格的。方向、位置、跳动公差得到了放大，降低了废品率，提高了产品的经济效益。但只有准确地理解标准的要求之后，才有可能实现标准要求。

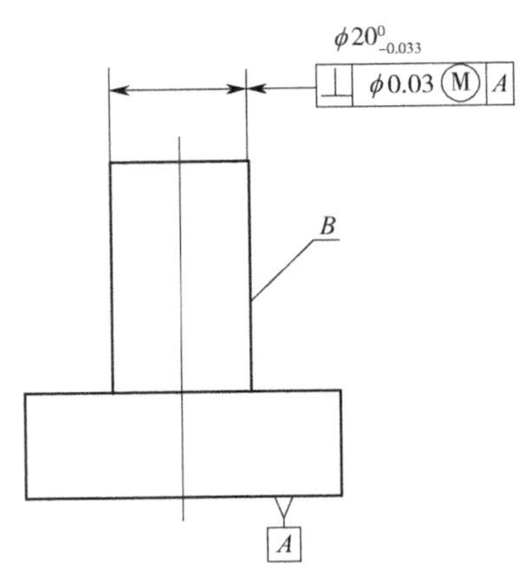

图 6-5　相关要求说明

图 6-6 为图 6-5 所示零件的动态公差图。由图可见，零件的公差由两部分组成，即四边形 $DCAO$ 和三角形 CBA。四边形 $DCAO$ 部分为尺寸要求与方向要求相互独立区间，暂称为独立区。在此区间内，尺寸可以在 OD 间取任意值，方向要求可以在 AO 间取任意值，两者相互独立。其方向要求可以参与因基准转换引起的工序几何要求的改变，即其方向要求可以分配给各工序几何误差链的组成环。三角形 CBA 部分为尺寸要求与方向要求相互关联区间，暂称为关联区。在此区间内，方向要求是相关要素具体尺寸的函数。例如，当相关要素取得尺寸 a 时，垂直度要求小于 b 都是合格品。所以，处于该区间内的零件，只有已知外圆尺寸之后，才能确定几何要求之值，判断零件是否合格。因此，产品图上应用了相关要求，零件的几何要求得到放大，设计工艺时又希望充分利用这一条件，工艺方案可能采用一次装夹加工两相关联要素或以一个要素为基准加工另一要素。

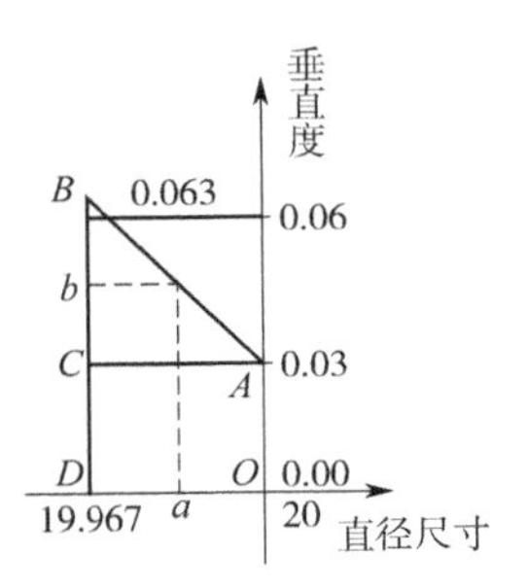

图 6-6　动态公差图

以上两种方法可以将图纸的相关要求直接标注在工艺文件上，使设计赋予的公差得以充分发挥。如果两相关联要素必须在两道工序中加工，可能就需要先完成相关要素（图 6-5 中的外径）加工，实测其尺寸，确定方向要求，再加工另一要素；或不控制两相关联要素加工的先后次序，加工完成后，实测尺寸及几何要求，判断零件合格与否。零件合格可传下一道序；零件不合格，按不合格处理，操作者无法控制被加工零件的质量状况。

相关要求可以放大公差，具有非常好的经济性，应思考在生产中如何才能更好地发挥作用。因为设计工艺永远在安排生产前，但相关要素的具体尺寸（如外径尺寸）只有在生产之后才能产生，才能确定产品所需的方向要求值，才能进行工艺设计，两者相互矛盾。设计工艺时要很好地利用相关要求，只有两相关联要素在一道工序中加工或以两者之一为基准。事实上，由于产品的多样复杂、现场实际条件的变化，工艺方案往往多种多样。

对于如图 6-5 所示零件，若现场有较好的外圆加工能力，外圆公差可以适当压缩。例如，现场外圆加工的经济精度可达 0.02 mm，外圆尺寸可由 $\phi 20^{0}_{-0.033}$ mm 压缩至 $\phi 20^{-0.013}_{-0.033}$ mm。动态公差图中的独立区可由图 6-5 中的 *DCAO* 变化为图 6-7 中的 *DGFE* 部分，外圆公差缩小了，方向公差可以由 0.03 mm 放大至 0.043 mm，也就是 *DC* 增长至 *DG*。现场能力达到外圆公差不难，几何要求获得放大，可提高产品的工艺性。由图 6-7 可知，方向要求 *BD* 由以下三部分组成。

（1）给定量。原产品图赋予的几何公差值，即图 6-7 中的 *DC* 部分为给定量，可以是包含 0 在内的任意实数。给定量可以参与由于基准转换而引起的工艺换算。

（2）补偿量。由尺寸公差变换为方向要求的量，即图 6-7 中的 *CG* 部分为补偿量。补偿量可以和给定量一起参与由于基准转换而引起的工艺换算。

（3）调整量。图纸给定的尺寸公差减去变换为几何要求的量，所剩余部分为调整量，图 6-7 中的 *GB* 部分为调整量。调整量不能参与由于基准转换而引起的工艺换算。工艺设计时应尽量增加补偿量、减小调整量，为工艺设计留下足够的空间。

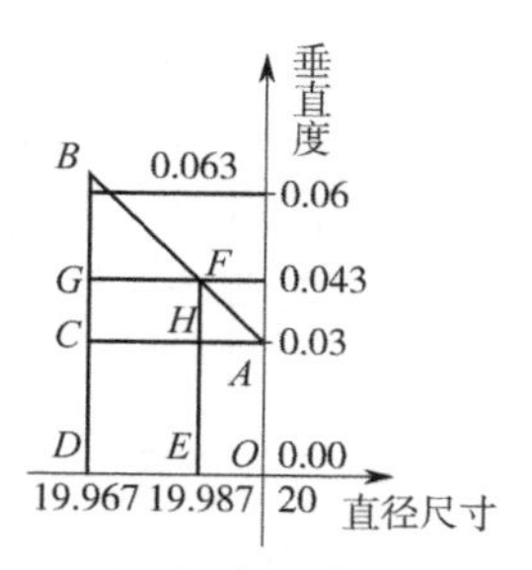

图 6-7　相关要求公差调整后的动态公差图

公差补偿使用后，需注意以下几点。

（1）由图 6-7 可见，如果符合最大实体要求（采用 *M*），尺寸只能在最大实体尺寸（$\phi 20$ mm）部位压缩；如果符合最小实体要求（采用 *L*），尺寸只能在最小实体尺寸部位压缩。

（2）外圆公差压缩后仍应遵守相关要求：①当零件的尺寸、几何误差出现在图 6-7 中的四边形 *AOEF* 内时，不要匆忙判定其不合格，如果不影响后续的加工，判定其合格存在可能；②零件的尺寸、几何误差落在图 6-7 中的三角形 *BGF* 内时，仍应遵守相关要求。

（3）外圆公差压缩至 $\phi 20^{-0.013}_{-0.033}$ mm 后，还应关注现场测量手段是否允许等。

（4）当调整量变化为补偿量后，所描述的自由度可能发生变化，将和给定量一起参与工艺换算。

6.3.2 实例

图 6-8 所示齿轮箱产品图中的部分几何要求，其中有两条涉及相关要求，且单位的生产条件一般，采取单件小批生产。

该齿轮箱的生产工艺草案如图 6-9 所示，仅录入有关几何要求部分，并讨论相关要求的工艺设计。

10 序：以平面 D 为粗定位，铣加工平面 C，注意各要素加工余量，保证平面 C 对平面 D 的垂直度 a_1。

20 序：以平面 C 为主要定位基准，用平面 D 找正（控制零件绕 x 轴旋转），找正误差应保证加工余量合适，铣加工平面 D，保证平面 D 对平面 C 的垂直度 a_2。

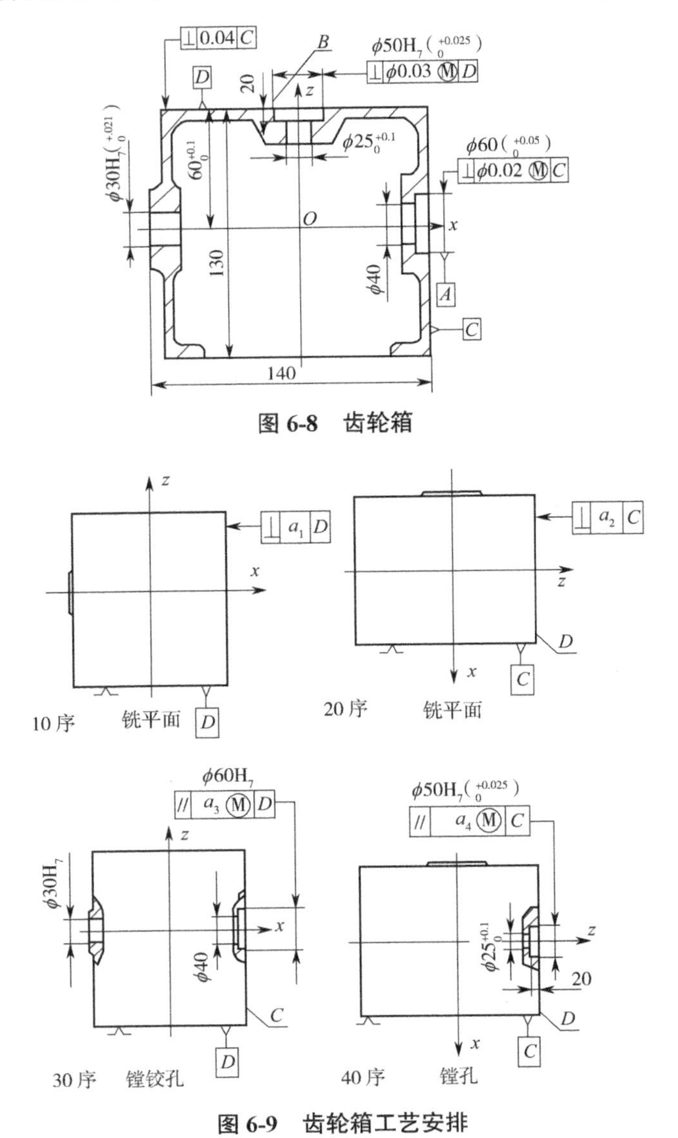

图 6-8 齿轮箱

图 6-9 齿轮箱工艺安排

30 序：以平面 D 为主要定位基准，平面 C 下方的一条直线为辅助定位基准，进行找正（控制零件绕 z 轴旋转），镗加工 ϕ60 mm 孔，保证工序几何公差 ϕ60 mm 孔（A 轴线）对平面 D 平行度 a_3，并和 ϕ60 mm 孔尺寸相关。

40 序：以平面 C 为主要定位基准，平面 D 右方的一条直线为辅助定位基准，进行找正（控制零件绕 x 轴旋转），镗加工 ϕ50 mm 孔，保证工序几何公差 ϕ50 mm 孔（B 轴线）对平面 C 平行度 a_4，并和 $\phi 50\mathrm{H7}\left(^{+0.025}_{0}\right)$ mm 孔尺寸相关。根据该零件的工艺分析，符合“3.3.2.2　被加工要素与定位基准体系间的关系”的第（2）种情况，并按照其绘制出工序几何误差链总图，如图 6-10 所示。

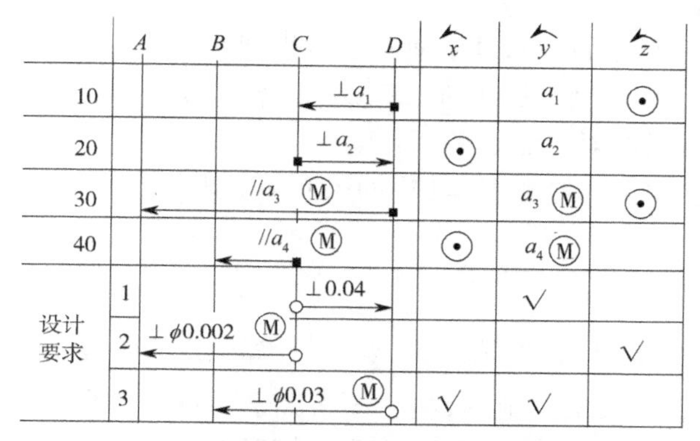

图 6-10　齿轮箱工序几何误差链总图

根据几何要求的特点，主要定位基准全要素参与定位。工序几何要求可以用被加工要素和主要定位基准间的关系来判定。如 20 序，被加工要素是平面 D，主要定位基准是平面 C，工序几何要求（a_2）一般只能是平面 D 对平面 C 的垂直度，只能限定被加工要素平面 D 绕 y 轴旋转自由度上的位置。但是平面 D 还可能产生绕 x 轴旋转（即角向误差），工艺要求为注意各要素加工余量，则由操作者根据需要确定。所以，在工序几何误差链总图上的工序几何要求处填入 a_2，绕 x 轴旋转填入“⊙”。同样，30 序以平面 D 定位镗加工 ϕ60 mm 孔，工序几何要求是 ϕ60 mm 孔对平面 D 平行度 a_3（绕 y 轴旋转），但 ϕ60 mm 孔轴线绕 z 轴旋转为角向误差。所以，在绕 y 轴旋转处填入 a_3，在绕 z 轴旋转填入“⊙”。40 序填法相同。

对于工艺设计，采用追踪法查找出为保证第 2、3 条设计几何要求的工序几何误差链图，如图 6-11 和图 6-12 所示。第一条设计几何要求，经查找由 20 序直接保证。可见，20 序的工序几何要求为保证三个设计要求的几何误差链的公共环，也就是公共环必须满足三个设计几何要求的需要。

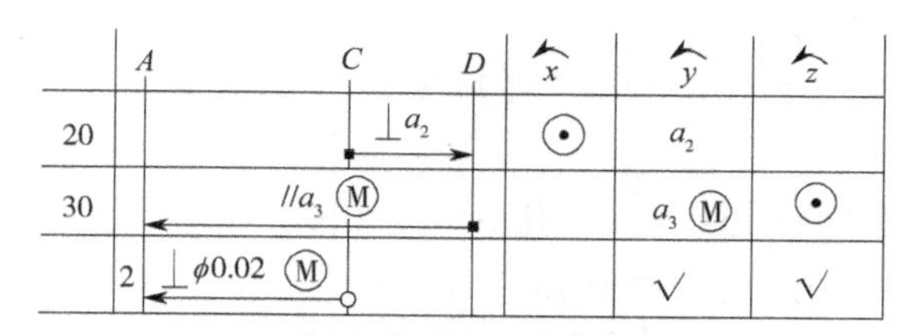

图 6-11　齿轮箱的几何误差链图 1

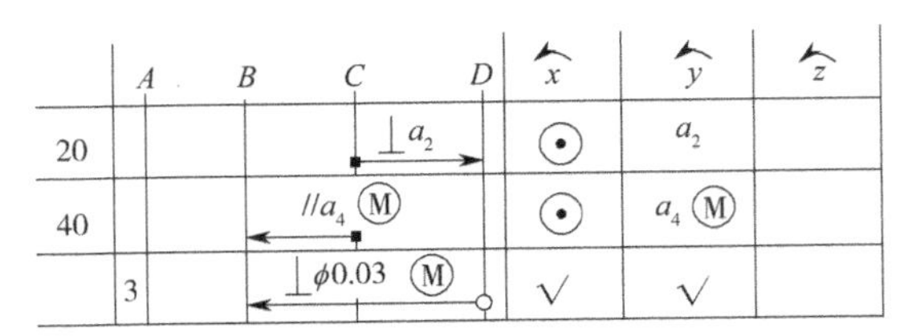

图 6-12 齿轮箱的几何误差链图 2

其工艺设计与计算如下。

由图 6-11、图 6-12 可见，a_2 为两个工序几何误差链的公共环。

为保证孔 A 轴线对平面 C 的垂直度，经追踪法查找工序几何误差链如图 6-11 所示。

第一组成环：20 序平面 D 对基准平面 C 的垂直度 a_2。

第二组成环：30 序孔 A 轴线对基准平面 D 的平行度 a_3。

封闭环要求：孔 A 轴线对平面 C 的垂直度。

因为是基准递变三环链，符合表 4-2 中的第 9 种工艺安排，链型为Ⅲ′，应采用以下公式计算：

$$\delta_{\mathrm{N}} = \sqrt{4r^2\sin^2\gamma_2 + (a_1 + a_2)^2}$$

按此公式进行工艺设计，需要选用式（4-36）计算确定其临界条件，则 $\delta_{\mathrm{N}} \geqslant 2r\sin\gamma_2$，也就是 30 序的角向误差（绕 z 轴的旋转误差）不得大于封闭环要求 0.02 mm。30 序产生的角向误差是零件安装时的找正误差，考虑各方面的情况在整个零件的宽度 140 mm 方向上允许产生 0.01 mm 的找正误差，即为零件可能产生的绕 z 轴旋转的量，即

$$\delta_{\mathrm{N}}=0.02>0.01$$

则

$$0.02^2 = 0.01^2 + (a_2 + a_3)^2$$

$$a_2+a_3\approx0.017$$

由此可见，20 序、30 序的工序几何公差之和仅为 0.017，如何分配着实很难。

图纸要求孔 A 轴线对平面 C 的垂直度与孔 A 尺寸相关，而孔 A 的孔径尺寸公差较大，现场采用铰孔加工，孔径公差可以缩小到 0.03 mm，并压缩在最大实体位置。所以，30 序中的孔径尺寸定为 $\phi60^{+0.05}_{+0.02}$ mm，另一端孔径尺寸可以不变仍为 $\phi30^{+0.021}_{0}$ mm。孔 A 轴线对平面 C 的垂直度公差可以由 0.02 mm 放大为 0.04 mm。

代入上式，得

$$0.04^2 = 0.01^2 + (a_2 + a_3)^2$$

$$a_2+a_3\approx0.038\,7\approx0.04$$

为保证平面 C、D 间的几何要求，将封闭环公差平均分配到两个组成环上，所以 a_2=0.02，a_3=0.02。

30 序工序几何公差为 a_3=0.02，并与孔 A 尺寸相关，找正要求 0.01 mm。由于加工余量不大，零件尺寸较小，可采用调整切削用量等方法减小加工误差。其余各序同样如此。

现场中 20 序加工平面公差较易保证；30 序孔加工保证平行度虽有一定难度，但可以和

孔公差相关。

为保证 B、D 间的几何要求，经追踪法查找工序几何误差链如图 6-12 所示。

第一组成环：20 序平面 D 对基准平面 C 的垂直度 a_2。

第二组成环：40 序孔 B 轴线对基准平面 C 的平行度 a_4。

封闭环要求：孔 B 轴线对平面 D 的垂直度 0.03 mm。

因为是基准不变三环链，符合表 4-1 中的第 7 种工艺安排，链型为Ⅲ，应采用以下公式计算：

$$\delta_N = \sqrt{4r^2\sin^2(\gamma_1 - \gamma_2) + (a_1 + a_2)^2}$$

按此公式进行工艺设计，需要选用式（4-35）计算确定其临界条件，则 $2r\sin\gamma_1 + 2r\sin\gamma_2 < \delta_N$，因为 20 序的角向误差已经确定为 0.01 mm，工序几何公差为 0.02 mm；40 序的角向误差也定为 0.01 mm。其测量范围都是 140 mm。

封闭环要求 δ_N=0.03，图样上未标出测量范围，应视为在全要素上测量，要素长度为 20 mm。若均统一为 140 mm，则为

δ_N=0.21

代入式（4-5）。

40 序的工序几何公差为 a_4≈0.19（测量范围 140 mm），仍变化为 20 mm，则为

a_4≈0.025

与孔 B 尺寸相关。

至此，20、30、40 序的工序几何公差、角向误差均已计算完成。10 序的工序几何公差、角向误差的确定应考虑各要素的加工余量要足够，尽量为后续加工提供方便，暂且确定为 a_1=0.04，找正误差为 0.03 mm。待以后生产中进一步验证确定。

该零件的工艺设计完成，各序要求最后确定如下。

10 序：以平面 D 定位（毛坯注意平面 D 的平整度），铣加工平面 C，保证各要素加工余量，保证平面 C 对平面 D 的垂直度 0.04 mm，找正误差控制在 0.03 mm 以内。

20 序：以平面 C 为主要定位基准，铣加工平面 D，用平面 D 找正，误差控制在 0.01 mm，保证平面 D 对平面 C 的垂直度 0.02 mm。

30 序：以平面 D 为主要定位基准，用平面 C 下方的一条直线找正，误差控制在 0.01 mm，镗加工 $\phi60^{+0.05}_{+0.02}$ mm、$\phi30^{+0.021}_{0}$ mm 孔，保证孔 A 轴线对平面 D 平行度 0.02 mm，并与孔 A 尺寸相关。

40 序：以平面 D 为主要定位基准，平面 C 右方的一条直线找正，误差控制在 0.01 mm，镗加工孔 $\phi50\text{H7}\left(^{+0.025}_{0}\right)$ mm，保证孔对平面 D 垂直度 0.025 mm，并和孔 $\phi50\text{H7}\left(^{+0.025}_{0}\right)$ mm 尺寸相关。

将上述计算结果填入工序几何误差链总图图 6-13 中。

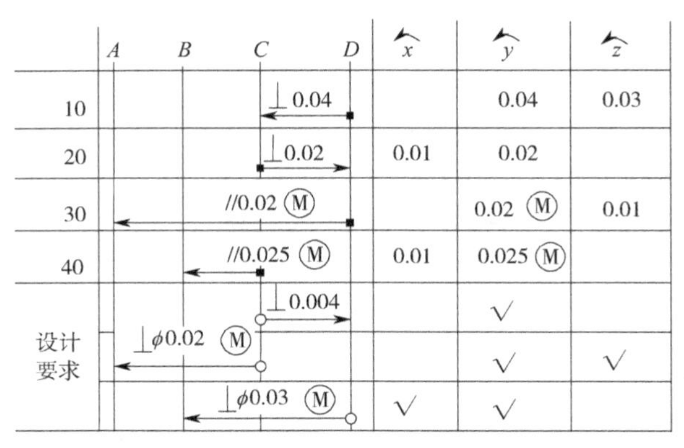

图 6-13 齿轮箱工艺设计完成

6.4 工序几何误差对加工余量的影响

工艺设计时必须认真处理的一个重要参数是加工余量。长期以来，都是采用工艺尺寸链计算确定加工余量，也就是根据每一道工序的工序尺寸及其公差计算确定。工序方向、位置、跳动公差对加工余量是否存在影响？在《形状和位置公差》标准发布后，方向、位置、跳动公差应用越来越普遍，严格的情况下，认真考虑其对加工余量的影响更加必要。

目前，用工序尺寸链的方法计算加工余量已为机械行业所公认，而忽略了方向、位置、跳动公差对加工余量的影响。即使实践中加工余量不够，也没有想到会是工序方向、位置、跳动误差所带来的影响，更谈不上工序方向、位置、跳动公差对加工余量产生影响的理论分析和解决办法。随着科学技术的发展，1974 年第一版《形状和位置公差》标准的发布，必须从理论的角度审视产品的方向、位置、跳动要求在工艺学中的作用及影响。

如图 6-14 所示，以平面 A 主要定位基准加工表面 B，粗加工工序尺寸 D_1，公差为 δ_1、精加工工序尺寸 D_2，公差为 δ_2，可以计算出精加工的加工余量为

最大加工余量 $Z_{max}=D_1+\delta_1-D_2$

最小加工余量 $Z_{min}=D_1-D_2-\delta_2$

而其工序方向、位置、跳动要求是平面 B 对平面 A 的平行度，工序尺寸及工序方向、位置、跳动要求的测量基准是一致的。如果精加工时被加工表面达到 B_1 位置，才能成为合格品：若达到 B_2 位置，因尺寸 D_2 超出了尺寸公差 δ_2 范围而报废。也就是，粗、精加工的工序方向、位置、跳动要求都不得超出尺寸公差范围。加工余量 Z_{max}、Z_{min} 的保证，只采用尺寸及其公差计算已经足够。

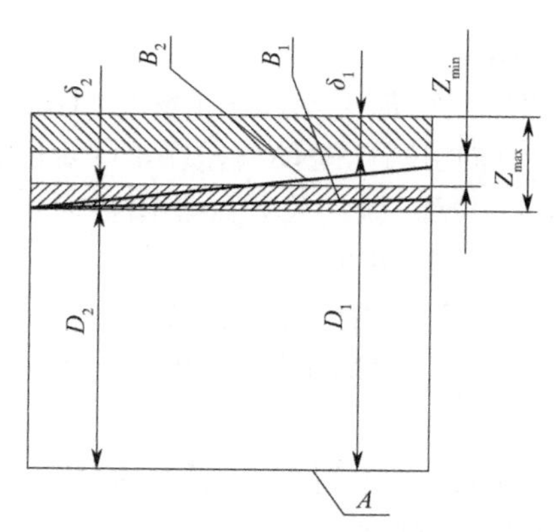

图 6-14　加工余量与形位公差的关系

当加工时工序尺寸公差、工序方向/位置/跳动公差的定位、测量基准不统一时，又会发生什么情况呢？如图 6-15 所示，本序以主要定位基准 P 定位铣加工平面 M。本序的工序方向、位置、跳动要求平面 M 对平面 P 的垂直度 δ_3，该要求只能由主要定位基准 P 控制，次要定位基准 N 难以左右。本序的工序尺寸 A 及其公差 δ 必须用次要定位基准 N 定位而控制，而主要定位基准 P 也难以控制。假设表面 M 的加工余量为 Z，如图 6-15 中 $\delta_3>Z$ 时产生废品就难以避免。此时，工序方向、位置、跳动要求必然影响加工余量，不能忽视。由此可见，若工序方向、位置、跳动要求与工序尺寸要求的基准不统一，工序方向、位置、跳动要求有可能会影响加工余量。

仔细分析图 6-15，被加工平面 M 的加工余量 Z，实际上是平面 M 沿 y 轴平移的量，恰和工序尺寸的方向一致，零件沿 y 轴的平移只能由次要定位基准 N 决定，主要定位基准不可能控制；工序方向、位置、跳动要求限定被加工要素 M 绕 z 轴的旋转，其旋转量的大小、次要定位基准不能控制。若工序方向、位置、跳动误差太大，也就是旋转量大了，有可能造成被加工平面难以铣平。所以，当工序尺寸公差、工序方向/位置/跳动公差的定位、测量基准不统一时，必须关注工序方向、位置、跳动要求对加工余量的影响。

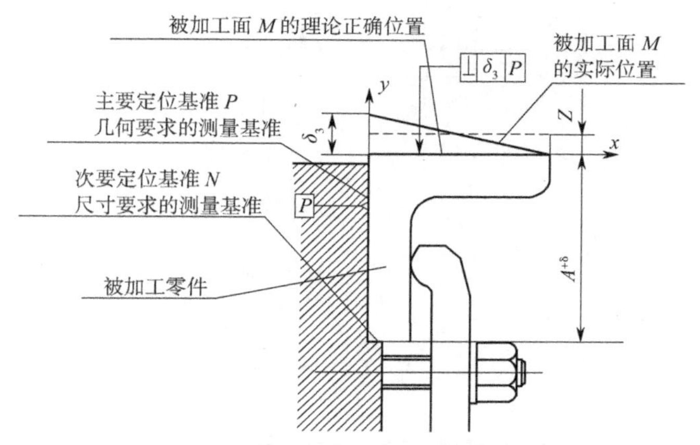

图 6-15　基准不统一的加工余量分析

通过上述分析,可得以下结论。

(1)目前,加工余量主要决定于被加工要素在平移自由度上的位置变化,即决定于工序尺寸及其公差的大小。而工序方向、位置、跳动公差要求限定的是被加工要素在旋转自由度上的位置变化。所以,工序方向、位置、跳动公差的变化影响加工余量的均匀性。当均匀性超出允许的范围后,必然难以得到完整的被加工要素。

(2)根据误差复映原理,加工余量均匀程度的改变也会增大加工后产品尺寸的误差。所以,在一道工序中尽管工序尺寸、工序方向/位置/跳动公差的基准重合,也应防止因加工余量不匀而造成尺寸超差。

(3)工序尺寸及其公差、工序方向/位置/跳动要求的定位基准不统一时,应采用工序方向、位置、跳动误差链对加工余量进行校核。

实际生产中利用工序尺寸及其公差计算确定加工余量,基本可行。但生产中有可能出现因工序方向、位置、跳动公差确定失当造成不合格品,只是未被工艺人员及操作者关注,而且仔细寻找原因而不得时。只能在脑海中询问"这是怎么回事?"在某单位加工柴油机燃油系统喷油嘴偶件中的针阀体的生产中就出现了这种情况,常在最后的精加工中产生大量的经计算加工余量足够座面却磨不圆的零件。

经过分析,上述现象恰是工序方向、位置、跳动要求对加工余量产生影响的实例。为了说明,录入该零件与加工余量有关的工艺安排(图 6-16),讨论工序方向、位置、跳动要求可能造成的被加工要素的几何位置变化,从而使被加工要素难以获得完整要素的实例。因此,必须引起工序方向、位置、跳动要求对加工余量影响的重视。

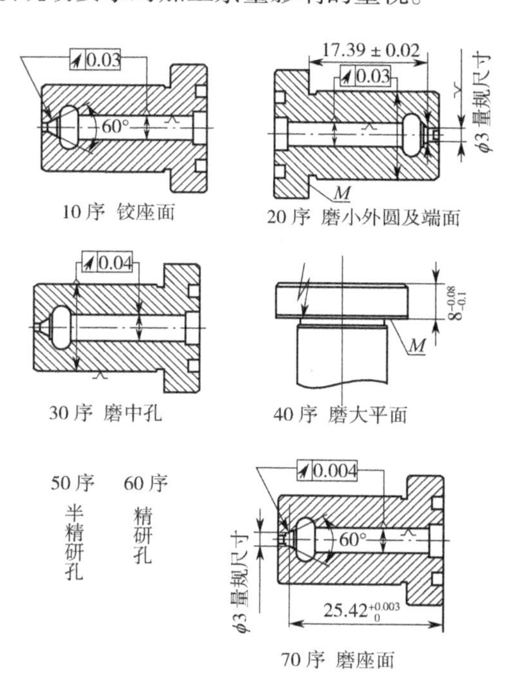

图 6-16 针阀体有关座面加工余量的工艺安排

具体工艺安排如下。

10 序：铰座面。以中孔定位铰制座面，保证座面对中孔的跳动公差 0.03 mm。

20 序：磨小外圆及平面 M。以中孔（主要定位表面）及座面（ϕ3 mm）定位加工，保证小外圆轴线对中孔的跳动公差 0.03 mm；平面 M 到座面（ϕ3 mm）的距离尺寸 17.39 ± 0.02 mm。

30 序：磨中孔。以小外圆定位磨中孔，保证中孔轴线对小外圆轴线的跳动公差 0.04 mm。

40 序：磨大平面。在平面磨床上以平面 M 定位（电磁吸盘）磨大端面，保证尺寸 $8_{-0.1}^{-0.08}$ mm。

50 序：半精研孔。

60 序：精研孔。

70 序：磨座面。以中孔（主要定位表面）及大端面定位加工，保证座面对中孔的斜向圆跳动公差 0.004 mm；座面（ϕ3 mm）处到大端面的距离尺寸 $25.42_{0}^{+0.03}$ mm。由此可以建立工序尺寸链图，如图 6-17 所示，计算 70 序磨座面的加工余量。

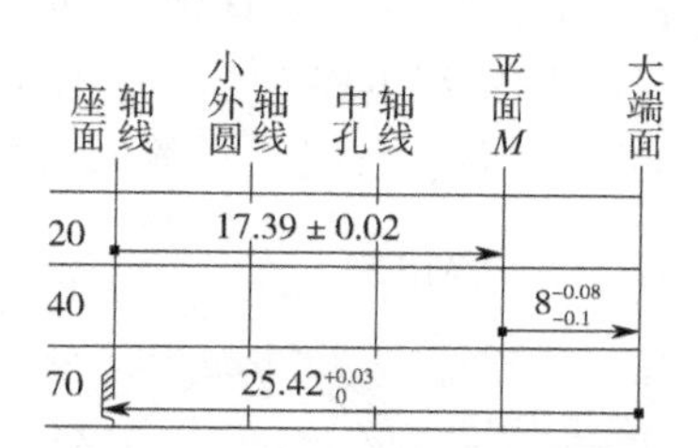

图 6-17　计算针阀体座面加工余量的尺寸链

其最大、最小加工余量分别为

$$Z_{max}=25.45-17.37-7.9=0.18$$

$$Z_{min}=25.42-17.41-7.92=0.09$$

图 6-17 中所示的所有组成环均是针阀体的轴向尺寸，利用这些尺寸及公差计算所得的加工余量也是轴向余量，即座面的轴向磨量为 0.09~0.18 mm，说明磨量足够，应能将座面磨圆。但生产实际中却有部分零件因磨不圆而报废。

所产生的不合格品都是磨不圆，没有发生一例磨不着的情况，说明加工余量足够，但是不均匀，恰和方向、位置、跳动误差对加工余量的影响相似。按照工序尺寸链的方法，以加工余量为封闭环，采用追踪法查找并建立工序几何误差链图，如图 6-18 所示。其中，10、20、30、70 序与加工余量有关；50、60 序为半精研、精研孔，应当说是以中孔定位加工自身，而且工序几何误差链图又恰好在此通过，两道工序的加工对加工余量也会造成影响。但两序仅用来提高孔的形状精度和表面粗糙度，研磨量很小，对孔的轴线不会带来太大影响。由于操作方法、设备使用等问题，可能造成孔四周研磨量不均匀，使孔轴线有极轻微的变化也属自然。因轴线的改变量很小而忽略，在图中以"·"号表示。工序几何误差链图不通过 40 序，说明其工序几何误差不影响加工余量的均匀性。

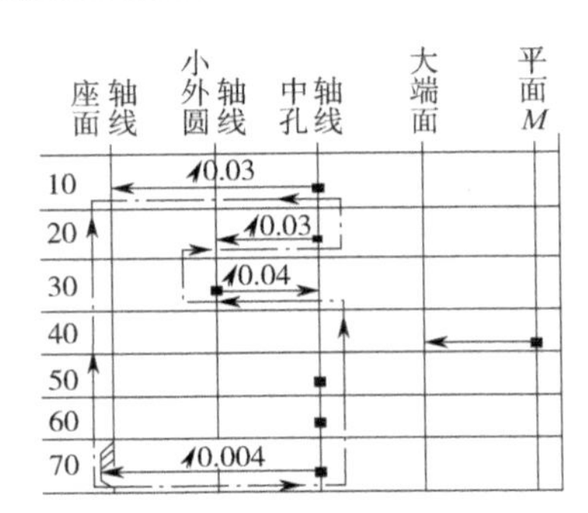

图 6-18　针阀体工序几何误差对座面磨量的影响

在进行座面加工余量计算之前，因座面是 60° 圆锥面，必须明确加工余量可能产生的方向，如图 6-19 所示。例如 10、70 序的工序方向、位置、跳动要求，座面对中孔的跳动公差，工艺要求的测量方向是垂直于座面，称之为“垂直方向的跳动”；20 序小外圆轴线对中孔的跳动公差和 30 序要求中孔轴线对小外圆轴线的跳动公差是径向跳动；而磨削时所需加工余量大小的衡量最好是垂直于座面方向（法向）。所以，计算时最好将跳动都变化为法向。

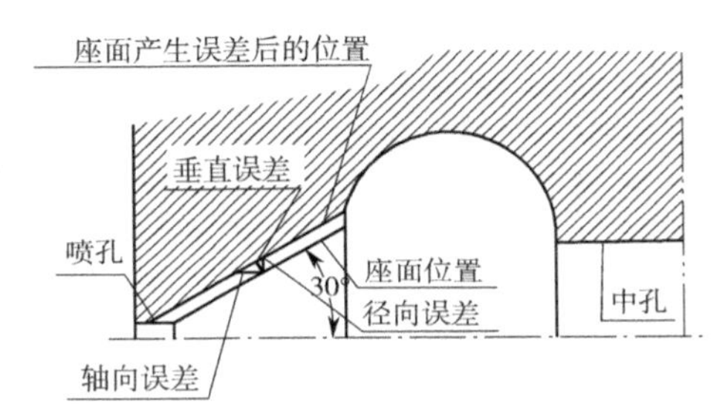

图 6-19　针阀体座面磨量的方向

计算公式选择：因为欲计算座面在 70 序加工之前可能产生的最大跳动量，也就是各序可能产生的跳动之和，所以计算采用公差之和。10 序的工序几何要求（0.03 mm）实际为法向要求，不需变化。

20、30 序需将径向变化为法向。

20 序可能产生的法向误差为

$$\delta_{\perp 20}=0.03\cos 30°$$

30 序可能产生的法向误差为

$$\delta_{\perp 30}=0.04\cos 30°$$

70 序尚未加工，但本序工艺要求（0.004 mm）的座面允许发生的跳动，在 70 序加工后也可能产生。如果发生，也会引起 70 序座面磨不圆，为法线方向。

座面总的可能产生的跳动误差（垂直于座面方向）会达到：

$$\delta_{\Sigma}=0.03+(0.03+0.04)\cos 30° +0.004=0.095$$

根据轴向尺寸计算出的加工余量为轴向加工余量，现变化为垂直于座面方向（和 10、70 序误差同向）为

$$Z_{\perp \max}=(25.45-17.37-7.9)\sin 30° =0.09$$

$$Z_{\perp \min}=(25.42-17.41-7.92)\sin 30^\circ=0.045$$

根据上述计算可知：

（1）根据工序尺寸计算出的座面的加工余量为 0.045~0.09 mm；

（2）根据工序方向、位置、跳动公差计算出的座面可能产生的跳动为 0~0.095 mm。

因此，0<座面跳动<0.045 的零件，因座面跳动量小于座面的最小磨量可以磨圆；0.09<座面跳动<0.095 的零件，因座面的跳动量大于座面的最大磨量，此类零件应该都磨不圆；0.045<座面跳动<0.09 的零件，若座面磨量大于座面的跳动量的零件可以磨圆，若座面的跳动量大于座面磨量的零件都磨不圆。由此看来，按该工艺生产 70 序产生座面磨不圆的情况是不可避免的。

由此例的讨论可见：

（1）长期以来，认为只有工序尺寸及其公差影响加工余量的习惯必须改变，若工序方向、位置、跳动要求赋予不当，即使利用工序尺寸及其公差计算的加工余量充分，也难免出现加工后得不到完整的被加工要素的结果；

（2）对某工艺在旋转自由度上校核其加工余量不足时，用此工艺也可能加工出合格的零件，但并不说明此工艺不需要修改；

（3）工序方向、位置、跳动要求对加工余量的影响，也需要通过工序几何误差链的帮助予以解决，其方法和利用工序尺寸链计算加工余量的方法一致。

第 7 章　旋转自由度误差测量方法探讨

7.1　尺寸误差的测量方法

暂不说那些测量精度十分高超的手段，对一般机械加工的测量，其精度不高于 0.001 mm 就已足够。多少年来，方向、位置、跳动误差测量一直沿用尺寸测量方法的现状，基本能满足测量需求。在形位公差标准发布后的当今，分析、讨论、探索方向、位置、跳动误差测量原理，寻找更符合方向、位置、跳动误差测量原理的方法，并据此设计出新的测量工具，满足生产之必需，已成大势所趋。因此，必须先研究目前的尺寸测量手段；需要测量的方向、位置、跳动误差应如何进行测量；采用尺寸测量方法进行方向、位置、跳动误差测量存在哪些不足；能否提出合适的方向、位置、跳动误差测量方法等，才有可能设计出合格的测量工具。目前的尺寸测量手段大致可分为接触式测量和非接触式测量。

7.1.1　接触式测量

接触式测量可分为绝对测量和相对测量。

7.1.1.1　绝对测量

绝对测量指用测量工具的两脚（固定脚、活动脚）直接接触（实际为模拟）被测物体的两相关联要素后所测得的结果。例如，用千分尺测量某外圆的直径大小；用游标卡尺测量钢板的厚度；用钢尺测量原材料的长短；用内径千分表测量孔径尺寸等。这种方法在机械生产中应用的十分普遍。其优点是读数直接、迅速，精度足够。这种测量方法实际是测出了两点间的距离。在机械加工中要求测两点间距离的情况很少，大部分需要测量的是两要素（平面、直线）间的距离。有经验的师傅测量时，常将量具的一个脚（多为固定脚）和被测的基准要素接触，并做小幅度的摆动，以让量具的固定脚与基准要素更好贴合；量具的另一个脚向另一被测要素移动并接触实施测量。所以，测量的实际是点（活动脚接触处）到某一要素（实际为固定脚所接触的要素）间的距离。

7.1.1.2　相对测量

相对测量指在比较仪上或在平板上用高度游标卡尺进行测量，将被测物体和一个尺寸已知的标准物进行比较后所得的结果。标准物可能是量块，也可能是尺寸已知的标准件。测量时常将被测物体的两相关联要素中的一个作为基准紧密地放在比较仪的工作台或平板上，再移动比较仪的活动测量头，使其与被测物体的两相关联要素中的另一个接触后测得一读数；接着用同样方法测得另一标准物的读数，比较两读数之差，计算出被测物体的尺寸，如图 7-1 所示。被测物体与比较仪工作台紧密贴合的那个要素是测量基准。也就是，用比较仪的工作台较好地模拟了被测物体的测量基准。而比较仪的活动脚上下移动与被测物接触。则表示用比较仪的活动脚模拟被测物体的被测要素上某一点进行测量。

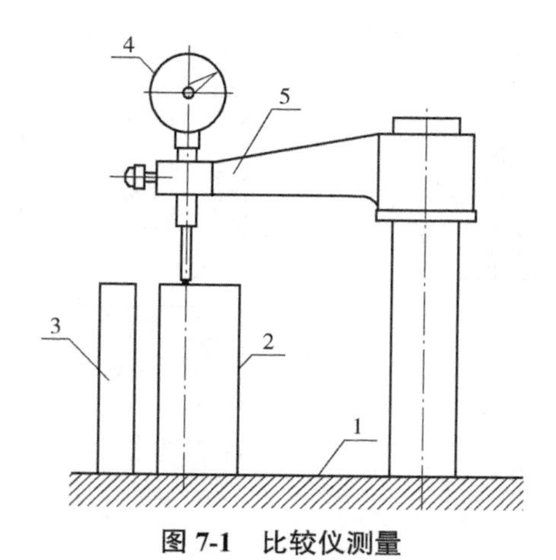

图 7-1　比较仪测量

1—比较仪工作台；2—被测物体；3—标准件；4—百分表；5—比较仪活动脚

7.1.2　非接触式测量

非接触式测量可分为气动测量、液压测量、影像测量等。

7.1.2.1　气动测量

气动测量指将压缩空气稳压后通入欲测量的缝隙中，利用空气压力微小变化测得具体尺寸的一种测量方法。如图 7-2（a）所示，用经过稳压的压缩空气通过锥管、浮子进入测量头，然后将气动量仪上的测量头插入被测要素的孔中。若被测孔径较大，则被测孔与测量头间的间隙就大，从测量头出气孔喷出空气的压力变低。若被测孔径较小，则被测孔与测量头间的间隙也小，从测量头出气泵喷出空气的压力必然升高。通过这个压力的变化可造成浮子上下飘移，即可在锥管外表面带有刻度的尺上直接读数，进而测出孔径尺寸。由于测量的项目不同，测量头的结构也不一样。如欲测孔的弯曲度，在测量头的中间一侧有一小孔（图 7-2（b）），压缩空气由此孔吹向被测孔的母线，若孔的母线向上弯曲远离测头，空气压力必然减小；当被测零件相对于测量头转动，若旋转 180° 后，因孔弯曲，原孔的下侧母线旋转到测头上方，使其间隙变小，压力升高，这个压力变化引起浮子上下飘移，从而可测出孔弯曲的量。若测量头的中间有两个孔吹向孔的上下两侧母线（图 7-2（c）），则由被测孔的上下两侧母线与测量头间的间隙变化即可测出孔的直径，零件旋转又可测出孔的圆柱度。若将被测零件从测量头的一端推向另一端，测出的便是孔径两端的尺寸变化，即圆柱度。当然，测量时必须有标准环规。气动测量孔径，实质上就是被测孔相差 180° 的两条母线间的距离，以其中一条为基准，测另一条所得的结果。严格来讲是测两点间的距离。所以，气动测量应注意以下几点：

（1）测量头和被测孔间的尺寸必须匹配；

（2）针对某测量头必须有一标准的环规与其配合，并确定锥管外的尺寸刻度，因此气动测量也属比较测量；

（3）针对不同项目的测量，应采用不同结构的测量头、不同的测量方法。

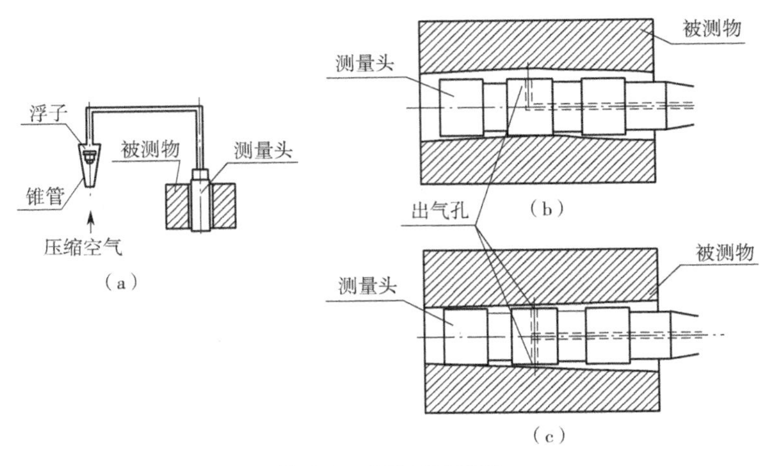

图 7-2 气动测量原理

(a)气动测量原理示意 (b)测孔弯曲度 (c)测孔径、圆柱度

7.1.2.2 液压测量

液压测量指利用液体压力变化进行测量的一种测量方法。这种测量有时是一种综合评价,能否获得具体的尺寸值并不重要,主要是对于能不能满足使用要求提供一个评价的依据。例如,柴油机燃油系统中燃油泵偶件,它们的工作条件十分恶劣,在高温、高压、高速条件下工作,工作还必须可靠、准时,否则整个发动机便不能正常工作。其中,柱塞偶件的配合间隙只有 0.001~0.002 mm,其制造精度也非常高,其圆度、圆柱度等公差多采用 0.000 5 mm 评价,生产中采用量具测量十分困难,孔的几何要求在生产中有时需要采用液压测量。如图 7-3 所示,测量时在柱塞偶件(柱塞套 2 和柱塞 3)的上部空间注入测量用油,压力一般为 10 MPa 甚至更大。偶件间隙采用压力相等的压力降的时间长短来评价,或采用压力降的速度大小评定其是否合格,或采用移动柱塞 3 保持压力腔中的油压不变,观察柱塞 3 的移动做出评价。当然,这种测量也需借助标准样品进行比较评价。由于气动、液压测量要求的环境条件较为苛刻、设备较为复杂,故应用并不广泛。

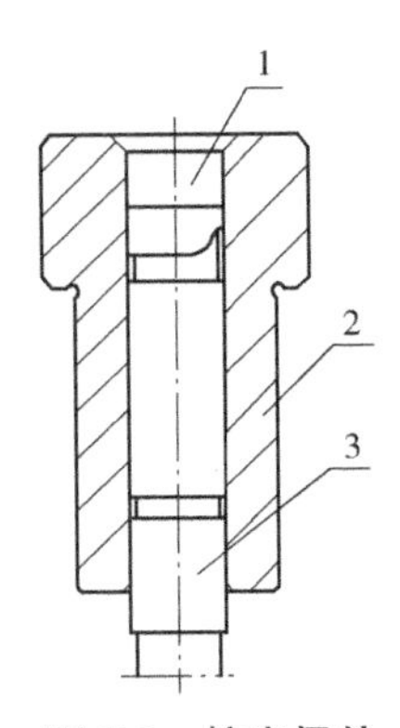

图 7-3 柱塞偶件

1—柱塞上部空间;2—柱塞套;3—柱塞

7.1.2.3　影像测量

影像测量指在投影仪、工具显微镜上，对被测物体做一定倍率的放大后，实现测量的一种方法。其常用于对形状较为复杂的物体的测量，如表面粗糙度的测量；对体积较小物体的测量，如研磨用砂粒的粒度测定；或者，被测物体的精度要求较高，难以采用一般手段测量时的测量。

例如，在柴油机燃油系统中喷油器、燃油泵偶件的精加工一般采用研磨加工，研磨膏所用砂粒（如M5）的粒度鉴定，可以利用工具显微镜测量。其中，将结团的砂粒打碎，放在工具显微镜物镜处，在其目镜处放上测微尺实施测量。

7.1.3　尺寸误差测量方法的实质

研究尺寸误差测量方法的实质，也许能从中受到启发，帮助我们寻找方向、位置、跳动误差测量的方法和途径。前面介绍了许多尺寸误差测量方法，但不能代表尺寸误差测量方法的全部。从中可以发现，尺寸误差测量方法的实质。

尺寸是两点间的距离或点到平面（或直线）的距离，但在产品图上所标出的尺寸，大都是两平面间的距离，直线到平面的距离或两直线间的距离。从数学的概念来讲，两平面不平行，就无法用距离来评价。前面已经讲过，在机械加工中，生产出绝对平行的两个平面是很难的，但产品图上又这么要求，该如何理解，怎么实施？

（1）机械产品上的两个实际平面很难做到绝对平行，必然存在一个很小的夹角。数学上的平面都是可以无限扩展的，而机械产品上的实际平面却存在于某个区间内，不是无限扩展的。所以，存在于某个区间的两个平面就有最远和最近两个距离，恰是评价两平面间尺寸关系的依据。

（2）为衡量两平面在平移自由度上的位置（即距离），在机械图上标出尺寸及其公差，就是这两平面间的最远及最近距离的范围。其意义是以一个平面为基准，另一个平面上所有的点到基准平面的距离都必须在最远和最近距离之间，并用这个距离来描述两平面在平移自由度上的实际位置。只要这两个距离都在公差范围内就合格。

（3）最远、最近的两个距离应是被测表面上的点到基准平面的垂直距离。理论上讲，垂线的方向应和图纸上要求的平移自由度的方向一致。

（4）采用此思路建立起尺寸测量的基本方法，这就是尺寸测量的实质。因此，尺寸量具上都有两个脚，其一应模拟基准平面，另一应能平移（沿基准平面的垂线方向）至被测要素上的一点，并能准确计量出平移的量。被测要素上的这个点应随需要而移动到被测要素上的任意位置。对于直线到平面、两直线间距离的测量，与两平面间距离测量的道理是相同的。在此不再一一说明。应注意的是基准的选择与准确的模拟。

7.2　生产中平行度、垂直度的测量方法

要素在旋转自由度上的误差测量，或者说要素方向、位置、跳动误差的测量，主要是平行度、垂直度的测量。目前，多采用尺寸测量的方法进行。以下就平行度、垂直度测量的现状做简单介绍。

7.2.1 平行度测量

目前,最常用的测量方法是使用游标卡尺(或千分尺等)直接测量两平行平面对应点间的距离。分别测量许多点,对读数进行比较,选出其中最大、最小读数之差,就是两平行平面间的平行度误差量。这种方法粗看起来是合适的,但仔细想来似有不足,主要如下:

(1)这种方法可以认为是以两平行平面中一个平面为测量基准,而另一个平面是采用量具的活动脚在被测平面上一一选定的点代用的,而这些点不一定是被测平面最好的模拟;

(2)游标卡尺(或千分尺等)的测量脚总有一定的长度,对于较大的平面只能测量其边沿,中心部位无法测量,用这样的数据能否代表被测平面的全部值得商榷。

例如,阶梯轴大外圆轴线对小外圆轴线的同轴度(或平行度),测量时可能用两个V形架支撑,旋转阶梯轴,用百分表测大外圆上多个点的径向圆跳动,选出合适者代表大外圆对小外圆轴线的同轴度值。若测两轴线的平行度,一般用测大外圆两端的径向跳动量之差来代表。但必须注意,其跳动发生的位置,也就是大外圆两端百分表的读数的最大值发生的位置。如图7-4所示,若大外圆 *A* 端读数最大值是0.01 mm, *B* 端读数最大值是0.03 mm。当 *A*、*B* 两端读数最大值发生在同侧时(图7-4(b)),平行度是两个读数之差为0.02 mm;当 *A*、*B* 两端读数最大值发生的位置相差180°时(图7-4(c)),平行度是两个读数之和为0.04 mm。也就是,两端读数的最大值发生的位置不同,平行度的差别很大;但同轴度都是0.03 mm。所以,在测几何关系时不但应关注读数,还应注意发生的位置。注意,这里是使用多个点来代表直线的。

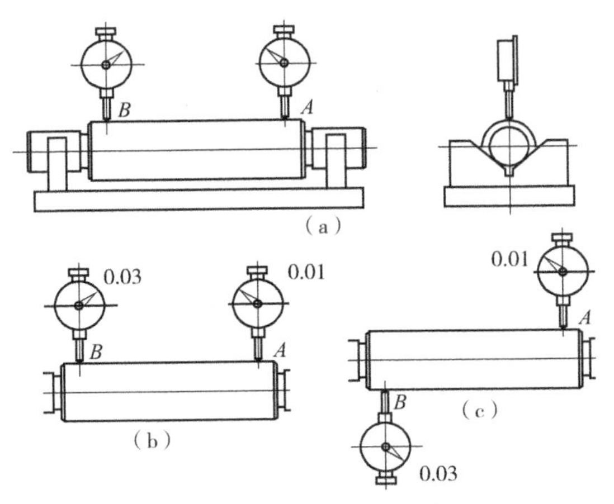

图7-4 轴线同轴度测量

(a)同轴度测量 (b)误差发生在同侧 (c)误差发生在异侧

7.2.2 垂直度测量

目前,实际生产中垂直度测量的方法很多。如图7-5所示,零件1上 *A*、*B* 两平面的垂直度要求。常用的是将被测零件1的测量基准 *B* 放在平板3上,用放在平板上的直角尺2向零件靠近,使直角尺2的 *C* 线接触到被测表面 *A*。如果直角尺 *C* 线和被测表面 *A* 能很好贴合，说明零件 A、B 两平面垂直；如果有缝隙则说明零件 A、B 两平面不垂直。若垂直度误差很小（如小于 0.01 mm），可用透光的色彩来判断垂直度的大小。若不垂直的量较大，则用塞尺填塞以测缝隙的大小，如此测量误差自然较大。

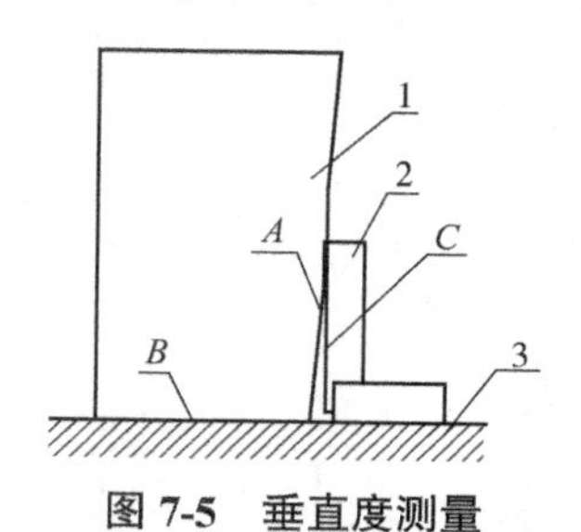

图 7-5　垂直度测量

1—被测零件；2—直角尺；3—平板

如图 7-6 所示，A 面对 B 面的垂直度误差测量是用孔定位，旋转零件，用百分表测平面 A 的跳动，则可测得垂直度。这种测量和前边基本相同，不再说明。

以上所说一般是较小的零件，生产中的大型零件的测量困难会更多。

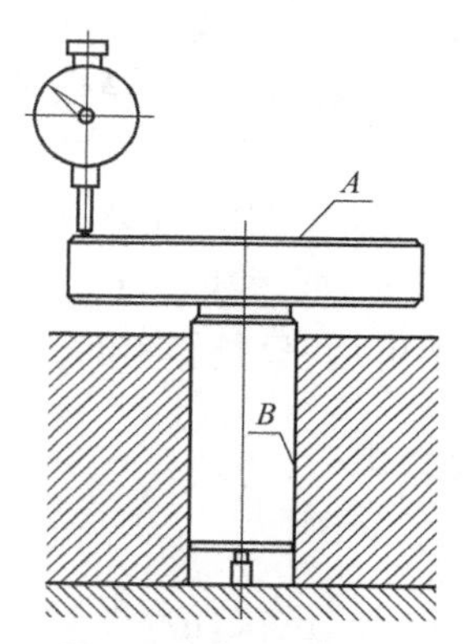

图 7-6　垂直度测量

7.2.3　几何误差测量实例

如图 7-7 所示，以柴油机气缸体的测量为例。例如，气缸体的图纸要求凸轮轴孔轴线对曲轴孔轴线的平行度公差 0.1 mm，但由于该件是大批量生产，目前在专用机床上加工，采用曲轴孔轴线定位直接加工凸轮轴孔。如何测量凸轮轴孔轴线对曲轴孔轴线的平行度呢？可在平板上用三个千斤顶支撑住气缸体底面，调节气缸体底面水平，测出曲轴孔两端 Q_1、Q_5 两点高度，再测凸轮轴孔两端端点的高度。用这四个数据可计算出两孔轴线在沿 y 轴平移方向上的不同轴的量。还需要再测沿 z 轴平移方向上的不同轴的量。两者的合成才是两轴线的不同轴度。看起来已经十分麻烦，但仔细再想，两孔都很长，如果是四缸柴油机，曲轴孔将在全长上还有三个隔断（五挡），即还有 Q_2、Q_3、Q_4 没有测到。凸轮轴也有同样的情况。现在仅测曲轴孔（凸轮轴孔）首末两挡的两个孔口，用来代表五挡，并以此来评价气缸体曲轴孔轴线对凸轮轴孔轴线的平行度是否合适？中间三挡未经测量该如何判断？为了产品质量，必须研究方向、位置、跳动误差的测量方法。

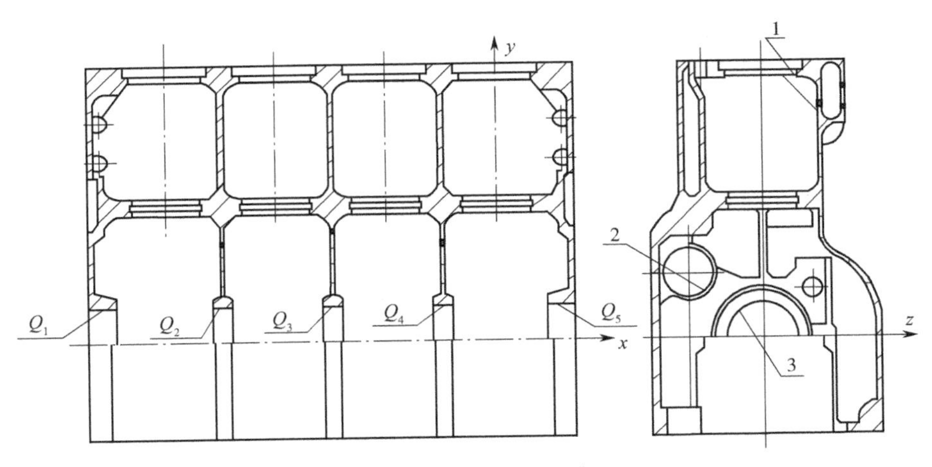

图 7-7　柴油机气缸体示意图

1—气缸孔；2—凸轮轴孔；3—曲轴孔

柴油机气缸体缸孔轴线对底面的垂直度测量也同样困难。如此说来，柴油机气缸体方向、位置、跳动误差的测量，采用尺寸测量方法并不是很理想。由此可见，采用尺寸测量方法测量方向、位置、跳动误差比较麻烦，难以代表方向、位置、跳动误差的真正值，或者说不一定能代表产品的真正需求。那么，方向、位置、跳动误差是否有更好的测量方法，能不能形成方向、位置、跳动误差的测量体系等问题需要解决。注意，这里无意说明下面所提的方法就是最好，也无意说目前采用的方法就不可用，只是能引起大家的共同关注就足够了。

7.3　旋转误差测量仪设计

欲设计新的方向、位置、跳动误差测量仪，应对目前的测量方法予以分析，明确其优缺点，找到努力的方向。采用尺寸测量方法进行旋转误差测量的主要缺点如下。

（1）要素的模拟不当。方向、位置、跳动误差测量，要求测量的是两要素在旋转自由度上的位置变动量，因此误差测量中应全面模拟两个要素。目前的方向、位置、跳动误差测量是以尺寸测量方法为基础派生出来的。现在尺寸测量的量具有两个脚，固定脚用来模拟测量基准（应是较全面的贴合），活动脚一般只是一个点，至少可以在一个平移自由度（与测量基准相垂直）上移动，使其和被测要素接触，并模拟被测要素上的这个点。活动脚每移动一个位置，就模拟被测要素上的一个点。而方向、位置、跳动误差测量只能在每次测量中孤立的一个点一个点的模拟，很难保证测量中被模拟的这几个点能适当地代表整个被测要素。按数学的观点，三点即可决定一个平面。但由于实际平面并不是数学平面那样理想，加工后都存在表面粗糙度、不平度等误差，测出三点决定的平面如何保证是最能代表这个实际应用的平面呢？即使认为这样的测量可以应用，那么平面与平面间的关系按目前的测量方法至少应模拟被测要素上的三个点。所以，至少应测量三次，并比较这三次测量的结果，才能获得两相关联要素间的几何误差。说明目前的测量方法费时、费事、费力。更主要的是选择模拟被测要素上的三个点能否代表被测要素，决定了测量结果是否准确、可靠。

（2）原测量方法的局限性。尺寸测量方法进行方向、位置、跳动误差测量时，用活动脚分别测出的三点来代表被测平面，并且所测三点一般只能在要素的边沿部位，用这三点来代表这个平面是相当困难的。采用不适合代表这个平面的点来代表这个平面，测量结果无法保证。那么，哪些点才能代表所测平面呢？在产品装配后，零件的平面（或直线）上只有能和需要配合的零件贴合的点，才能代表这个平面。也就是，装配后能决定零件位置的点，才能代表这个平面。而能决定零件位置的点又恰是为数不多的点。如果每次测量时都能恰好选择这些为数不多的点是很难实现的。假如测量时选用了平面度误差中的较低点，并用这个点的测量结果评价整个平面和其他要素间的几何关系，决定这个要素和其他要素的配合显然是不适合的。若能选择平面度误差中的较高点测量，有可能会更好些。但对于每一个零件、每一个平面、每一次加工，甚至装配中和哪个零件相配合等都可能改变这个点的位置。这个点可能存在于平面的任何位置。目前，采用尺寸测量的量具测方向、位置、跳动误差，由于量具结构的限制不可能测到要素的任一位置。例如，测量爪较短，难以伸到要素的中心部位，只能在要素的边沿测量，难以显示要素的全貌。如图 7-7 所示柴油机气缸体曲轴孔同轴度测量，目前仅能测量首末两孔的孔口（Q_1、Q_5 两点）位置，中间三挡的孔位置测不到，只能用首末两孔的位置评价整个孔的同轴度、平行度等。

以尺寸测量方法测量方向、位置、跳动误差存在很多的不足。那么，研究方向、位置、跳动误差如何测量是十分重要的。前面已经说明几何误差有的描述相关要素在一个旋转自由度上的位置，有的则描述在两个旋转自由度上的位置，整个产品的测量就必须能在三个旋转自由度进行测量。因此，方向、位置、跳动误差的测量必须在三个旋转自由度上准确地模拟实际要素。例如，测量两平面的平行度，基准平面必须准确模拟，另一个平面就必须在相应的两个旋转自由度上自由地旋转。并且，记下这个旋转量，用于和基准平面比较。为了实现这点，测量脚还必须能够在某一平移自由度上移动，使活动脚向被测要素靠近进行测量，但平移又不能改变活动脚在旋转自由度上的位置。测量方向、位置、跳动误差必须满足上述几点，否则几何误差测量就难以实现。

7.3.1　方向、位置、跳动误差测量仪必须满足的功能

（1）能准确地模拟被测零件的两个相关联要素。其中，一个是基准要素，另一个是被测要素。用量具的固定脚模拟基准要素，只需将被测件的基准要素和量具的工作台面紧密贴合，即认为是对被测件的测量基准要素的模拟。

（2）量具至少应有一个活动脚可以在两个旋转自由度上灵活旋转，模拟被测要素并准确地计量出旋转的量。作为多功能量具，还应考虑能在三个旋转自由度上灵活旋转、计量。

（3）量具上至少有一个脚（一般是活动脚）可以在一个平移自由度上移动，以适应两相关要素间距离的变化，但这个移动不能影响旋转自由度上的计量。

（4）机械产品结构错综复杂，平行度、垂直度的要求也多种多样，为尽力减少量具种类，所设计量具可用于平行度、垂直度的测量。

（5）应方便操作、适应力强，如读数、计量操作、携带等方便。

（6）量具的测量头应能向被测要素的任一点靠近，以便实施测量。

方向、位置、跳动误差测量是不是必须和尺寸测量一样在一次测量中完成呢？若能一次测量完成就太理想了。若不能一次完成方向、位置、跳动误差测量，能否像工序几何误差的设计与计算那样，将几何要求的基准要素、被测要素分别放在统一的坐标系中进行两次测量，然后通过计算获得几何要求的测量结果。因此，必须做如下考虑。

（1）将两相关联要素放在两个坐标系中，由两次测量（尺寸测量都是一次测量）完成，每次测量只需模拟一个要素。两次测量的坐标系的关系必须十分明确（最好保持不变）、简单，计量数据便于处理。

（2）地球同一地点的水平面（或铅垂线）是不变的、准确的。可以考虑是否可以把水平面（铅垂线的垂面）视作坐标系的 xOy 坐标平面建立一个坐标系，测量两相关联要素。在两次测量中坐标系应用两次，测量误差不会有大的变化。两次测量获得两相关联要素分别和水平面（铅垂线）的几何关系后，计算出两相关联要素间的几何关系。这样，每次测量只需模拟一个要素，问题就被简化了。

7.3.2 测量方法的优缺点

1. 缺点

（1）一次测量只能模拟一个要素，只能评价该要素对当地水平面（或铅垂线）的关系，不能评价该要素在零件中的具体位置。零件的方向、位置、跳动要求是描述两相关联要素关系的。所以，一条几何要求必须经过两次测量并经过计算，才能获得几何要求值，过程复杂。

（2）当地水平面（或铅垂线）的获取方法可能较为复杂，这是测量的基础。

（3）同一地点的水平面或铅垂线具有相同的恒定度方向，只能在两个旋转自由度上限定零件的位置，也只能在这两个自由度上作为测量基准，另一个旋转自由度上还需要再设定一个基准。

2. 优点

（1）测量误差可能会减小。在机械产品中多是平面和平面的配合，或轴、孔的配合。这种直接将被测要素放在量具的工作台面上，面面接触（或线线接触）似乎更符合产品实际，不受（或少受）表面粗糙度、不平度等的影响，也就是模拟的要素接近于产品装配时起作用的要素。

（2）在量具设计时应考虑模拟到被测要素的中心部位，甚至有些不易测量之处也可用延伸棒将被测表面延伸到便于测量之处。

（3）大型零件上的部分几何关系按目前的测量方法难以测量，而新设计的量具可以方便、快捷地实现测量，计算也简单、准确，并能很好地测出其几何误差的方向，对装配提供较好的依据。

7.3.3 原设计的几何误差测量仪

为实现这一想法，笔者曾于 1990 年利用电感测微技术，按水平面、铅垂线分别建立坐标系，设计了两种结构的方向、位置、跳动误差测量仪。由于资金、能力所限，只造出了其中一种（利用铅垂线），其结构如图 7-8 所示，需要和 DGB-5A 型电感测微仪配合使用。其中，在摆锤体 1 的上端有一起定位作用的环带，其与摆锤套 11 的配合间隙很小，并且由导轨与刀口决定了摆锤体 1 处于中心位置。但摆锤体在导轨的控制下只能以刀口（实际为 z 轴）为中心来回摆动，而摆锤离刀口较远，只能沿 x 轴方向做小幅移动，带动衔铁 6 进入或拔出电感传感器线圈，其进入或拔出量的大小会改变电感信号，从而进行测量。也就是，在测量时当量仪体 4 的平面 A 放在被测表面上后，由于被测表面不水平（或不铅垂）而带动量具倾斜，但摆锤体 1 在重力的作用下仍保持铅垂位置，于是带动衔铁 6 改变进入电感传感器线圈内长短的变化，测出这一变化即为被测表面和水平面的夹角。另一要素也用同样方法再次测量。经两次测量后，可知两个相关联要素分别和水平面间的几何关系，将其合成后即可计算出两相关联要素间的几何关系。

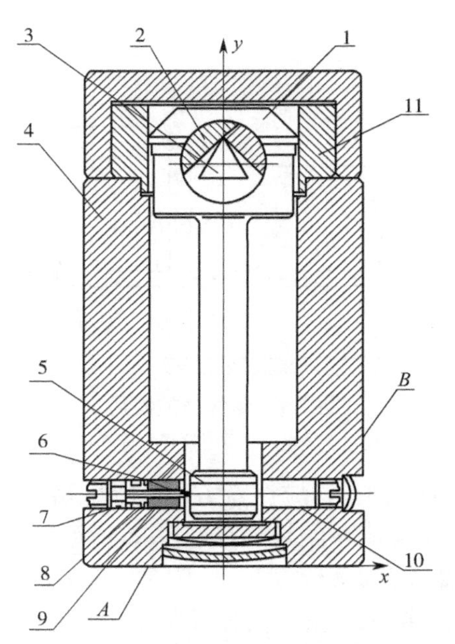

图 7-8　旋转自由度误差测量仪

1—摆锤体；2—导轨；3—刀口；4—量仪体；5—摆锤；6—衔铁；7—压环；8—线架；9—电感线圈；10—调整、装卸孔；11—摆锤套

7.4　几何误差测量仪的使用

7.4.1　使用步骤

1. 准备好相应的检验所需环境和条件

例如，配备必要的检验工具、记录用设备；和被检验的产品大小相适应的检验平板以及千斤顶（三套），并必须将被检验产品清理干净（如清除毛刺、夹沙、铁屑、灰尘）；将平板安装调整至需要位置（水平位置）并擦拭；准备电源。

2. 被测产品的放置方法

（1）将被测产品的测量基准放在平板（水平放置）上，或用三个千斤顶支撑被测产品的定位基准，并将其调水平。

（2）采用被测产品的其他要素（与测量基准不一致）放置于平板上，或用三个千斤顶支撑、调水平，然后测量两相关联要素的几何关系。

3. 几何误差的测量

（1）如果按第（1）种放置方法，因被测产品的测量基准已经水平，不需再次测量。只需将量具放在被测产品的被测要素上直接读数，即为所测的几何误差。如果按第（2）种放置方法，可将量具分别放在被测产品的被测要素、测量基准（两相关联要素）上测量，并分别读数，通过计算求得两相关联要素间的几何关系。

（2）对于孔形零件，或空间位置狭小，量具不便放入时，可采用延伸棒将被测表面延伸出来测量，如图 7-9 所示。

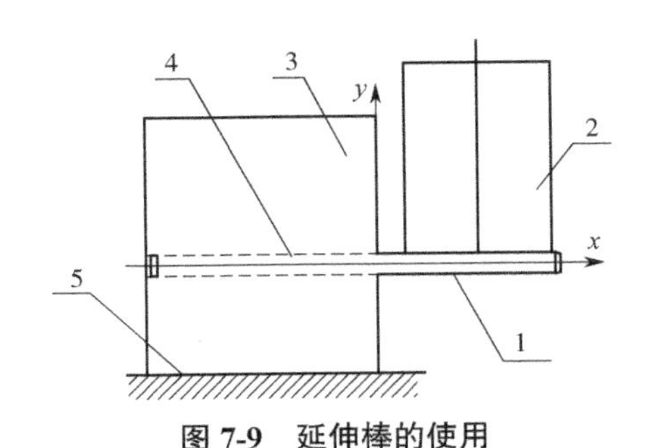

图 7-9 延伸棒的使用

1—延伸棒；2—量仪；3—被测件；4—被测孔；5—平板

（3）为了测量时能满足图纸要求，应注意方向、位置、跳动要求所限定的自由度。由于采用水平面（零件的定位基准与其重合）作为测量基准，而一个平面只能限定零件在两个自由度上的位置。如果产品要求需要测量另一个方向上的误差，必须改变零件的测量基准才能实现。如图 7-10 所示，图纸要求测量平面Ⅲ、Ⅳ间的平行度时，需要限定零件绕 y、z 轴旋转，以平面Ⅴ作为基准只能测量零件绕 y 轴旋转自由度上的位置，零件绕 z 轴旋转自由度上的位置误差难以测出。必须再进行一次测量，或改变测量基准，即不再将平面Ⅴ放在平板上测量。若改用平面Ⅵ为基准，又只能测出绕 z 轴旋转自由度上的位置，难以测量绕 y 轴旋转自由度上的位置。若希望一次测出绕 y、z 轴旋转的旋转误差，只能采用非恒定度方向是绕 y、z 轴旋转的要素为基准，如平面Ⅳ等，也就是将平面Ⅳ放在平板上，或者调整成水平位置，然后测量。

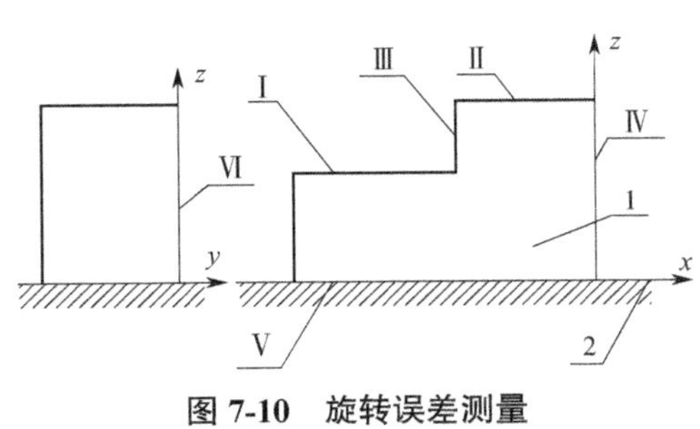

图 7-10 旋转误差测量

1—被测零件；2—平板

7.4.2　旋转误差测量仪测量结果计算

用旋转误差测量仪测量几何误差时，若按第 1 种放置方法测量，可直接测得所需数值，不必计算。若需测平面Ⅰ、Ⅴ间的平行度，因为测量基准Ⅴ放在平板上，而平板是水平的（和铅垂线垂直），所以直接将量具放在平面Ⅰ上，让量具的工作面和平面Ⅰ密切贴合，然后手握量具慢慢顺、逆时针方向旋转，当量具上的读数最大时旋转停止，获得读数，即为平面Ⅰ对测量基准Ⅴ（水平的平板表面）的平行度，记录测出的最大读数及其发生的角度，如图 7-11 所示的 39° 位置。

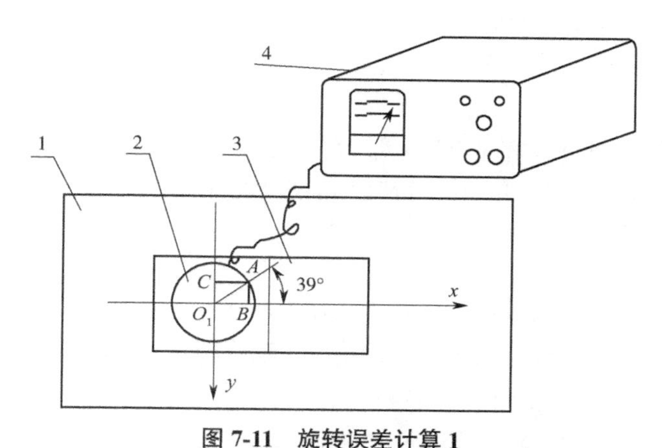

图 7-11　旋转误差计算 1

1—平板；2—量仪；3—被测零件；4—DGB-5A 型电感测微仪

若按第（2）种放置方法测量，因基准不一致，两相关联要素需要测量两次，则需计算后获得所需几何误差值。如图 7-10 所示，先建立坐标系，平板平面是坐标系的 xOy 平面，其垂线是 z 轴，将被测产品放在平板上。如果表读数为如图 7-11 所示位置，量具上电感传感器所在位置（A）和量具中心（O_1）的连线方向（O_1A）和 x 轴的夹角的最大位置。若高点在 A 处，读数 0.015（用 O_1A 代表）即为平行度数值。这个数值是平面Ⅰ相对于测量基准Ⅴ（水平面）绕 x、y 两轴旋转的综合结果。那么，平面Ⅰ分别绕 x、y 两轴旋转的量是多少？假如 O_1A 和 x 轴的夹角是 39°，O_1A 在 x 轴上的投影 O_1B 代表平面Ⅰ绕 y 轴旋转的量，O_1A 在 y 轴上的投影 O_1C 代表平面Ⅰ绕 x 轴旋转的量。因此，平面Ⅰ绕 x 轴旋转的量为

$$y_{O1A}=O_1A \times \sin 39° =0.009$$

绕 y 轴旋转的量为

$$x_{O1A}=O_1A \times \cos 39° =0.012$$

如图 7-10 所示，若图纸要求测平面Ⅰ、Ⅱ间的平行度，应将量仪按上述方法分别测出平面Ⅰ、Ⅱ对水平面的平行度误差及误差发生角度，计算平面Ⅰ、Ⅱ间的平行度。上面已测出平面Ⅰ相对于测量基准Ⅴ绕 x、y 两轴旋转的量。按同样方法测量平面Ⅱ（被测工件不动）相对于测量基准Ⅴ绕 x、y 两轴旋转的量，其测量情况如图 7-12 所示。平面Ⅱ相对于测量基准Ⅴ的高位在 D 处，O_1D 和 x 轴的夹角是 105°，O_1D=0.025。

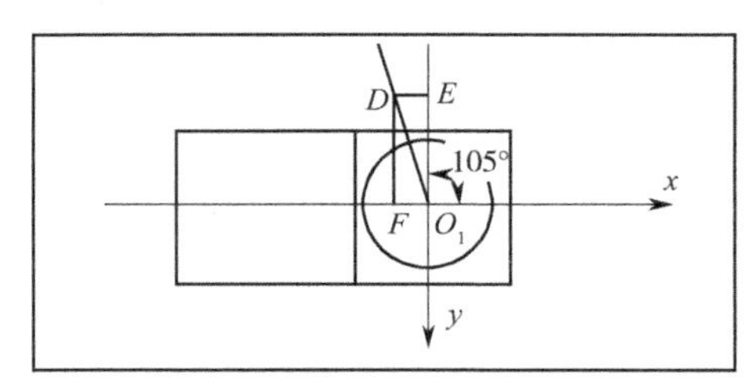

图 7-12 旋转误差计算 2

平面Ⅱ绕 x 轴旋转的量为

$$y_{O1A}=O_1D\times\sin 105°=0.024\ 1$$

绕 y 轴旋转的量为

$$x_{O1A}=O_1D\times\cos 105°=-0.006$$

平面Ⅰ、Ⅱ间的平行度计算，应注意两个平面绕同一坐标轴旋转方向相同时，其平行度应是两者之差。旋转方向相反时，其平行度应是两者之和。所以，绕 x 轴旋转的合成为

$$O_1A\times\sin 39°-O_1D\times\sin 105°=-0.015\ 1$$

绕 y 轴旋转的总量为

$$O_1A\times\cos 39°-O_1D\times\cos 105°=0.018$$

平面Ⅰ、Ⅱ间的平行度应是两平面分别绕 x、y 轴旋转量的矢量和，即

$$\delta_N=\sqrt{0.0151^2+0.018^2}=0.023\ 5$$

如图 7-10 所示，若图纸要求测平面Ⅳ对平面Ⅴ的垂直度，也就是限定两相关要素绕 y 轴旋转的位置。由于测量基准（平面Ⅴ）仍是与平板贴合的平面，所以可将量仪直接与平面Ⅳ贴合。注意，工件在平板上不动；量仪上传感器所在位置的外圆母线或 180° 位置的母线与平面Ⅳ贴合（图 7-13）；手握量仪使其中间部位不动，让量仪绕 x 轴顺时针或逆时针慢慢双向旋转（图 7-13 所示方向），旋转时保持量仪与工件不得离开。当仪表的读数为最小时停止，记录读数即为平面Ⅳ对平面Ⅴ的垂直度。表针的摆动方向反映了量仪的衔铁进入或拔出电感传感器线圈的量，从而判断平面Ⅳ是处在虚线位置还是处于实线位置（图 7-13）。若规定逆时针旋转方向为正，顺时针旋转为负，且表读数是+0.02（即处于虚线位），则平面Ⅳ绕 y 轴旋转的量为+0.02，也就是平面Ⅳ对平面Ⅴ的垂直度是+0.02。如图 7-10 所示，如果图纸要求测平面Ⅱ对平面Ⅳ的垂直度，由于前边已有对相关要素的测量记录。

平面Ⅱ绕 x 轴旋转的量为

$$y_{O1A}=O_1D\times\sin 105°=0.024\ 1$$

绕 y 轴旋转的量为

$$x_{O1A}=O_1D\times\cos 105°=-0.006$$

平面Ⅳ绕 y 轴旋转的量为+0.02。

则平面Ⅰ对平面Ⅳ的垂直度为

$$+0.02+0.006=+0.026$$

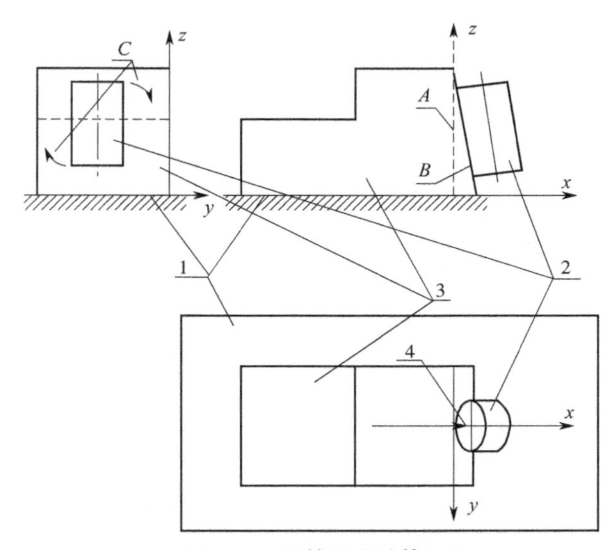

图 7-13　旋转误差计算 3

1—平板；2—量仪；3—被测零件；4—电感传感器位置；
A—平面Ⅳ理论正确位置；B—平面Ⅳ实际位置；C—手握量仪来回摆动方向

说明：零件放在平板上的要素（实际是测量基准）不同，所能测量的几何要求也有区别。例如，按图 7-10 将零件的平面Ⅴ放在平板（平板必须是水平的）上后，如果零件绕 z 轴（垂直于平面Ⅴ的方向）旋转不会影响其测量结果，也只能测绕 x、y 轴旋转自由度上的位置。如前述测平面Ⅰ、Ⅱ间的平行度，测平面Ⅳ对平面Ⅴ的垂直度，这些都不需测绕 z 轴旋转自由度上的位置。若需测量要素间绕 z 轴旋转自由度上的位置，将零件的平面Ⅴ放在平板上就难以测量。必须采取别的测量基准（不与平面Ⅴ平行的平面），才有可能达到测量目的。例如，将零件的平面Ⅴ放在平板上，就不能测量平面Ⅲ、Ⅳ间的平行度。因为平面Ⅲ、Ⅳ间的平行度限定的是要素绕 y、z 轴旋转自由度上的位置。所以，将零件的平面Ⅴ放在平板上只能测出平面Ⅲ、Ⅳ间的平行度中绕 y 轴旋转的那部分误差，还必须测出绕 z 轴旋转的误差后，将两者合成才符合要求；或改变零件在平板上的安装方式（即改变测量基准）才能实现。

若以线为基准进行测量，如前面提到的柴油机气缸体的图纸要求，凸轮轴孔轴线对曲轴孔轴线的平行度允差的测量。为了实现在两个自由度方向上的测量，有时需要安装两次，然后合成误差，比较麻烦。

参考文献

[1] 赵如福. 金属机械加工工艺人员手册[M].4 版. 上海:上海科学技术出版社,2006.

[2] 尹开甲. 工序位置公差的解析计算[J]. 机械工艺师,1985(6):18-20.

[3] 尹开甲. 机械加工中的误差传递[J]. 机械工艺师,1986(5):38-40.

[4] 尹开甲. 工序位置误差链及其分类[J]. 机械工艺师,1986(11):36-37.

[5] 尹开甲. 轴线定位的工序位置公差计算研究[J]. 实用机械技术,1986(3):29-33.

[6] 尹开甲. 多环工序位置链的计算研究[J]. 实用机械技术,1986(4):24-27.

[7] 尹开甲. 工序位置公差对加工余量的影响[J]. 机械工艺师,1987(7):11-12.

[8] 尹开甲. 连续性工序位置误差链的解法[J]. 实用机械技术,1987(4):41-45.

[9] 尹开甲. 机械产品图样上位置要求数量的确定[J]. 机械设计,1989(6):45-48.

[10] 尹开甲. 孔系加工检查轴线公差带形状的应用[J]. 机械工艺师,1989(2):27-28.

[11] 尹开甲. 位置公差相关原则的工艺处理(上)[J]. 机械工艺师,1989(6):40-42.

[12] 尹开甲. 位置公差相关原则的工艺处理(下)[J]. 机械工艺师,1989(7):39-42.

[13] 尹开甲. 图纸位置公差标注初探[J]. 中原农机,1989(1):34-37.

[14] 尹开甲. 工序位置公差计算中的奇特情况[J]. 机械设计,1990(3):49-53.

[15] 尹开甲. 位置公差中"ϕ"公差带的使用[J]. 机械工艺师,1990(3):14-15.

[16] 尹开甲. 面对线对称度的评定[J]. 实用机械技术,1990(9):30-31.

[17] 尹慧青,尹开甲. 位置公差相关原则的工艺处理原理(上)[J]. 实用机械技术,1991(1):44-47.

[18] 尹慧青,尹开甲. 位置公差相关原则的工艺处理原理(下)[J]. 实用机械技术,1991(2):40-43.

后　　记

2016 年 3 月我完成书稿及提出专利申请之后，2019 年底感到仍有不足，有必要再予细究，主要有以下几点。

（1）形位公差提出坐标系的应用，我觉得使用中应该结合机械产品的特点，根据数学中坐标系的基本概念，认真加以处理，否则图纸上的形位公差标注有流于形式的危险。现在行业中在机械零件图纸上一个要素标注两条及其以上几何要求的情况并不罕见。注意：一条几何要求必须使用一个坐标系。上述标注说明这个要素将存在于两个及以上数量的坐标系中，而要素只能在一道工序中加工形成。也就是说，可以方便地保证要素对这个生成它的坐标系的位置（位置最为精准），对其余坐标系间的位置就粗糙了。能否保证设计要求也必须通过工艺计算才能知晓！马虎不得！至此，出现了两个问题：产品设计时如何处理；工艺设计时怎么保证设计要求。书中阐述需做必要补充。

（2）表 4-4 中基准递变链有Ⅱ′-1、Ⅱ′-2 两种链型，未进行明确界定，予以补充。

（3）对原稿中疏漏、不足处进行修改、补充，或者说尽力表述得更清楚些。

20 世纪在校学习时发现工厂生产用图上标有“形位公差”，但未学到相关的设计理论，生产用图与工艺均是凭经验设计的。工作后又遇一次“行检”，抽查大型箱体的形位公差，因抽查不合格而影响企业评级，并扣除操作者工资。看到操作者的难过表情以及企业信誉受到影响，我觉得探索已刻不容缓，就开始了艰难的探索之路。23 年后初见成效；又 23 年后，全部完成，并经试验证实总结成文，但该如何交予行业？又 15 年后找到母校出版社，可喜可贺，为了国家与行业，我对母校深表感激，尤其感谢出版社刘浩老师及机械学院领导及老师等！我真正体会到科研工作的艰难，但是，生产现场的现状必须改变，形位公差标准必须正确贯彻，中国必须走在前头，国家需要！时代需要！

书稿出版，心中的一块石头终将放下。我愿将它作为后来人的上马石，我也愿扶后来人上马，送一程。待找到新的“玉石”，这块“上马石”弃于荒野，又何足惜！

尹开甲
2024.8.11 于郑州